Martin Fleck
Cicero als Historiker

Beiträge zur Altertumskunde

Herausgegeben von
Ernst Heitsch, Ludwig Koenen,
Reinhold Merkelbach, Clemens Zintzen

Band 39

B. G. Teubner Stuttgart

Cicero als Historiker

Von
Martin Fleck

B. G. Teubner Stuttgart 1993

Die Deutsche Bibliothek – CIP-Einheitsaufnahme

Fleck, Martin:
Cicero als Historiker / von Martin Fleck. –
Stuttgart: Teubner, 1993
(Beiträge zur Altertumskunde; Bd. 39)
Zugl.: Köln, Univ., Diss., 1992
ISBN 3-519-07488-5
NE: GT

Printed in Germany
Druck und Bindung: Röck, Weinsberg

Vorwort

Die vorliegende Arbeit entstand auf Anregung von Herrn Prof. Dr. Michael Zahrnt und wurde im Wintersemester 1992/93 von der Philosophischen Fakultät der Universität zu Köln als Inauguraldissertation angenommen. Referenten waren Professor Dr. Michael Zahrnt und Professor Dr. Gustav Adolf Lehmann. Die mündliche Prüfung fand am 14. November 1992 statt.
Beim Verfassen der Arbeit haben mich besonders Herr Prof. Dr. Zahrnt und Herr Klaus Scherberich ständig durch Rat und Kritik unterstützt. Ferner bin ich zahlreichen Mitgliedern des Institutes für Altertumskunde der Universität zu Köln für Hinweise, Ratschläge und Unterstützung zu Dank verpflichtet, namentlich Herrn Dr. Bruno Bleckmann und Herrn Priv.-Doz. Dr. Edgar Pack für verschiedene Hinweise auf neueste Literatur.
Herrn Prof. Dr. Clemens Zintzen danke ich für das Angebot, meine Arbeit in die vorliegende Reihe aufzunehmen.

Köln, im Juli 1993 Martin Fleck

Inhaltsverzeichnis

Einleitung

Cornelius Nepos hat in seinem Werk De historicis Latinis ein wenig schmeichelhaftes Urteil über den Stand der römischen Geschichtsschreibung am Ende der Republik gefällt und dieses Verdikt mit einem postumen Kompliment für Cicero verbunden: Durch dessen Tod sei diese Literaturgattung roh und unvollendet geblieben; das Niveau der Griechen auf diesem Gebiet hätten die Römer nicht erreichen können, denn Cicero, der die lateinische Redekunst vervollkommnet und die griechische Philosophie in die lateinische Sprache übertragen habe, sei der einzige gewesen, der Geschichte in angemessener Form hätte schreiben können, ja schreiben müssen.[1]

Cornelius Nepos war nicht der einzige, der sich Cicero als Historiker gewünscht hätte und ihm die erfolgreiche Betätigung auch auf diesem Gebiet zutraute: Cicero selbst läßt in der Einleitung zu De legibus seinen Freund Atticus äußern, eine literarisch anspruchsvolle lateinische Geschichtsschreibung existiere noch nicht; daher fordere man von Cicero, er solle, um diese Lücke zu schließen, ein historisches Werk verfassen. Cicero erwidert darauf in eigener Person, als Historiker benötige man viel Zeit und Muße, und da es ihm gegenwärtig an beidem fehle, müsse er die ernsthafte Beschäftigung mit der Geschichtsschreibung so lange zurückstellen, bis

[1] Cornelius Nepos frag. 58 Marshall: Cornelius Nepos in libro de historicis Latinis: Non ignorare debes unum hoc genus Latinarum litterarum adhuc non modo non respondere Graeciae, sed omnino rude atque inchoatum morte Ciceronis relictum. Ille enim fuit unus, qui potuerit et etiam debuerit historiam digna voce pronuntiare, quippe qui oratoriam eloquentiam rudem a maioribus acceptam perpoliverit, philosophiam ante eum incomptam Latinam sua conformarit oratione. Ex quo dubito, interitu eius utrum res publica an historia magis doleat.

diese Voraussetzungen gegeben seien.[2]
Tatsächlich hat Cicero sich aber in den letzten Jahren seines Lebens, als die in De legibus formulierten Voraussetzungen durch äußere Umstände erfüllt waren, nicht der Geschichte, sondern der Philosophie zugewandt, so daß die Frage, was er als Geschichtsschreiber geleistet hätte und von welcher Qualität ein historisches Werk aus seiner Feder gewesen wäre, zum Gegenstand der Spekulation geworden ist: Hätte Cicero nach Art des Livius die römische Geschichte ab urbe condita - oder, wie er selbst in De legibus formuliert hatte, "de Remo et Romulo" - behandelt, oder hätte er sich auf die Geschichte seiner eigenen Zeit beschränkt und lediglich "ea, quibus ipse interfuit," dargestellt?[3] Hätte er tatsächlich vermocht, seine Vorgänger in den Schatten zu stellen, oder wäre er nur zu einem weiteren späten Annalisten geworden, dessen Werk wenig später durch Livius verdrängt worden wäre? Waren Livius oder Sallust die idealen Historiker im Sinne Ciceros?[4]
Auch wenn Cicero kein historisches Werk mehr verfaßt hat, ist

---

[2] Die Aufforderung des Atticus: De legib. 1. 5-8; Ciceros Erwiderung: ibid. 8f.

[3] De legib. 1. 8. Da Ciceros Ausdruck "de Remo et Romulo" als Gegensatz zu "ea, quibus ipse interfuit" zu verstehen ist, dürfte er dasselbe bedeuten wie "ab urbe condita" und nicht etwa "über Remus und Romulus"; über dieses Thema hätte Cicero wohl auch wenig historisch Bemerkenswertes zu berichten gehabt.

[4] Timpe, Erwägungen zur jüngeren Annalistik 117f. meint, Cicero hätte "mit formalrhetorischen Rezepten allein seine Vorgänger nicht überrundet" und sich "vielleicht von der spätannalistischen Machart nicht besonders vorteilhaft unterschieden." Gegen die alte, etwa schon von Zingler 1 und passim vertretene und auch hier zugrundeliegende Auffassung, Cicero habe in der Geschichtsschreibung eine rein rhetorische Disziplin gesehen: s. u. Teil I passim.
Livius als der Historiker im Sinne Ciceros: Leeman, Le genre et le style historique 206f. gegen Rambaud 123-134, demzufolge Sallust Ciceros Ideal verwirklicht hat; so erneut Cizek 294.

sein umfangreiches Werk doch zu einer der wichtigsten Quellen für die römische Geschichte, besonders der Späten Republik und namentlich der ciceronischen Zeit geworden. Schon für den großen Cicero-Bewunderer Cornelius Nepos stand fest, daß der Leser allein der Briefe Ciceros an Atticus ein zusammenhängendes Geschichtswerk über die Zeit von Ciceros Konsulat bis zu seinem Tod kaum vermissen werde.[5]

Wegen der großen Bedeutung des gesamten ciceronischen Werkes - und nicht nur der Briefe - als einer historischen Quelle auch für die Zeit vor Ciceros Konsulat und die gesamte römische Geschichte haben zahlreiche Aspekte der Frage nach Ciceros Beschäftigung mit der Geschichte stets eine erhebliche Beachtung gefunden.

So sind immer wieder die Fragen nach den Quellen der ciceronischen Geschichtskenntnisse und dabei besonders nach seiner Kenntnis der römischen Annalistik,[6] ferner nach dem genauen

---

[5] Cornelius Nepos, Attic. 16. 3: Ei rei (i. e. familiaritati Ciceronis Atticique) sunt indicio praeter eos libros, in quibus de eo facit mentionem, qui in vulgus sunt editi, undecim volumina epistularum, ab consulatu eius usque ad extremum tempus ad Atticum missarum: quae qui legat, non multum desideret historiam contextam eorum temporum. Sic enim omnia de studiis principum, vitiis ducum, mutationibus rei publicae perscripta sunt, ut nihil in eis non appareat ...
Heute liegt uns die Korrespondenz Ciceros mit Atticus in sechzehn Bänden vor.

[6] Am umfassendsten und besten behandelt Henze 1899 die Cicero bekannten Historiker in seiner im wesentlichen zuverlässigen Jenaer Dissertation "Quomodo Cicero de historia eiusque auctoribus iudicaverit quaeritur", wo in Kapitel V. die Frage "Quae iudicia de historicis Graecis et Romanis Cicero fecerit" untersucht wird.
Zingler beschränkt sich in den ersten beiden Kapiteln seiner etwa gleichzeitigen Berliner Dissertation auf Ciceros Kenntnisse von den römischen Historikern, schreckt aber vor gewagten Spekulationen nicht zurück; besonders seine Auffassung, daß Cicero praktisch keinen der von ihm genannten Historiker mehr als nur oberflächlich gekannt hat, entbehrt jeder Grundlage. Verkehrt auch seine Ausführungen über C. Licinius Macer (zu diesem s. u. Teil II, Kapitel 2. j), den Cicero angeblich ausgiebig benutzt habe.

Umfang seiner historischen Kenntnisse und den ihm bekannten Fakten[7] sowie schließlich nach Ciceros grundsätzlicher Meinung über die Bedeutung der Geschichtskenntnis und ihrem Verhältnis

---

Peter hat in seinen Historicorum Romanorum Reliquiae (Bd. 1 ^{2}1914; Bd. 2 1906) jeweils die Benutzung der römischen Historiker durch spätere Autoren zu ermitteln gesucht und dabei stets auch Cicero berücksichtigt.
Eine sehr knappe, nicht ganz vollständige und teilweise widersprüchliche Zusammenstellung der von Cicero erwähnten Historiker gibt 1934 Laurand 315-322 im Rahmen seiner Überlegungen über "L' histoire dans les discours de Cicéron". Abzulehnen ist besonders seine Meinung vom Einfluß der Dichter Naevius und Ennius auf Ciceros Geschichtsbild.
Rambaud, der sich in seiner Untersuchung von 1953 auf die Behandlung von "Cicéron et l' histoire romaine" beschränkt, gibt 25-27 eine ausführliche, aber nicht vollständige, z. T. offenbar von Laurand abhängige Liste der Cicero bekannten römischen Historiker, die aber an einer Reihe falscher Zitate krankt und auch viel völlig Irrelevantes enthält.
Die von Cicero in seinen Briefen erwähnten griechischen und römischen Historiker stellt Schoenberger in dem Ingolstädter Programm von 1913/4 "Über die Quellen und die Verwendung der geschichtlichen Beispiele in Ciceros Briefen" zusammen. Mehr auf die Anwendung als auf den Ursprung der historischen Kenntnisse Ciceros in dessen Reden ist Schoenbergers Dissertation von 1910 orientiert.

[7] Eine gute, chronologisch geordnete Übersicht über die von Cicero in seinen Schriften erwähnten Namen, Daten und Fakten gibt Schütz in seiner Dissertation von 1914. Die Arbeiten von Freund, Cicero historicus und Sauer, Über die Verwendung der Geschichte und Altertumskunde in Ciceros Reden sind dadurch überholt.
Nur das in den Reden bzw. in den Briefen Erwähnte stellt Schoenberger in seinen beiden Arbeiten zusammen (s. o. Anm. 6).
Rambaud 27-35 (s. o. Anm. 6) gibt eine umfassende und im wesentlichen nach Personen gegliederte Übersicht über die von Cicero erwähnten Ereignisse aus der römischen Geschichte.

zur Rhetorik[8] gestellt und auf die unterschiedlichste Art beantwortet worden.

Obwohl uns ein historisches Werk Ciceros nicht vorliegt und daher diese und zahlreiche andere Fragen, die sich im Zusammenhang mit diesem stellen, gar nicht oder nur teilweise zu klären sind, ist doch aus Ciceros literarischer Hinterlassenschaft manches über die Voraussetzungen und Grundlagen zu ersehen, über die er verfügte, um Geschichte zu schreiben. Zu diesen Voraussetzungen gehören neben den sprachlichen und stilistischen Fähigkeiten, die Cicero nicht nur nach seiner eigenen Auffassung und der des Cornelius Nepos sicher besaß, besonders seine Einschätzung der Bedeutung der Beschäftigung mit Geschichte und die damit verbundenen Ansprüche an die Qualität historischer Werke, ferner seine Kenntnis der historiographischen Literatur sowie der übrigen historischen Quellen und schließlich seine Fähigkeit, diese Kenntnisse zur Lösung einzelner historischer Fragen anzuwenden.[9]

Zur Bedeutung der Geschichtskenntnis und zu den inhaltlichen Ansprüchen an historische Werke hat Cicero sich mehrfach zu-

---

[8] Maßstäbe hat 1980 die glänzende Abhandlung von Brunt, Cicero and Historiography, gesetzt, die leider an entlegenem Ort erschienen und noch dazu von einem der englischen Sprache nur bedingt, der lateinischen Sprache gar nicht mächtigen Setzer durch zahlreiche, teilweise bizarre Druckfehler entstellt worden ist. Insbesondere weist Brunt irrige Vorstellungen über eine hellenistische Geschichtstheorie einer "rhetorischen Geschichtsschreibung" zurück, die angeblich die Grenzen von Wahrheit und Dichtung ignorierte und als deren Anhänger manchmal Cicero angesehen wurde.
Die von Brunt vertretenen Auffassungen stimmen in der Tendenz weitgehend mit der unten in Teil I aufgrund der Äußerungen Ciceros gegebenen Darstellung überein.
In eine ähnliche Richtung wie die Beobachtungen Brunts weisen bereits die Bemerkungen Leemans über Cicero in seinen Arbeiten von 1955 und 1963.

[9] Diese Gesichtspunkte werden bereits 1931 von Hallward, Cicero historicus 224-226 erwähnt oder angedeutet.

sammenhängend geäußert. Seine längeren Ausführungen zu diesem Thema in De oratore und De legibus sollen in einem ersten Teil zusammengestellt und durch weitere, eher vereinzelte Bemerkungen aus anderen Schriften Ciceros ergänzt werden.
Auch über die griechischen und römischen Geschichtsschreiber hat sich Cicero in De oratore und De legibus zusammenhängend geäußert. Der ganze Umfang seiner Kenntnisse der griechischen und römischen Historiographie sowie anderer historischer Quellen läßt sich aber erst aus zahllosen weiteren, über fast sein gesamtes Werk verstreuten Bemerkungen erschließen, die im zweiten Teil behandelt werden sollen.
Was die Anwendung seiner Kenntnisse und sein methodisches Vorgehen zur Lösung historischer Probleme betrifft, so ist es - wenn überhaupt - nur schwer möglich, darüber Aufschluß aus den unendlich vielen historischen Angaben in Ciceros Reden und philosophischen Schriften zu gewinnen, weil in diesen der Weg, den Cicero gegangen ist, um zu einer bestimmten Einsicht oder Formulierung zu gelangen, zumeist nicht mehr erkennbar ist und weil die Geschichte in diesen Werken stets der Argumentation des Anwaltes, des Politikers oder des Philosophen Cicero zu dienen hat und ihre Darstellung daher in der Regel maßgeblich von anderen als historischen Gesichtspunkten beeinflußt ist: der Versuch, aus der Verwendung der Geschichte zur Argumentation in nicht historischen Schriften Rückschlüsse auf die Qualitäten des Autors als Historiker zu ziehen, müßte zu einem methodischen Abenteuer geraten und wäre von vornherein zum Scheitern verurteilt. Jedoch erlauben die Briefe Ciceros einen gewissen Einblick in sein Vorgehen bei der Lösung historischer Fragen, wie abschließend anhand zweier Beispiele aus seiner Korrespondenz mit Atticus über historische Fragen gezeigt werden soll.

TEIL I

Die Bedeutung der Geschichtskenntnis nach Cicero

Als Cicero im Alter von etwa zwanzig Jahren seine erste uns erhaltene Schrift, De inventione, verfaßte,[10] begann er mit einer Überlegung über den Nutzen und Schaden der Redekunst für die Menschen und Staaten, um so die Abfassung dieses Handbuches über die Redekunst zu rechtfertigen.[11]
Um den Nutzen der Beredsamkeit zu erweisen, beruft Cicero sich auf die Geschichte. Er räumt zwar ein, daß gerade sehr beredsame Männer einen ziemlich großen Teil der Katastrophen verschuldet hätten, die sich in der römischen res publica und in früherer Zeit in den mächtigsten Staaten ereignet hätten, aber auf der anderen Seite habe sein Studium der Quellen für weiter zurückliegende Epochen ergeben, daß Beredsamkeit eine wichtige Rolle bei Staatsgründungen und Friedensschlüssen sowie bei der Begründung von Bündnissen und Freundschaften gespielt habe.[12]
Schon in seiner ersten Schrift verweist Cicero damit auf die eigene Beschäftigung mit der Geschichte und bedient sich geschichtlicher Vorgänge als Beleg für seine Thesen, wenn auch die Berufung auf die Geschichte des eigenen Staates und fremder Länder sehr allgemein bleibt und Cicero darauf verzichtet, ein bestimmtes Beispiel etwa für eine Staatsgründung oder einen Friedensschluß zu

---

[10] Zur Datierung der Schrift siehe Kroll, RE 7 A 2 (1948) 1093, der sie "bis etwa um J. 80 für möglich" hält, sowie Gelzer, Cicero 10, der sie um dieselbe Zeit wie den Auctor ad Herennium - also nach 86 v. Chr. - setzt.

[11] De invent. 1. 1-5.

[12] De invent. 1. 1.

nennen, bei denen Beredsamkeit nachweislich eine bedeutende Rolle gespielt hatte.
Gar keinen Bezug zum tatsächlichen Geschehen der Vergangenheit stellt Cicero bei seinen folgenden Ausführungen in der Einleitung von De inventione her, in denen er die Staatenbildung und die allmähliche Ablösung der Beredsamkeit von ihrer Grundlage in Sachkenntnis und Bildung erläutert.[13] Diese Darstellung bleibt ganz theoretisch und erklärt die Entwicklung der von Kenntnissen und Wissen losgelösten Redekunst rein genetisch aus den Eigenschaften des Menschen, ohne daß auf historische Beispiele zurückgegriffen würde.
Erst die erneute Zusammenführung von eloquentia und sapientia, von Redekunst und Wissen, wird historisch faßbar eingeordnet, indem Cicero den alten Cato, Laelius Sapiens, Scipio Aemilianus und die Gracchen als Protagonisten dieser Entwicklung anführt.[14] Neben einigen historischen exempla[15] und einer Definition der "historia" als einer "gesta res ab aetatis nostrae memoria remota"[16] findet sich in De inventione außerhalb der Einleitung wenig, das weiteren Aufschluß über Ciceros Meinung von der Bedeutung der Geschichtskenntnis geben könnte. Die Ansätze zu einer Be-

---

[13] De invent. 1. 2-5.

[14] De invent. 1. 5: Quod nostrum illum non fugit Catonem neque Laelium neque eorum, ut vere dicam, discipulum Africanum neque Gracchos, Africani nepotes: Quibus in hominibus erat summa virtus et ... auctoritas et ... eloquentia.

[15] De invent. 1. 5, 11, 17, 27, 48, 55f., 68f., 70, 71, 80, 91, 92, 93; 2. 52, 69, 72 (hier ist aufgrund der unmittelbaren Parallele zu Ad Herenn. 1. 25 an den Fall des C. Popilius zu denken), 78, 91f., 96f., 98, 105, 111, 122 (dabei ist an die causa Curiana gedacht: vgl. z. B. De orat. 1. 180, Pro Caecina 52f., 67, Brut. 144f., 194-198), 144,, 171.

[16] De invent. 1. 27.

schäftigung mit der Geschichte werden aber schon in dieser frühesten Schrift Ciceros sichtbar.
Die Frage nach dem Nutzen der Redekunst behandelt Cicero erneut in seiner ersten großen philosophischen (und zugleich rhetorischen) Schrift, De oratore,[17] die in den Jahren 56 bis 55 v. Chr., also etwa dreißig Jahre nach De inventione, entstand.[18]
Der bereits in De inventione vorgetragene Gedanke, die Bildung von Staaten sei durch Beredsamkeit gefördert worden,[19] wird in De oratore wiederholt und genauer untersucht.[20] Gegen die von L. Licinius Crassus, cos. 95 v. Chr., vorgetragene Behauptung vom Nutzen der Beredsamkeit läßt Cicero im einleitenden Gespräch des ersten Buches De oratore durch dessen Schwiegervater, Q. Mucius Scaevola, cos. 117 v. Chr., einige historische Beispiele vorbringen: Weder bei Romulus noch bei Numa Pompilius noch bei Servius Tullius finde sich auch nur eine Spur von Beredsamkeit, und auch der Begründer der Republik, L. Brutus, habe die Vertreibung des Tarquinius Superbus nicht durch Worte, sondern durch Taten bewirkt. Alle diese Männer hätten dem Staat gedient, ohne beredt gewesen zu sein.

---

[17] De orat. 1. 30-34 läßt Cicero von L. Licinius Crassus, cos. 95 v. Chr., die These vom Nutzen der Redekunst, anschließend von Q. Mucius Scaevola augur, cos. 117 v. Chr., das Gegenteil vertreten.

[18] Die Datierung von De oratore ergibt sich aus Ad Attic. 4. 13. 2 (55 v. Chr.): De libris oratoriis factum est a me diligenter, diu multumque in manibus fuerunt; describas licet.

[19] De invent. 1. 1.

[20] Zunächst die These des Crassus De orat. 1. 33: Quae vis alia (sc. ac eloquentia) potuit aut dispersos homines unum in locum congregare aut a fera agrestique vita ad hunc humanum cultum civilemque deducere aut iam constitutis civitatibus leges, iudicia, iura describere?
Danach die Einwände des Scaevola De orat. 1. 35-38.

Auch die bereits in De inventione eingestandene Tatsache, daß Beredsamkeit nicht selten den Staaten geschadet habe,[21] wird in De oratore durch ein historisches Beispiel belegt:[22] Tiberius und Gaius Gracchus hätten durch ihre beträchtliche rednerische Begabung den Staat gefährdet, während ihr Vater als Censor, ohne sonderlich beredt gewesen zu sein, dem Wohl der res publica gedient habe.

Damit ist die These vom Nutzen de Redekunst durch den Verweis auf die historischen Tatsachen wenn nicht widerlegt, so doch sehr stark relativiert worden. Cicero läßt gegen diese Ausführungen des Scaevola keine neuerlichen Einwände des Crassus zu, dessen These vom Nutzen der Redekunst Scaevola ja bestritten hatte; die Streitfrage ist damit durch die historische Betrachtung zumindest vorläufig[23] entschieden.

Cicero beschränkt sich in De oratore jedoch nicht darauf, wichtige Einzelaspekte seines Themas durch historische Argumentation zu klären, sondern er fragt im Rahmen seiner Untersuchung über das Wesen der Redekunst auch nach deren Verhältnis zu anderen Wissensbereichen. Dabei kommen neben Philosophie und Jurisprudenz immer wieder die Bedeutung der Geschichtskenntnis für den Redner und das Verhältnis von Geschichtswissenschaft und Redekunst zur Sprache.

In der umfangreichen Einleitung zum ersten Buch De oratore

---

[21] De invent. 1. 1: Non minimam video per disertissimos homines invectam partem incommodorum.

[22] De orat. 1. 38: At vero eius filii (i. e. Ti. et C. Sempronii Gracchi) diserti ... eloquentia rem publicam dissipaverunt.

[23] Durch die Entwicklung des Begriffes von der vollkommenen Redekunst, die mit der sapientia identisch ist (bes. De orat. 3. 142), wird die Frage schließlich gegenstandslos: Die vollkommene Redekunst kann ihrem Wesen nach nur nützlich sein. Damit sind auch historische Überlegungen zu dieser Frage hinfällig.

betont Cicero besonders, wie schwierig es sei, die Redekunst vollständig zu beherrschen. Die Ursache dieser Schwierigkeit sieht er darin, daß die Redekunst eine Vielzahl von Kenntnissen und Fähigkeiten in verschiedensten Bereichen voraussetze.[24] Neben dem geschickten Umgang mit Worten und den Gefühlen der Zuhörer erfordere die vollkommene Redekunst die Kenntnis der gesamten Geschichte und der historischen Beispiele; daneben dürfe von einem vollendeten Redner auch die Kenntnis der Gesetze und des Zivilrechtes nicht vernachlässigt werden.[25]

Bedenkt man, daß die Redekunst in Rom ganz überwiegend vor Gericht ausgeübt wurde,[26] so liegt es auf der Hand, weshalb die Jurisprudenz nach Ciceros Meinung von zentraler Bedeutung für den Redner war. Was die Geschichtskenntnis betrifft, so ist deren unmittelbarer Nutzen für den Redner weitaus weniger offensichtlich. Umso bemerkenswerter ist ihre Gleichstellung mit der Jurisprudenz durch Cicero.

Die Bedeutung der Geschichte neben der Jurisprudenz für die Redekunst hat Cicero im ersten Buch De oratore auch außerhalb der Einleitung noch mehrfach hervorgehoben,[27] wobei er, den

---

[24] De orat. 1. 17: Est enim et scientia comprehendenda rerum plurimarum.

[25] De orat. 1. 18.

[26] De orat. 2. 55 läßt Cicero sogar formulieren: Nemo enim studet eloquentiae nostrorum hominum, nisi ut in causis atque in foro eluceat.

[27] De orat. 1. 158f.: ... cognoscendae historiae, ... perdiscendum ius civile, cognoscendae leges, percipienda omnis antiquitas; ibid. 201: Iam illa non longam orationem desiderant quam ob rem existimem publica quoque iura ..., tum monumenta rerum gestarum et vetustatis exempla oratori nota esse debere; ibid. 256 vertritt Antonius das Gegenteil: historiam ... et prudentiam iuris publici et antiquitatis memoriam et exemplorum copiam ... a familiari meo Congo mutuabor.
Zu Iunius Congus s. u. Teil II, Kapitel 3. e).

Gedanken der Einleitung präzisierend, von Crassus erläutern läßt, die Kenntnis des Zivilrechtes sei wesentlich für das Führen von Zivilprozessen, während die Geschichtskenntnis sich hauptsächlich in den Strafprozessen und im politischen Leben als notwendig und nützlich erweise.[28]

Auf die Geschichtsschreibung und ihr Verhältnis zur Redekunst kommt Cicero im zweiten Buch De oratore zurück, als er zeigen will, daß es keinen Bereich gibt, in dem die Redekunst nicht nützlich ist. Nach ihrem Nutzen für die praktische Politik und die Behandlung philosophischer Themen erwähnt Cicero, wie förderlich das Beherrschen der Redekunst für die Darstellung der Geschichte ist.[29] Die Geschichte könne überhaupt nur durch den Redner verewigt werden.

Hier wird also neben der im ersten Buch De oratore geforderten Beherrschung der Geschichte durch den Redner[30] auch die Beherrschung der Rhetorik durch den Historiker verlangt. Diese beiden Forderungen zusammengenommen ergeben Ciceros These von der Einheit von Rhetorik und Geschichte: Jede der beiden Disziplinen ist auf die andere angewiesen, keine von ihnen kann ohne die jeweils andere bestehen.

Cicero Ideal einer Einheit von Rhetorik und Geschichtsschreibung stand in einem so offenkundigen Gegensatz zum tatsächlichen,

---

In eigener Person formuliert Cicero seine Auffassung erneut Orat. 120: Ius civile teneat (sc. orator), quo egent causae forenses cotidie. ... Cognoscat etiam rerum gestarum et memoriae veteris ordinem, maxime scilicet nostrae civitatis, sed etiam imperiosorum populorum et regum illustrium.
Vgl. Brut. 161, 322.

[28] De orat. 1. 201; vgl. 2. 335, wo die Verwendung von exempla maiorum besonders für suasiones, also für politische Reden, empfohlen wird.

[29] De orat. 2. 36.

[30] S. o. Anm. 27.

niedrigen literarischen Niveau der römischen Geschichtsschreibung, daß Cicero im weiteren Verlauf des Dialoges De oratore von M. Antonius, cos. 99 v. Chr., einen Überblick über die griechische Geschichtsschreibung geben läßt,[31] in dem gezeigt werden soll, daß die Griechen jedenfalls die geforderte Einheit von Geschichte und Redekunst realisiert hatten und daß somit einer entsprechenden Weiterentwicklung auch der römischen Geschichtsschreibung grundsätzlich nichts im Wege stand.[32]
Um es nicht bei der bloßen Forderung nach der Einheit von Geschichte und Redekunst zu belassen, läßt Cicero im Anschluß an die Übersicht über die griechische Historiographie von M. Antonius einige Regeln für die Geschichtsschreibung zusammenstellen.[33] Damit geht er über das für sein Thema - die Frage nach dem Nutzen der Redekunst - Erforderliche weit hinaus und läßt eine gewisse Verselbständigung seiner Ausführungen über die Geschichte zu.
Zunächst werden als Grundlagen jeglicher Beschäftigung mit der Geschichte die Wahrhaftigkeit und Unparteilichkeit des Historikers genannt.[34] Weder dürfe er Falsches berichten noch Wahres ver-

---

[31] De orat. 2. 51-58.

[32] Timpe, Erwägungen zur jüngeren Annalistik 118, hält Ciceros Meinung, in der römischen Geschichtsschreibung sei ein der griechischen vergleichbares Niveau erreichbar, anscheinend für unzutreffend, und zwar aufgrund der "völlig anderen römischen Voraussetzungen." Welche Voraussetzungen das sind und inwiefern sie die Entwicklung der Geschichtsschreibung hätten beeinflussen können, bleibt jedoch offen.

[33] De orat. 2. 62-64.

[34] De orat. 2. 62: Nam quis nescit primam esse historiae legem, ne quid falsi dicere audeat? Deinde ne quid veri non audeat? Ne quae suspicio gratiae sit in scribendo? Ne quae simultatis?
Zum Gebot der Wahrhaftigkeit in der Geschichte vgl. bereits De orat. 2. 51:

schweigen, noch sei es zulässig, sich von politischen Sympathien oder Antipathien leiten zu lassen.
Ciceros Antonius bezeichnet diese Grundlagen als allgemein bekannt, um dann auf die Einzelheiten des auf diesen Fundamenten zu errichtenden Gebäudes einzugehen.[35] Dabei werden sachliche und stilistische Anforderungen formuliert. Während die stilistischen Regeln ganz kurz in einem einzigen Satz abgehandelt werden,[36] geht Cicero auf die sachlichen Erfordernisse genauer ein. Zunächst werden vom Historiker Kenntnis der Chronologie und

---

Age vero, inquit Antonius, qualis oratoris et quanti hominis in dicendo putas esse historiam scribere? Si, ut Graeci scripserunt, summi, inquit Catulus; si, ut nostri, nihil opus est oratore; satis est non esse mendacem.
Erneut an der - allerdings korrupten - Stelle De legib. 1. 5: (Quintus Cicero:) Intellego te, frater, alias in historia leges observandas putare, alias in poemate. (Marcus Cicero:) Quippe cum in illa ad veritatem † Quinte † referantur, in hoc ad delectationem pleraque.
Der Text ist in dieser Form sicher korrupt, aber leicht zu heilen: entweder nach oder besser anstelle von "Quinte" ist ein Wort wie "cuncta" einzusetzen; vgl. den Apparat bei Ziegler (edit.), der es jedoch vorzieht, "Quinte" zu halten.
Daß Cicero sich damit zufrieden gegeben habe, "vom Geschichtsschreiber subjektive Wahrhaftigkeit" zu verlangen, und nicht wie "Thukydides durch eigene Nachforschungen zur geschichtlichen Wahrheit ... vorzustoßen suchte", wie Flach 133 meint, ist weder De orat. 2. 62 zu entnehmen noch entspricht es Ciceros Praxis bei seinen historischen Untersuchungen; vgl. dazu unten Teil III.
Die Forderung nach der Wahrhaftigkeit der Historiker war Gemeingut: Polybios 12. 12 erhebt sie selbst und kritisiert Timaios, der sie ebenfalls erhoben habe, ohne sie zu befolgen. Zu Ciceros guter Meinung von Polybios: s. u. Teil II, Kapitel 1 i).

[35] De orat. 2. 63f.

[36] De orat. 2. 64: Verborum ratio et genus orationis fusum atque tractum et cum lenitate quadam aequabiliter profluens sine hac iudiciali asperitate et sine sententiarum forensibus aculeis persequendum est.

Geographie gefordert.[37] Daran schließt sich die Forderung an, bei dem dargestellten Geschehen müßten Planung und Absicht, Durchführung und Ablauf sowie Ausgang und Folgen entwickelt werden. Außerdem solle der Autor seine Meinung über die Absichten und Pläne der Handelnden darlegen, den Ablauf des Geschehens detailliert darstellen und die Ursachen für Erfolg und Mißerfolg untersuchen.[38] Schließlich seien auch die handelnden Personen möglichst genau zu beschreiben, indem ihre Taten, ihr Leben und ihr Charakter berücksichtigt würden.[39]
Diese Ausführungen in De oratore vermitteln einen klaren Eindruck davon, welchen Wert Cicero auf die Geschichtsschreibung gelegt hat. Besonders der Exkurs im zweiten Buch De oratore über die römischen und griechischen Historiker und über die Regeln der Geschichtsschreibung wäre für die erschöpfende Behandlung des eigentlichen Themas der Schrift, also des Wesens der vollkommenen Redekunst, nicht unbedingt erforderlich gewesen. Cicero selbst weist darauf hin, die Regeln für die Geschichtsschreibung würden im allgemeinen auch nicht von den Rhetoriklehrern behan-

---

[37] De orat. 2. 63: Rerum ratio ordinem temporum desiderat, regionum descriptionem. Vgl. Polybios 12. 25 e zur Geographie.

[38] Ibid. Die Befürchtungen Flachs 133, ein Historiker, der Ciceros Regeln folge, werde leicht in einen moralisierenden Ton verfallen (dagegen vgl. Brunt, Cicero and Historiography 318), von den Ergebnissen auf die Beweggründe zurückschließen oder dem Zufall zuviel Bedeutung beimessen, mögen bei inkompetenten und naiven Autoren berechtigt sein. Kein noch so durchdachtes Regelwerk ist vor unsachgemäßer Anwendung gefeit. Angaben über die Details des Geschehens sowie über die Motive der Handelnden fordert auch Sempronius Asellio, frag. 1 und 2 Peter (zum Text von Asellio frag. 2 s. u. Teil II, Kapitel 2. i) Anm. 480.

[39] De orat. 2. 63.

delt.[40] Daß er selbst sie dennoch so ausführlich besprochen hat, spricht für sich.
Abgesehen von dem Exkurs über den Witz, der nach Thematik und Umfang eine Sonderstellung einnimmt,[41] hat Cicero in De oratore vergleichbare Exkurse wie den über die Geschichtsschreibung nur noch der Kenntnis des Zivilrechtes[42] und der Philosophie[43] gewidmet, was erneut die Gleichrangigkeit dieser drei Wissenschaften in seinem Denken zeigt.[44]

---

[40] De orat. 2. 62: Videtisne, quantum munus sit oratoris historia? ... Neque eam reperio usquam separatim instructam rhetorum praeceptis.
Ebenso De orat. 2. 64 im Anschluß an die Regeln für die Geschichtsschreibung: Harum tot tantarumque rerum videtisne nulla esse praecepta, quae in artibus rhetorum reperiantur?

[41] De orat. 2. 216-290 läßt Cicero von C. Iulius Caesar Strabo eine umfassende, mit zahlreichen Beispielen illustrierte Darstellung über den Witz geben, bei der es sich vielleicht um eine ursprünglich selbständige Abhandlung Ciceros handelt. Bereits De orat. 1. 159 wird die Bedeutung des Witzes angedeutet: Libandus est etiam ex omni genere urbanitatis facetiarum quidam lepos, quo tamquam sale perspergatur omnis oratio.
Cicero beschäftigt sich auch Orator 87-90 mit dem Witz; Brut. 322 wird der Witz nach Philosophie, Recht und Geschichte als wesentlich für die Rede bezeichnet.
Ciceros eigene Witze waren berühmt und berüchtigt zugleich: Quintil., Instit. orat. 6. 3 passim; Macrob. Saturn. 2. 1. 12-14 und 2. 3. 1-16. Wahrscheinlich Ciceros Freigelassener Tiro hat eine Sammlung ciceronischer Witze im Umfang von immerhin drei Büchern ediert: Quintil., Instit. orat. 6. 3. 4; Macrob. Saturn. 2. 1. 12.

[42] De orat. 1. 166-200.

[43] De orat. 3. 120-147.

[44] Pace Brunt, Cicero and Historiography 326: "On his (i. e. Cicero' s) view knowledge of history was less essential for the orator than that of law and philosophy."

Geradezu hymnisch preist Cicero die Geschichte im zweiten Buch De oratore als Zeugin der Vergangenheit, Licht der Wahrheit, lebendige Erinnerung, Lehrerin des Lebens und Künderin der alten Zeit.[45] Mit dieser Würdigung der Geschichte läßt sich bei Cicero wohl nur der berühmte Hymnus auf die Philosophie im fünften Buch der Tusculanen vergleichen.[46]
Der Dreiklang von Philosophie, Recht und Geschichte, den Cicero in De oratore anschlägt, klingt auch in seinen beiden späteren rhetorischen Schriften Brutus und Orator aus dem Jahre 46 v. Chr. immer wieder an.
So stellt Cicero im Brutus am Ende seiner Besprechung der Redner L. Licinius Crassus und M. Antonius[47] fest, diese hätten die lateinische Redekunst bereits nahezu zur Vollendung geführt und nur ein Redner, der philosophisch, juristisch und historisch besser als sie ausgebildet sei, könne ihre Leistung noch übertreffen;[48] ob jemand dies seitdem tatsächlich erreicht habe, läßt Cicero ausdrücklich offen.[49] Wer dieses Ziel vielleicht erreicht haben könnte, deutet er in der Betrachtung am Ende des Brutus an, wo er erläutert, weshalb er selbst bereits vor seinem Konsulat die zeitgenössischen Redner übertroffen habe: Diesen habe es neben einigen anderen Fähigkeiten an Bildung gefehlt, und namentlich habe niemand von ihnen die Philosophie, das Recht und die römische

---

[45] De orat. 2. 36: Historia vero testis temporum, lux veritatis, vita memoriae, magistra vitae, nuntia vetustatis, qua voce alia nisi oratoris immortalitati commendatur?

[46] Der Hymnus beginnt Tusc. 5. 5 mit den Worten: O vitae philosophia dux, o virtutis indagatrix expultrixque vitiorum!

[47] Brut. 138-161.

[48] Brut. 161.

[49] Brut. 162.

Geschichte beherrscht.[50] Indirekt, aber doch unmißverständlich, ist damit gesagt, daß nur Cicero selbst diese für den perfekten Redner unverzichtbaren Fähigkeiten verfügte. Er selbst ist mithin der Redner, dessen Werke die Leistungen eines M. Antonius und eines L. Licinius Crassus in den Schatten gestellt hatten.
Erneut fordert Cicero im Orator umfassende Kenntnisse der Philosophie, des Rechtes und der Geschichte,[51] wobei er das Schwergewicht auf die Philosophie und die Geschichte legt.[52] Die Geschichte Roms und diejenige anderer mächtiger Staaten müsse der Redner kennen, denn es heiße, immer ein Kind zu bleiben, wenn man nicht wisse, was vor der eigenen Geburt geschehen sei.[53] Diese Formulierung weist der Geschichte eine Funktion nicht nur für die Ausbildung des Redners, sondern darüberhinaus für die Bildung eines jeden Menschen zu.
Die Ausführungen Ciceros im Brutus und im Orator stimmen durchgehend mit der einige Jahre zuvor in De oratore entworfenen Konzeption von der umfassenden Bildung des Redners überein, der alle Wissensbereiche beherrschen soll, wobei Philosophie, Recht und Geschichte an erster Stelle stehen.
Auch in seinen staatstheoretischen Schriften läßt Cicero erkennen,

---

[50] Brut. 322; vgl. Brunt, Cicero and Historiography 326.

[51] Orat. 118-120. Anders Brunt, loc. cit.: "... in the Orator, Cicero puts law before history."

[52] Orat. 118f.

[53] Orat. 120: Nescire autem, quid, antequam natus sis, acciderit, id est semper esse puerum. Der Gedanke, daß Menschen ohne Kenntnis der Vergangenheit Kindern zu vergleichen seien, findet sich bereits bei Platon, Timaios 22 b, der einen ägyptischen Priester zu Solon sagen läßt: "Ὦ Σόλων, Σόλων, Ἕλλενες ἀεὶ παῖδές ἐστε, γέρων δὲ Ἕλλην οὐκ ἔστιν. ... Νέοι ἐστὲ ... τὰς ψυχὰς πάντες· οὐδεμίαν γὰρ ἐν αὐταῖς ἔχετε δι' ἀρχαίαν ἀκοὴν παλαιὰν δόξαν οὐδὲ μάθημα χρόνῳ πολιὸν οὐδέν."

welche Bedeutung er der Beschäftigung mit der Geschichte beimißt.

In den nur fragmentarisch erhaltenen sechs Büchern De re publica aus den Jahren 54 bis 51 v. Chr. geht Cicero zwar nicht grundsätzlich auf den Wert der Geschichtskenntnis ein, aber schon der erhaltene Teil der Einleitung zum ersten Buch De re publica beginnt mit einer langen Liste von Persönlichkeiten der römischen Geschichte bis zum älteren Cato,[54] die Ciceros These von der Notwendigkeit politischer Tätigkeit illustrieren soll. Ferner bespricht Cicero in dieser Einleitung Beispiele von Griechen und Römern, die trotz ihrer Verdienste um den Staat von ihren undankbaren Mitbürgern verbannt worden waren.[55]

Stark historisch orientiert ist ferner vor allem das zweite Buch De re publica, in dem Cicero im Anschluß an einen Gedanken des alten Cato die römische Verfassungsgeschichte ab urbe condita entwickelt,[56] um zu zeigen, daß der römische Staat anderen Staaten besonders deswegen überlegen sei, weil seine Verfassung im Laufe der Jahrhunderte allmählich gewachsen und nicht zu einem bestimmten Zeitpunkt von einem einzelnen Gesetzgeber festgelegt worden sei.[57]

Welche Rolle Cicero der Geschichte in seinem Programm für die Ausbildung des Staatsmannes in De re publica zugewiesen hat, läßt sich wegen des fast völligen Verlustes des einschlägigen fünften Buches nur noch vermuten. Da Cicero aber in den überlieferten Fragmenten dieses Buches Rechtskenntnis und Redekunst vom

---

[54] De re pub. 1. 1.

[55] De re pub. 1. 4-6.

[56] De re pub. 2. 1-63.

[57] De re pub. 2. 1.

Staatsmann fordert,[58] kann die mit diesen beiden Disziplinen schon in De oratore und später erneut im Brutus und im Orator untrennbar verbundene Geschichte[59] auch in De re publica nicht gefehlt haben.
In der thematisch eng mit De re publica zusammenhängenden Schrift De legibus stellt Cicero erneut die Verbindung zwischen Rechts- und Geschichtswissenschaft her, indem er sich im Prooemium der eigentlich rechtstheoretischen Schrift zunächst über Fragen der historischen Zuverlässigkeit bestimmter Details in seinem Epos "Marius" und im Anschluß daran über den Stand der römischen Geschichtsschreibung äußert.[60] Cicero weist dabei die Auffassung zurück, an ein Epos sei derselbe, absolute Wahrheitsanspruch zu stellen wie an die Werke der Historiker. Vielmehr bestehe die Aufgabe des Dichters vorrangig darin, seine Leser zu unterhalten, und daher seien ihm auch Fiktionen erlaubt, während ein Historiker sich strikt an die Wahrheit halten müsse. An dieser Forderung völliger Wahrhaftigkeit des Historikers hält Cicero fest, obwohl er selbst anmerkt, daß man in den Werken von Historikern wie Herodot und Theopomp auch zahllose unglaubwürdige Geschichten finde.
Auch die Überlegungen Ciceros, selbst ein Werk über die römische Geschichte ab urbe condita oder über die Geschichte seiner eigenen Zeit zu verfassen, und die Schwierigkeiten, die mit einem derartigen Vorhaben verbunden wären, werden im Prooemium

---

[58] De re pub. 5. 5 über das Recht und 5. 11 über die Beredsamkeit. Diese Fragmente lassen natürlich nur erkennen, daß diese Themen überhaupt zur Sprache kamen.

[59] S. o. Anm. 25-28, 42 und 43 zu De oratore. Zu den späteren Ausführungen Ciceros zu diesem Thema im Brutus und im Orator: s. o. Anm. 38-41 und 42-44.

[60] De legib. 1. 1-5 und 1. 5-7.

zum ersten Buch De legibus angesprochen.[61] Cicero äußert in diesem Zusammenhang, die für eine historische Arbeit erforderliche Ruhe und Muße fehlten ihm nach wie vor, so daß er viel eher daran denke, sich im Alter als Rechtsberater denn als Historiker zu betätigen.[62]
Der Hauptteil von De legibus ist wieder - wie schon derjenige von De re publica - stark mit einzelnen historischen Angaben wie auch mit historischen Exkursen angereichert.[63]
Obwohl Cicero bereits in den staatstheoretischen und den rhetorischen Schriften die grundsätzlichen Fragen nach der Rolle der Geschichte für die Bildung des Menschen, nach dem Stand der Geschichtsschreibung und nach den Regeln für den Historiker umfassend behandelt hat, kommt er in den späteren philosophischen Schriften gelegentlich auf diese Themen zurück.
So hat er sich in dem verlorenen Protreptikos "Hortensius" aus dem Jahre 45 v. Chr. nochmals grundsätzlich über Fragen der Geschichtsschreibung geäußert.[64] L. Licinius Lucullus, der sich selbst mit Geschichte beschäftigt hatte und auch als Historiker tätig gewesen war,[65] trat in dieser Schrift als Anwalt der Geschichts-

---

[61] De legib. 1. 7-10, angedeutet bereits 1. 5.

[62] De legib. 1. 9f.

[63] Z. B. der große Exkurs über die Grabsitten De legib. 2. 55-68 (dazu Rawson 37f.) oder der Abschnitt über die leges tabellariae De legib. 3. 35-37.

[64] Die Fragmente: Müller 312-327 und neuerdings Straume-Zimmermann. Zur Datierung: Philippson RE 7 A (1948) 1126 und Gelzer, Cicero 293.

[65] Zu Lucullus als Historiker s. u. Teil II, Kapitel 3. a) mit Anm. 749-746. Plutarch, Luc. 1. 5. Schol. Gronov., Pomp. 28 = 320 Stangl: Constat Lucullum ... in consulatu historiis studuisse, ut bella ... cognosceret. Dies ist offenbar eine Schlußfolgerung des Scholiasten aus Ciceros Bemerkung über Lucullus Acad. prior. 2. 2 (Itaque cum totum iter et navigationem consumpsisset partim

schreibung auf,[66] aber die Fragmente der Schrift erlauben nur wenige Rückschlüsse auf den Inhalt seiner Ausführungen.[67] Cicero hat jedenfalls im Hortensius der Philosophie den Vorzug vor Geschichte und Redekunst gegeben[68] und auf den Hortensius eine ganze Reihe philosophischer Abhandlungen folgen lassen.[69]
Sein Interesse an der Geschichte zeigt Cicero jedoch auch in diesen philosophischen Schriften.
So behandelt er im Prooemium zum fünften Buch De finibus das Phänomen, daß den Besuchern historischer Stätten die Persönlichkeiten der Geschichte viel deutlicher vergegenwärtigt werden als denjenigen, die von der Vergangenheit lediglich hören oder über sie lesen.[70] Zum Abschluß dieser Erörterungen läßt Cicero von M. Pupius Piso die Unterscheidung zwischen einer Beschäftigung mit der Geschichte aus reiner Wißbegier und einer anderen treffen,

---

in percontando a peritis, partim in rebus gestis legendis, in Asiam factus imperator venit.) und hat - pace Brunt, Cicero and Historiography 313 - mit Ciceros Hortensius nichts zu tun.

[66] Schol. Gronov. ibid.: ... in Hortensio Lucullus historiam laudavit.

[67] Wahrscheinlich hat Lucullus den Satz Hort. frag. 25 Müller = frag. 29 Straume-Zimmermann über die griechischen Historiker ausgesprochen (Straume-Zimmermann 78); zu diesem Satz s. u. Teil II, Kapitel 1, Anm. 100.

[68] Insofern hat Petzold 276 Anm. 70 Recht, daß im Hortensius die "Entscheidung für Philosophie" fällt; daß sie aber "gegen Dichtung, Geschichtsschreibung und Beredsamkeit" fällt, geht zu weit: Cicero war weiter als Redner tätig und hat sich auch weiterhin mit Geschichte beschäftigt.

[69] Die Liste seiner philosophischen Schriften vom Hortensius bis zu De fato gibt Cicero selbst De divinat. 2. 1-3.

[70] De finib. 5. 1-6. Derselbe Gedanke bereits De legib. 2.4.

die auf das Lernen aus der Geschichte gerichtet ist.[71]
Eine etwas andere Differenzierung zwischen bloßer Vielwisserei und einer sinnvollen Beschäftigung mit der Geschichte und anderen Wissenschaften wird im Hauptteil des fünften Buches De finibus getroffen. Dort findet die Geschichte ihren Platz unter den Wissenschaften, die zwar nützlich sind, aber auch ohne Rücksicht auf ihren Nutzen betrieben werden.[72] Neben der Philosophie ist die Geschichte das einzige Beispiel für eine solche um ihrer selbst willen betriebene Wissenschaft, das hier ausführlicher erläutert wird, während Cicero die übrigen nur kurz als Beispiel erwähnen läßt.[73] Aus dem in De oratore entwickelten Kanon von Philosophie, Geschichte und Rechtskunde[74] fehlt hier die Rechtskunde, da sie nicht ohne Rücksicht auf die Praxis betrieben wurde; die Geschichte aber erhält wieder ihren Rang neben der Philosophie und vor Wissenschaften wie Geometrie und Astronomie als einer der wichtigsten Bereiche, in denen sich der menschliche Geist betätigen kann.
Auch in seinen späteren philosophischen Schriften bleiben Ciceros Interesse an der Geschichte und seine Beschäftigung mit ihr greifbar, etwa in der historischen Einkleidung von De senectute[75] und

---

[71] De finib. 5. 6: Ista studia (i. e. historia), si ad imitandos summos viros spectant, ingeniosorum sunt; sin tantum modo ad indicia veteris memoriae cognoscenda, curiosorum. Vgl. aber den folgenden Text mit Anm. 72 und 73.

[72] De finib. 5. 49-54.

[73] De finib. 5. 51f. über Geschichte, 53f. über Philosophie, 50f. die übrigen Stichworte.

[74] S. o. den Text mit Anm. 24 und 27.

[75] Dazu Powell (edit., comment.), De senectute 16-22, 273-279.

De amicitia[76] sowie zuletzt in den zahlreichen historischen Angaben in De officiis.[77]
Außerdem hat sich Cicero in Briefen aus den Jahren 46 und 45 v. Chr. mehrfach mit historischen Fragen beschäftigt, die sich ihm bei der Ausarbeitung seiner philosophischen Schriften gestellt hatten.[78]
Obwohl dieser Überblick über Ciceros Schriften sowohl dessen Interesse an Geschichte als auch die hohen Ansprüche erkennen läßt, die er an historiographische Werke stellte, sind bisweilen dadurch Mißverständnisse über Ciceros Auffassung von der Geschichte aufgekommen, daß Cicero die Geschichte oft, wenn auch nicht immer,[79] im Zusammenhang mit der Redekunst diskutiert und daß er die Werke der Historiker häufig, wenn auch nicht ausschließlich,[80] nach stilistischen und rhetorischen Kriterien bewertet. Daraus wurde der Schluß gezogen,[81] im Grunde interessiere Cicero sich lediglich für die Geschichtsschreibung als einen Teil der Rhetorik, also als literarische Disziplin; daneben habe die

---

[76] Dazu Powell (comment.), De amicitia 8-12.

[77] Allein im ersten Buch De officiis finden sich an foldenden Stellen historische Angaben: De offic. 1. 19, 33, 35-39, 40 (aber wohl nicht authentisch), 61, 74-79, 84, 87, 90, 104, 108f., 118, 121, 133, 138, 144, 155.

[78] Dazu s. u. Teil III und Teil II, Kapitel 2. k) über Atticus.

[79] Ohne Zusammenhang mit der Redekunst: De finib. 5. 1-6, 51f.; s. o. den Text mit Anm. 70-74.

[80] Vgl. Ciceros Äußerungen über Thukydides (s. u. Teil II, Kapitel 1. b) mit Anm. 137) und besonders über Polybios (s. u. Teil II, Kapitel 1. i) mit Anm. 239), den Cicero übrigens niemals nach stilistischen Kriterien bewertet.

[81] Z. B. Henze 70: Neque fieri potuit, quin Cicero in iudicandis historicis elocutionem plurimi aestimaret; Flach 132-134, bes. 134. Dagegen: Brunt, Cicero and Historiography, passim.

Geschichte seiner Meinung nach nur die Funktion, dem Redner die notwendigen exempla zur Ausschmückung seiner Reden zu liefern. Derartigen Auffassungen liegen, wie der obige Überblick über Ciceros Äußerungen zum Thema gezeigt hat, sehr einseitig ausgewählte Bemerkungen Ciceros zugrunde, die noch dazu unzulässig verallgemeinert und ohne Rücksicht auf ihren engeren und weiteren Kontext interpretiert werden.
Einerseits ist zwar unbestreitbar, daß Cicero die Geschichtsschreibung als eine Gattung der Schönen Literatur angesehen hat, was im übrigen durchaus keine Sondermeinung, sondern die in der Antike herrschende Lehre war.[82] Ein übergroßes Gewicht haben die literarischen Kriterien in seinen Äußerungen über die Geschichtsschreibung aber nur scheinbar, denn diese Äußerungen fallen ja ganz überwiegend in rhetorischen Schriften, und in solchen Schriften ist die Betrachtung einer Literaturgattung wie der Geschichtsschreibung unter rhetorischen Gesichtspunkten nicht gerade überraschend, sondern ergibt sich unmittelbar aus der Thematik. Bemerkenswert ist also nicht so sehr, daß Cicero sich in rhetorischen Schriften zu rhetorischen Aspekten der Geschichtsschreibung geäußert hat, sondern vielmehr, daß er auch in diesen rhetorischen Schriften auf Fragen eingeht, die über das rein Rhetorische weit hinausgehen.[83]
Unbestritten ist ferner, daß Cicero die Auffassung vertrat, der Redner müsse die Verwendung der historischen Beispiele beherrschen und auch zu diesem Zweck seien historische Kenntnisse für ihn unverzichtbar. Aber keineswegs hat Cicero die einzige oder auch nur die wichtigste Aufgabe der Geschichte darin gesehen,

---

[82] So auch Henze 69. Typisch ist die Besprechung der griechischen Historiker bei Dionys. Halik., Ad Cn. Pompeium, passim. Vgl. Ax 148f.

[83] So die Ausführungen De orat. 2. 61-64 mit den Regeln für die Geschichtsschreibung (s. o. den Text mit Anm. 33-40) und die Kritik an den mortuorum laudationes Brut. 62 (s. u. Teil II, Kapitel 3. b) 2. mit Anm. 771).

einem Redner die nötigen exempla zu liefern. In diesem Falle hätte er die Geschichte schwerlich als einen der drei Schwerpunkte in der Bildung des Redners bezeichnen können, sondern er hätte sie als eine untergeordnete Hilfsdisziplin bewerten müssen; der Redner hätte diese Disziplin nicht selbst beherrschen müssen, sondern sich für gegebenenfalls erforderliche Auskünfte an einen Experten wenden können. Genau dies läßt Cicero in De oratore von M. Antonius vorschlagen, aber nur, um diesen Vorschlag durch L. Licinius Crassus zurückweisen zu lassen.[84]

Die erwähnten Mißverständnisse der ciceronischen Auffassungen beruhen aber, wie gesagt, jedenfalls scheinbar auf Ciceros eigenen Äußerungen. Hier ist zunächst die Formulierung in De legibus zu erwähnen, wonach Cicero die Geschichte als "opus ... unum hoc oratorium maxime" angesehen hat.[85] Damit kann er aber nicht gemeint haben, Geschichte sei nicht mehr als reine Rhetorik ohne jeden oder mit einem nur eingeschränkten Wahrheitsanspruch, nachdem er ja selbst unmittelbar zuvor die Geschichte aufgrund ihres absoluten Wahrheitsanspruches von der Dichtkunst unterschieden hatte, die ihrerseits mehr auf die Unterhaltung des Lesers ausgerichtet sei.[86] Schon dieser engere Kontext zeigt also, daß der Wahrheitsanspruch des "opus ... unum hoc oratorium maxime" von Cicero durchaus nicht eingeschränkt oder relativiert verstanden wird.

Aber auch der weitere Kontext der ciceronischen Vorstellungen vom orator als dem vollkommen gebildeten Redner, wie sie in De oratore entwickelt wird, läßt ein Verständnis des "opus ... unum

---

[84] De orat. 1. 256. S. o. Anm. 27.

[85] De legib. 1. 5: (Atticus:) Potes autem tu (sc. M. Tulli Cicero) profecto satis facere in ea (i. e. historia), quippe cum sit opus, ut tibi quidem videri solet, unum hoc oratorium maxime.

[86] De legib. 1. 5.

hoc oratorium maxime" als einer überwiegend rhetorischen Übung ohne große Rücksicht auf die Tatsachen in keiner Weise zu; vielmehr wird die Geschichtsschreibung durch die Bestimmung in De legibus als "opus ... unum hoc oratorium maxime" zur Aufgabe eben dieses vollkommenen Redners erklärt, wodurch der für die Geschichtsschreibung schon in De oratore erhobene und in De legibus wiederholte Wahrheitsanspruch gerade nicht eingeschränkt, sondern nochmals bekräftigt wird.[87]
Ciceros Ansprüche an die Geschichtsschreibung werden auch durch seine Vorschläge in dem berühmten Brief an Lucceius, dieser möge in seinem Werk über Ciceros Wirken die Gesetze der Geschichtsschreibung vernachlässigen und Ciceros Taten stärker würdigen, als er selbst es vielleicht für richtig halte, um so seiner Freundschaft mit Cicero ein wenig mehr Tribut zu zollen, als die Wahrheit es zulasse, nicht dementiert.[88]
Cicero mutet Lucceius nämlich durchaus nicht zu, dieser solle

---

[87] Zu Ciceros Begriff vom "orator" bes. De orat. 3. 142. Auf das in De oratore entworfene Ideal beziehen auch Leeman, Orationis Ratio I, 171 und Brunt, Cicero and Historiography 325 den Ausdruck "opus oratorium" in De legibus.

[88] Ad familiar. 5. 12. 2f.: Neque tamen ignoro, quam impudenter faciam, qui primum tibi tantum oneris imponam ..., deinde etiam, ut ornes me, postulem. Quid, si illa tibi non tanto opere videntur ornanda? Sed tamen, qui semel verecundiae finis transierit, eum bene et naviter oportet esse impudentem. Itaque te plane etiam atque etiam rogo, ut et ornes ea vehementius etiam, quam fortasse sentis, et in eo leges historiae neglegas gratiamque illam, de qua suavissime quodam in prohoemio scripsisti, a qua te flecti non magis potuisse demonstras quam Herculem Xenophontium illum a Voluptate, eam, si me tibi vehementius commendabit, ne aspernere amorique nostro plusculum etiam, quam concedet veritas, largiare.
Zum Sinn des "ornare" Leeman, Le genre et le style historique à Rome 189: "Un exornator rerum n' est quelqu' un qui essaie d' enjoliver et de charger la réalité ..., mais c' est quelqu' un qui s' exprime dans un style agréable." Id., Orationis Ratio I, 173f. Brunt, Cicero and Historiography 333f.

etwa die Unwahrheit ad maiorem Ciceronis laudem schreiben, sondern er fordert ihn lediglich auf, aus Freundschaft das erbetene Werk über Cicero zu schreiben, auch wenn er dessen Taten vielleicht für weniger epochal halten sollte, als Cicero selber es tat. Die Vernachlässigung der Gesetze der Geschichtsschreibung, die Cicero Lucceius hier nahelegt, besteht also darin, daß Lucceius sich regelwidrig von "gratia" und "amor" - also von seiner Freundschaft zu Cicero - bewegen lassen soll, dieses Werk überhaupt zu verfassen, obwohl "gratia" ja gerade keinen Einfluß auf die Historiker haben sollte. Wenn Cicero vorgibt, in seinen Bitten an Lucceius liege eine unerhörte Zumutung und Unverschämtheit, ist das sicher nicht ganz ernst gemeint, sondern als Kompliment für dessen Unparteilichkeit und unbeugsame Objektivität zu verstehen.[89]

Neben der Formulierung aus De legibus von der Geschichte als dem "opus ... unum hoc oratorium maxime" und der Aufforderung im Brief an Lucceius, die Regeln der Geschichtsschreibung zu vernachlässigen, hat besonders eine Bemerkung im Brutus zu Verwirrung über Ciceros Meinung über die Geschichtsschreibung geführt, wo dem Atticus die an Cicero selbst gerichtete Bemerkung in den Mund gelegt wird, den Rhetoren sei es erlaubt, in der Geschichte zu lügen.[90] Ganz abgesehen davon, daß diese Bemerkung ironisch zu verstehen ist, da Atticus sie "ridens" vorträgt, und auch kaum auf Cicero zu beziehen ist, da dieser sich selbst niemals

---

[89] Ähnlich Brunt, art. cit. 333 Anm. 57.

[90] Nachdem Cicero in eigener Person eine nach Meinung des Atticus historisch falsche Darstellung gegeben hatte, fährt er Brut. 42 fort: At ille (i. e. Atticus) ridens: 'Tuo vero,' inquit, 'arbitratu; quoniam quidem concessum est rhetoribus ementiri in historiis, ut aliquid dicere possint argutius.' Gegen die irrigen Auslegungen dieser Stelle Boyancé, Sur Cicéron et l' histoire, passim.

ernsthaft als "Rhetor" verstanden hätte,[91] nimmt Cicero dieses scheinbare Zugeständnis des Atticus im folgenden nicht auf, sondern bekräftigt im Gegenteil, er werde in Zukunft viel vorsichtiger sein müssen, wenn er in dessen Gegenwart über Geschichte spreche.[92] So ergibt sich aus der scheinbaren Konzession des Atticus, die Rhetoren dürften in der Geschichte lügen, keineswegs, daß der Wahrheitsanspruch an die Geschichtsschreibung von Cicero fallen gelassen wird; vielmehr wird durch Ciceros eigene an dieses nur ironische Zugeständnis des Atticus anschließende Bemerkungen der absolute Wahrheitsanspruch an die Geschichtsschreibung erneut bestätigt.

[91] Vgl. die ebenfalls ironische Bezeichnung Ciceros als Rhetor De orat. 2. 10, wo Cicero an seinen Bruder Quintus gerichtet sagt: ut ipse iocari soleo, unum putasti satis esse non modo in una familia rhetorem, sed paene in tota civitate.

[92] Brut. 44: Et ego cautius posthac historiam attingam te audiente, quem rerum Romanarum auctorem laudare possum religiosissimum.

TEIL II

Die Quellen

Dem Versuch, die Quellen der ciceronischen Geschichtskenntnisse festzustellen, sind von vornherein enge Grenzen gesetzt, da Cicero bei seinen historischen Angaben zumeist von Hinweisen auf seine Quellen absieht und ihre Ermittlung in diesen Fällen auf in der Regel unüberwindliche Hindernisse stößt. Einerseits ist die römische Historiographie nur so trümmerhaft erhalten, daß die möglichen Vorlagen für die historischen Angaben Ciceros, die ja in der großen Mehrzahl aus der römischen Geschichte stammen,[93] im allgemeinen nicht mehr vorliegen. Andererseits waren Ciceros Kenntnisse der römischen Historiographie so umfassend und sein Umgang mit ihr so selbständig,[94] daß überhaupt kaum Übereinstimmungen zwischen Angaben Ciceros und einem zufällig zum selben Thema erhaltenen Fragment eines römischen Historikers bestehen, und selbst in den wenigen Fällen, wo solche Übereinstimmungen vorliegen, wird niemals der Nachweis zu erbringen sein, daß nicht auch andere, uns verlorene Historiker ebenso berichtet haben, die damit ebenfalls als Quellen Ciceros für das

---

[93] Schütz, passim.

[94] Zu dem Gesichtspunkt, daß die Ermittlung der Quellen eines Autors um so schwieriger ist, je selbständiger dieser arbeitet, vgl. für Ciceros philosophische Schriften Boyancé, Les preuves stoiciennes de l'existence des dieux d'après Cicéron 45f.

betreffende Detail in Betracht kommen.[95]
Ferner werden Versuche der Quellenforschung in den ciceronischen Schriften wesentlich dadurch erschwert, daß diese ja keine historischen Schriften sind und daher das Historische in ihnen nur vereinzelt erscheint. Aus den geschichtlichen exempla, die von Cicero aus ihrem historischen Kontext gelöst und seinem jeweiligen Kontext eingefügt werden, kann kaum ernsthaft versucht werden, auf die jeweiligen Quellen Ciceros zurückzuschließen.
Versuche, über die Quellenangaben Ciceros hinaus in einzelnen Fällen zu bestimmen, auf welche Historiker er jeweils zurückgegriffen hat, sind zwar unternommen worden, jedoch meistens ohne sichere Resultate.[96] Aus diesem Grund sollen im folgenden vorwiegend die Stellen behandelt werden, an denen Cicero selbst seine Quellen nennt.
Obwohl Cicero von De inventione bis zu De officiis Werke in dichter Folge hinterlassen hat, läßt sich auch die Frage nach der Entwicklung seiner historischen Kenntnisse kaum befriedigend beantworten. Wenn man beispielsweise feststellt, daß in Ciceros Ausführungen über die griechischen Historiker in De oratore Polybios nicht genannt wird, wohl aber in der nur wenig jüngeren Schrift De re publica, wäre dennoch der Schluß, Cicero habe dessen Werk erst bei der Arbeit an De re publica kennen gelernt, nicht zulässig, da aus Ciceros Schweigen über Polybios in De oratore nicht folgt, daß ihm der Autor und sein Werk unbekannt

---

[95] Vgl. Laurand 322: "Enfin, beaucoup des événements dont il (i. e. Cicéron) parle étaient si connus que Cicéron, loin de les avoir appris d' un seul auteur, les avait lus ou entendus dix fois, cent fois. ... Aussi ne peut-on guère essayer de déterminer à quel auteur il a emprunté chacun des traits historiques que renferment ses discours: le même fait appartiendrait souvent à la fois à plusieurs sources."

[96] Dazu etwa unten Kapitel 2. q) über Q. Claudius Quadrigarius und Valerius Antias sowie Kapitel 2. f) über L. Calpurnius Piso.

gewesen wären. Überlegungen zur Entwicklung der ciceronischen Geschichtskenntnis beruhen aber stets auf derartigen, wenig tragfähigen Argumenten e silentio und können daher nur zu sehr zweifelhaften Ergebnissen führen;[97] denn grundsätzlich läßt sich aus den Erwähnungen in Ciceros Schriften nur ermitteln, wann Cicero einen bestimmten Autor spätestens gekannt hat, aber es ist stets unmöglich auszuschließen, daß er ihm auch früher schon bekannt war.

Ebenfalls auf unhaltbaren Argumenten e silentio beruhen Behauptungen, Cicero habe bestimmte Historiker überhaupt nicht gekannt. Auch gewisse Autoren wie Cincius Alimentus oder Cassius Hemina, die von ihm niemals erwähnt werden, können Cicero durchaus bekannt gewesen sein;[98] denn nichts rechtfertigt die Annahme, Cicero habe sich verpflichtet gefühlt, jeden ihm bekannten Historiker wenigstens einmal in irgendeiner seiner uns erhaltenen Schriften zu erwähnen.

Der ganze Umfang von Ciceros Kenntnissen der historischen Quellen und besonders der Geschichtsschreiber wird sich aus seiner literarischen Hinterlassenschaft folglich niemals vollständig feststellen lassen; vielmehr vermitteln seine Hinweise auf die Quellen nur einen Eindruck davon, was ihm mindestens bekannt gewesen ist; seine tatsächlichen Kenntnisse können über dieses hier darzustellende Minimum noch wesentlich hinausgegangen sein.

---

[97] Etwa bei Rawson, Cicero the Historian 36. Dagegen vgl. unten Kapitel 2. g) mit Anm. 432 über C. Fannius M. f.

[98] Zu ihnen s. u. Kapitel 2. c) und e).

1. Die griechischen Historiker

Bereits in seiner ersten philosophischen Schrift De oratore setzt sich Cicero in den Jahren 56 bis 55 v. Chr. mit Fragen der Geschichtsschreibung auseinander.[99] Dabei läßt er von M. Antonius, cos. 99 v. Chr., je einen Überblick über die römische und die griechische[100] Historiographie geben.

---

[99] Der betreffende Abschnitt De orat. 2. 51-64, in dem M. Antonius die Geschichtsschreibung bespricht, gliedert sich wie folgt:
a) De orat. 2. 51-54 die römische Geschichtsschreibung von den Annales maximi bis auf Coelius Antipater (vgl. De legib. 1. 6f., wo Cicero über das Jahr 91 v. Chr., den fiktiven Zeitpunkt des Dialoges De oratore, hinausgehen kann und auch Historiker bespricht, die erst nach diesem Jahr geschrieben haben);
b) De orat. 2. 55-58 die Besprechung der griechischen Historiker von Herodot bis Timaios (vgl. die einzelnen Bemerkungen De legib. 1. 5f. über Herodot, Theopomp und Kleitarch);
c) De orat. 2.59-61 Erläuterung des Nutzens der Lektüre historischer (in Abgrenzung von philosophischen und poetischen) Werke in griechischer Sprache für den Redner;
d) De orat. 2. 62-64 sachliche und sprachliche Regeln für die Geschichtsschreibung.

[100] Die ersten fünf der insgesamt acht De orat. 2. 55-58 genannten griechischen Historiker hat Cicero auch in seinem nur fragmentarisch erhaltenen Protreptikos Hortensius aufgezählt (frag. 25 C. F. W. Müller = frag. 29 Straume-Zimmermann); diese Aufzählung wird allgemein wie folgt zitiert:
Quid enim aut Herodoto dulcius aut Thucydide gravius aut Philisto brevius aut Theopompo acrius aut Ephoro mitius inveniri potest?
Dieser Satz setzt sich aus den drei folgenden, einzelnen Bruchstücken zusammen:
1. Nonius p. 315, 27 L. Müller: 'quid enim aut Herodoto dulcius aut Thucydide gravius?'
2. Nonius p. 241, 10 L. Müller: '*** aut Philisto brevius aut Theopompo acrius.'
3. Nonius p. 343, 10 L. Müller: 'aut Theopompo acrius aut Ephoro mitius

Diese Ausführungen Ciceros in De oratore sind seine ausführlichste zusammenhängende Äußerung zum Thema der griechischen Geschichtsschreibung. Von den griechischen Historikern nennt M. Antonius dort in einer Mischung aus chronologischer und systematischer Übersicht zunächst Herodot als den "princeps" der Historiographie, fährt dann fort mit Bemerkungen über Thukydides, den sizilischen Historiker Philistos, die Isokrates-Schüler

---

inveniri potest.'

Ob die von C. F. W. Müller und Straume-Zimmermann gegebene Rekonstruktion des Cicero-Satzes vollständig ist, bleibt unsicher. Zunächst scheint es, als würden von den in De oratore besprochenen Historikern die beiden Philosophen-Schüler Xenophon und Kallisthenes sowie Timaios im Hortensius fehlen. Was Timaios betrifft, so ergibt sich aus dem dritten Nonius-Zitat, daß die Aufzählung Ciceros im Hortensius mit Ephoros geendet hat. Timaios könnte also nur in der - möglichen - Lücke vor Philistos genannt worden sein, wohin er aber aus chronologischen Gründen überhaupt nicht paßt. Folglich dürfte Timaios in Ciceros Historiker-Liste im Hortensius ganz gefehlt haben, wobei unklar bleibt, weshalb Cicero ihn hier weggelassen hat.

Aus den Fragmenten bei Nonius läßt sich aber nicht erweisen, daß Cicero nach Thukydides tatsächlich unmittelbar Philistos und nicht erst - in einem von Nonius nicht zitierten Kolon - Xenophon, der dort chronologisch gut passen würde, und vielleicht auch Kallisthenes, der chronologisch weniger gut paßt, genannt hat.

C. F. W. Müllers stillschweigende Annahme, der Satz Ciceros sei bei Nonius vollständig überliefert, entbehrt jeder Grundlage (richtig kennzeichnet L. Müller bei Nonius die mögliche Lücke vor Philistos); die Behauptung Straume-Zimmermanns 77, die Rekonstruktion nach C. F. W. Müller könne "als richtig angenommen werden, denn die Liste wirkt vollständig," ist reine Tautologie; es ist gerade unklar, ob die Liste vollständig ist. Der Hinweis ibid.: "Die gleiche Zusammenstellung aller fünf Historiker findet sich in De oratore II, 55 ff." ist irreführend, da De orat. 2. 55-58 insgesamt acht Historiker (s. u. den Text) genannt werden.

Ciceros Satz aus dem Hortensius stimmt also mit dem Überblick in De oratore zwar in der Erwähnung von Herodot, Thukydides, Philistos, Theopomp und Ephoros überein, während Timaios sicher nicht, Xenophon und Kallisthenes möglicherweise nicht im Hortensius erwähnt worden sind.

Theopomp und Ephoros, über Xenophon und Kallisthenes und schließt seine Ausführungen mit Bemerkungen über Timaios, den jüngsten dieser acht Autoren.
Zwar läßt Cicero von M. Antonius andeuten, neben den Werken dieser Autoren gebe es weitere lesenswerte Schriften griechischer Historiker,[101] aber deren Namen werden in De oratore nicht genannt, auch nicht der des wenig später (in den Jahren 54 bis 51 v. Chr.) von Cicero für die Ausarbeitung von De re publica herangezogenen und auch sonst mehrfach erwähnten Polybios, obwohl dieser Autor ihm zweifellos bekannt war, als er De oratore verfaßte.[102] Ebensowenig nennt Antonius hier die griechischen Historiker Kleitarch, Stratokles, Duris von Samos oder den Philosophen Theophrast, die Cicero in späteren Schriften gelegentlich zu historischen Fragen zitieren wird.[103] An einige von ihnen könnte er neben Polybios bei seiner Bemerkung in De oratore über die weiteren lesenswerten griechischen Historiker gedacht haben.
Schon dieser erste Überblick zeigt, daß Cicero spätestens Mitte der fünfziger Jahre, als er seine ersten philosophischen Schriften, De

---

[101] De orat. 2. 59: Horum libros et non nullos alios ... legere soleo.

[102] Besonders in De re publica wird Polybios von Cicero benutzt; s. u. Kapitel 1. i) über Polybios; erwähnt auch Ad familiar. 5. 12. 2 (vor der Publikation von De oratore!), Ad Attic. 13. 30. 3, De offic. 3. 113.

[103] Kleitarch: Brut. 42f., De legib. 1. 7, Ad familiar. 2. 10. 3; s. u. Kapitel 1. g).
Stratokles: Brut. 42f; s. u. Kapitel 1. j).
Duris von Samos: Ad Attic. 6. 1. 18; s. u. Kapitel 1. j).
Theophrast: s. u. Kapitel 1. k) mit Anm. 217-221.
Außerdem erwähnt Cicero den Philosophen Panaitios De offic. 2. 16 (s. u. Kapitel 1. k), benutzt ihn aber nicht als historische Quelle.
Ebenso wird Dikaiarch zwar von Cicero besonders in den Briefen häufig genannt (dazu Schoenberger, Briefe 20f.), jedoch niemals für historische Fragen herangezogen; s. u. Kapitel 1. k).

oratore und De re publica, verfaßte, die maßgeblichen griechischen Historiker kannte, die die Geschichte Griechenlands von den Anfängen über die Perserkriege, den Peloponnesischen Krieg und das vierte Jahrhundert bis zum Zeitalter Alexanders des Großen behandelt hatten. Daneben ist ihm bereits zu dieser Zeit mit Timaios auch ein griechischsprachiger Autor bekannt, der die Geschichte des griechischen Westens geschrieben hatte.

Zwei vergleichbare Übersichten anderer Autoren über die griechischen Historiker erinnern stark an Ciceros Ausführungen in De oratore. So hat Quintilian fast hundertfünfzig Jahre nach Cicero in seiner Institutio oratoria eine Leseliste empfohlen, die im wesentlichen mit der ciceronischen Historiker-Liste identisch ist.[104] Quintilian erwähnt anstelle von Kallisthenes und Timaios zwar Kleitarch und Timagenes, der erst im Jahre 55 v. Chr. nach Rom gekommen ist[105] und den Cicero daher nicht in De oratore erwähnen konnte, zählt aber sonst dieselben sechs Autoren (Herodot, Thukydides, Philistos, Xenophon, Ephoros und Theopomp) wie Cicero auf.

Kurz nach Ciceros Tod hatte schon Dionysios von Halikarnaß in seinem Brief an Cn. Pompeius Geminus, einem Traktat über den idealen Historiker, die Autoren Herodot, Thukydides, Xenophon, Philistos und Theopomp behandelt,[106] die alle auch von Cicero in De oratore erwähnt werden. Dionysios hat sich allerdings auf diese fünf Autoren beschränkt und sich nicht über Kallisthenes, Ephoros und Timaios geäußert.

Alle drei Autoren, Cicero, Dionysios und Quintilian, stimmen also in der Erwähnung von Herodot, Thukydides, Philistos, Xenophon

---

[104] Quintil., Instit. orat. 10. 1. 73-75.

[105] Zu Timagenes, der hauptsächlich in augusteischer Zeit gewirkt hat, siehe Laqueur, RE 6 A 1 (1936) 1063-1071.

[106] Dionys. Halik., Ad Cn. Pomp. 3-6.

und Theopomp überein, die offensichtlich den Kanon der maßgeblichen griechischen Historiker bildeten. Alle drei stimmen auffallenderweise auch darin überein, daß sie Polybios nicht nennen, der demnach nicht zu den unter literarischen Gesichtspunkten bemerkenswerten Autoren gerechnet wurde.
Wie genau Cicero die Werke der griechischen Historiker gekannt und wie er ihre wissenschaftliche Qualität und ihre Bedeutung eingeschätzt hat, läßt sich aus seinen Bemerkungen in De oratore, dem literaturwissenschaftlichen Charakter dieses Werkes entsprechend, nur andeutungsweise entnehmen.
Um diese Einzelheiten zu klären, die für die Frage nach den Grundlagen von Ciceros Beschäftigung mit der Geschichte wesentlich sind, ist es erforderlich, die einzelnen Stellen zu untersuchen, an denen Cicero die Werke dieser und anderer griechischer Historiker benutzt hat.

a) Herodot

Herodot[107] wird von Cicero als einer der Begründer der Geschichtsschreibung angesehen. Schon in De oratore bezeichnet er ihn als "princeps, qui hoc genus (i. e. historiam) ornavit,"[108] und in De legibus wird er ihn den "pater historiae" nennen, ohne

---

[107] Allgemein zu Cicero und Herodot: Schoenberger, Briefe 15-17; Henze 45f. Laurand 315 mit Anm. 3 vermutet ohne zwingenden Grund, Cicero habe Herodots erstes Buch zumeist indirekt benutzt. Aus den Bemerkungen Macans, Herodotus IV - VI, Bd. 2, 203f., und Herodotus VII - IX, Bd. 2, 60f., die Laurand in diesem Zusammenhang heranzieht, geht dergleichen nicht hervor.

[108] De orat. 2. 55; ähnlich Orator 39.

dabei zu verschweigen, daß sich im Werk Herodots auch zahllose unglaubhafte Erzählungen finden.[109] Im selben Sinne zitiert Cicero später im Orator zustimmend das Urteil Theophrasts, Herodot habe gemeinsam mit Thukydides damit begonnen, Geschichte in literarisch ansprechender Form zu schreiben.[110]
Die Kenntnis von Einzelheiten aus Herodots Historien ist bei Cicero an mehreren Stellen zu belegen, die zumeist die Geschichte des lydischen Königs Kroisos betreffen.[111]
So stammt im ersten Buch De divinatione die Angabe über das Apollon-Orakel, das dem Kroisos die Zerstörung eines großen Reiches in Aussicht stellte, falls er die Perser angreifen würde, aus den Historien Herodots, wie Cicero bei der Besprechung dieses Orakelspruches im zweiten Buch De divinatione anmerkt.[112]
In zwei Details weicht die Darstellung Ciceros jedoch von derjenigen Herodots ab. Cicero gibt nämlich das Orakel als lateinischen Hexameter wieder: "Croesus Halyn penetrans magnam pervertet opum vim." Herodot hingegen hatte den Orakelspruch nicht als Vers (geschweige denn in lateinischer Sprache) zitiert und auch nicht von der Überschreitung des Halys, sondern von einem Angriff auf die Perser als Anlaß für die Zerstörung eines großen Reiches gesprochen; daß die bei einem solchen Angriff zu über-

---

[109] De legib. 1. 5.

[110] Orator 39: ... primisque ab his (i. e. Herodoto Thucydideque), ut ait Theophrastus, historia commota est, ut auderet uberius quam superiores et ornatius dicere; ähnlich De orat. 2. 55; vgl. Orator 219: veteres illi, Herodotum dico et Thucydidem, ...
Zur sprachlichen Form ihrer Werke äußert Cicero sich Orator 186, 219.

[111] Bereits Schoenberger, Briefe 16 bemerkt, daß die Herodot-Zitate bei Cicero vor allem aus dem ersten Buch Herodots stammen.

[112] De divinat. 1. 37: Quae Croeso Pythius Apollo ... responderit, quis ignorat? Ibid. 2. 115f. nach Herodot 1. 53 und 1. 91. 4, vgl. 1. 75. 2.

schreitende Grenze des Perserreiches am Halys lag, hatte Herodot an dieser Stelle nicht erwähnt. Diese Unterschiede zwischen Cicero und Herodot haben Anlaß zu der Vermutung gegeben, Cicero habe hier nicht direkt das Werk Herodots eingesehen, sondern es indirekt durch eine Zwischenquelle benutzt.[113]

Was den erwähnten formalen Unterschied zwischen Herodots Prosa und Ciceros Vers betrifft, so war Cicero, der selbst mehrere - für uns bis auf Fragmente verlorene - Epen verfaßt hatte und fünfhundert Verse in einer einzigen Nacht dichten konnte,[114] zweifellos in der Lage, die Formulierung Herodots selbständig in den für einen Orakelspruch angemesseneren Hexameter umzuwandeln.

Was andererseits den inhaltlichen Unterschied betrifft, daß nämlich Cicero - anders als Herodot - die Halys-Grenze in dem Orakelspruch erwähnt, so ist zu beachten, daß jedem Leser von Herodots erstem Buch klar sein muß, daß die Grenze zwischen Persern und Lydern am Halys verlief[115] und daß ein Angriff von Lydien auf das Perserreich folglich das Überschreiten des Halys implizierte. Die beiden genannten Abweichungen Ciceros von Herodot sind also nur äußerlich, und sie erlauben nicht die Schlußfolgerung, Cicero habe für seine Ausführungen in De divinatione eine andere Quelle als den von ihm zitierten Herodot benutzt, der er den Hexa-

---

[113] Zu Vermutungen über eine indirekte Benutzung der Historien Herodots durch Cicero: Laurand 315 mit Anm. 3 und Hallward 226f. mit Anm. 24.

[114] Namentlich hatte er die Epen De consulatu suo, De temporibus suis und Marius verfaßt sowie die Φαινόμενα des Arat und mehrere Passagen aus Homer in lateinische Hexameter übertragen. Zu Ciceros Tempo beim Dichten: Plutarch, Cicero 40. Zu Cicero als Dichter: Büchner, RE 7 A 2 (1948) 1236-1274.

[115] Herodot I. 6. 1, 28, 72. 1f., 75 mit ausführlichem Bericht über den Halys-Übergang des Kroisos zu Beginn des Krieges gegen die Perser, 103. 2, 130. 1.

meter mit der Erwähnung des Halys entlehnt hätte,[116] wobei er den Hinweis auf Herodot als Quelle für den Orakelspruch dann entweder ebenfalls dieser Zwischenquelle entnommen[117] oder aus seiner eigenen Kenntnis vom Inhalt der Historien Herodots hinzugefügt haben müßte. Vielmehr ließ sich alles, was bei Cicero über das Apollon-Orakel für Kroisos steht, ohne die Benutzung weiterer Quellen aus den Angaben Herodots entnehmen. Damit ist natürlich nicht gesagt, daß Cicero für diese Angaben eigens bei Herodot nachgeschlagen hat; es ist durchaus wahrscheinlich, daß er hier aus seiner Kenntnis vom Inhalt des herodoteischen Werkes schöpfen konnte und wußte, daß dieser Orakelspruch dort erwähnt wurde, den er dann frei in eigener Formulierung als lateinischen Hexameter wiedergab. An die Benutzung einer Zwischenquelle sollte jedenfalls nicht gedacht werden.
Ebenfalls im ersten Buch De divinatione benutzt Cicero die Historien Herodots als Quelle für ein Vorzeichen, das den Sohn des Kroisos betraf, der plötzlich sprechen konnte, nachdem er zuvor "infans" gewesen war.[118] Die längeren Ausführungen Herodots

---

[116] Hier käme Aristoteles, Rhetorik 3. 5. 4 = 1407 a 36 in Betracht, wo das Orakel als Hexameter mit Erwähnung des Halys gegeben wird:
Κροῖσος Ἅλυν διαβὰς μεγάλην ἀρχὴν καταλύσει.
Eine lateinische Fassung des Hexameters bot Aristoteles allerdings nicht.

[117] Hier kommt Aristoteles, loc. cit., nicht in Betracht, denn bei ihm wird die Quelle für den Orakelspruch überhaupt nicht erwähnt.

[118] De divinat. 1. 121: .. illud ..., quod scribit Herodotus, Croesi filium, cum esset infans, locutum; quo ostento regnum patris funditus concidisse.
Das Wort "infans", das auch "Kleinkind" bedeutet, ist hier in seinem ursprünglichen Sinn "nicht sprechend" verwendet; vgl. TLL 7. 1, 1346. Über das Alter des Kroisos-Sohnes, über das sich Herodot nicht geäußert hat, ist also auch bei Cicero nichts gesagt. Dazu Pease, ad locum. Cicero hat folglich auch hier - wie beim Apollon-Orakel für Kroisos - keine Informationen verwendet, die etwa über Herodots Angaben hinausgehen und für die man eine Zwischenquelle

über dieses Wunderzeichen reduziert Cicero unter Auslassung aller unnötigen Details in einem einzigen Satz auf das für den Zusammenhang in De divinatione Wesentliche. Auch hier ist denkbar, daß er aus dem Gedächtnis auf die Angabe Herodots verweisen konnte und sie nicht eigens nachschlagen mußte.

Herodot hatte außerdem ausführlich den Besuch Solons bei Kroisos und die angeblich bei dieser Gelegenheit geführten Gespräche über philosophische Fragen geschildert. Auch diese Passagen aus Herodot waren Cicero bekannt, und er paraphrasiert in De finibus eine von Herodot aus diesen Gesprächen überlieferte, berühmte Äußerung Solons über das glückselige Leben, wonach man niemanden glücklich nennen könne, bevor er nicht gestorben sei.[119] Auch diesen bekannten Ausspruch Solons mußte Cicero sicher nicht eigens bei Herodot nachschlagen, um in De finibus auf ihn verweisen zu können; auch ihn dürfte er auswendig gekannt haben.

Neben diesen mit Kroisos in Zusammenhang stehenden Angaben hat Cicero Herodots legendenhaften Bericht über die Entstehung der medischen Monarchie gekannt und sich im zweiten Buch De officiis auf diesen berufen, um seine These zu stützen, daß man einst Könige eingesetzt habe, um Recht und Gerechtigkeit zu wahren.[120]

Für die Verwendung in Ciceros philosophischen Schriften waren noch weitere der "innumerabiles fabulae" geeignet, die Herodot ja

---

annehmen könnte. Cicero folgt hier Herodot l. 85; vgl. l. 34. 2.

[119] Cicero weist diese Auffassung Solons De finib. 2. 87 zurück: Nam cum suscepta semel est beata vita, tam permanet quam illa effectrix beatae vitae sapientia neque expectat ultimum tempus aetatis, quod Croeso scribit Herodotus praeceptum a Solone.
Auf dieselbe Sentenz des Solon bezieht sich Cicero De finib. 3. 76. Der Bericht findet sich bei Herodot l. 30-33, besonders die Äußerung Solons l. 32. 5 und 7.

[120] De offic. 2. 41 unter Bezug auf Herodot l. 96-101.

nach Ciceros eigenem Urteil in seinem Werk wiedergegeben hatte.[121] Als er im ersten Buch der Tusculanen die Frage diskutiert, ob der Tod ein Übel sei, verweist Cicero darauf, daß viele Philosophen sich in diesem Zusammenhang auf Herodot beriefen. Im Anschluß daran erzählt er selbst in Anlehnung an Herodot die einschlägige Legende von Kleobis und Biton, denen die Götter als Lohn für ihre außergewöhnliche Frömmigkeit einen unerwarteten, frühen Tod gewährt hatten.[122] Diese Legende wird von Cicero übrigens ausdrücklich als "fabula" bewertet; außerdem führt er sie in einem Abschnitt an, den er einleitend als einen für sein Thema eigentlich gar nicht erforderlichen "Epilog nach Art der Rhetoren" angekündigt hatte[123] und von dessen Inhalt er sich deutlich distanziert, indem er darauf hinweist, er enthalte Erzählungen, die von anderen in Diskussionen über die zur Rede stehende Frage, ob der Tod ein Übel sei, vorgebracht würden;[124] Cicero selbst scheint diese Geschichten nicht für sonderlich relevant zu halten. Auch in seinen Briefen kommt Cicero gelegentlich auf Herodot zu sprechen. So erwähnt er in seinem berühmten Schreiben an Lucceius Herodots Ausführungen über Leistung und Schicksal des Themistokles als Vorbild für das von Lucceius zu verfassende Werk über das Konsulat Ciceros im Jahre 63 v. Chr. und die Zerschlagung der Catilinarischen Verschwörung.[125]

---

[121] De legib. 1. 5

[122] Tusc. 1. 113 mit Nacherzählung der Legende Herodot 1. 31.

[123] Tusc. 1. 112: Num igitur etiam rhetorum epilogum desideramus?

[124] Tusc. 1. 113: Deorum immortalium iudicia solent in scholis proferre de morte, nec vero ea fingere ipsi, ...

[125] Ad familiar. 5. 12. 7. Hier sind nicht wie Ad familiar. 5. 12. 5 Exil und Ende des Themistokles gemeint, die Herodot nicht mehr behandelt hat - und deren Darstellung Cicero übrigens auch kaum als Vorbild für ein Werk über

Für die Vertrautheit Ciceros mit den Historien Herodots spricht weiterhin eine Anspielung in einem Brief an Atticus auf ein von Herodot überliefertes Orakel.[126] Atticus hatte Cicero offenbar um einen nicht leicht zu erweisenden Gefallen gebeten, und Cicero antwortet auf diese Bitte mit dem Wort "'Αρκαδίην", womit er auf den Spruch des Delphischen Orakels anspielt, durch den dieses die Bitte der Spartaner um die Herrschaft über Arkadien als einen zu großen Wunsch abgewiesen hatte und der in der Version Herodots mit dem Wort "'Αρκαδίην" beginnt.
Die Frage nach der Zuverlässigkeit des "pater historiae" hat Cicero sich im Zusammenhang mit dem erwähnten trügerischen Orakelspruch für Kroisos im zweiten Buch De divinatione gestellt, und er ist dabei zu dem Ergebnis gelangt, Herodot sei nicht unbedingt glaubwürdiger als der Dichter Ennius, der ganz offensichtlich Orakelsprüche frei erfunden habe.[127]
Während sich an dieser Stelle die Kritik Ciceros an der Glaubwürdigkeit Herodots auf einen Einzelfall beschränkt und außerdem durch den Argumentationszusammenhang des zweiten Buches De divinatione, wo sämtliche Orakel als unglaubhaft erwiesen werden

---

seine eigene politische Leistung empfohlen hätte - sondern dessen politisches Gesamtwerk, wie es Herodot in den Büchern 7 und 8 darstellt. Vgl. Shackleton Bailey (edit., comment.) zu Ad familiar. 5. 12.

[126] Ad Attic. 10. 5. 2 mit Anspielung auf Herodot 1. 66. Schoenberger, Briefe 17.

[127] De divinat. 2. 116: Cur autem hoc credam umquam editum Croeso aut Herodotum cur veraciorem ducam Ennio? Num minus ille potuit de Croeso quam de Pyrrho fingere Ennius?
(Es folgt der Beweis, daß der von Ennius überlieferte Orakelspruch des Apollon für Pyrrhos "Aio te, Aeacida, Romanos vincere posse" allein schon, weil er in lateinischer Sprache gegeben wird, unmöglich authentisch sein kann und daher eine Erfindung des Ennius sein muß.) Die Stelle ist nicht mit Petzold 256 Anm. 7 als eine Betonung der Wahrhaftigkeit Herodots zu deuten.

sollen, beeinflußt wird, betrifft seine Bemerkung in der Einleitung zu De legibus, wonach sich bei Herodot "innumerabiles fabulae" finden,[128] das gesamte Werk des Vaters der Geschichte und zeigt, daß Ciceros Einstellung zu Herodot bei aller Hochschätzung durchaus nicht naiv oder unkritisch war.

Auffallenderweise hat Cicero gerade solche Berichte aus Herodot zitiert und benutzt, die als "fabulae" gelten müssen: die von ihm angeführten Episoden aus der Geschichte des Kroisos und die von ihm selbst als "fabula" bezeichnete Geschichte von Kleobis und Biton gehören ebenso in diese Kategorie wie der Bericht Herodots über die Entstehung der medischen Monarchie. Nur einmal bezieht sich Cicero auf Darlegungen Herodots, die im engeren Sinne als historisch gelten können, als er nämlich im Brief an Lucceius auf die Ausführungen Herodots über Themistokles hinweist. Dieses Überwiegen der "fabulae" könnte leicht zu dem falschen Schluß verleiten, Ciceros Interesse habe vorwiegend derartigen Legenden und weniger dem eigenlich Historischen gegolten oder er habe den Mythos überhaupt nicht von der Geschichte geschieden.

Tatsächlich erklärt sich das Überwiegen des Legendenhaften bei Ciceros Herodot-Benutzung aber durch die Themen der Werke, in denen Cicero sich auf Herodot beruft. Zum Beispiel erforderte es die Konzeption von De divinatione, zunächst die einschlägigen

---

[128] De legib. l. 5. Der Begriff "fabula" bedeutet neben "Drama, Theaterstück" - was hier offensichtlich nicht in Betracht kommt - soviel wie "Märchen, unwahre Geschichte". Vgl. dazu Ciceros Definitionen in De invent. l. 27, wo er fabula von historia (!) und argumentum (hier irrelevant) unterscheidet: Fabula est, in qua nec verae nec veri similes res continentur; cuiusmodi est: 'Angues ingentes alites iuncti iugo ...'. (Das Zitat stammt aus der Tragödie "Medus" des Pacuvius: TRF³ p. 150.) Im Unterschied dazu wird "historia" bestimmt als "gesta res, ab aetatis nostrae memoria remota; quod genus: 'Appius indixit Carthaginiensibus bellum'." (Das Beispiel ist vielleicht ein Vers aus den Annalen des Ennius: Ann. 7. 238 Warmington = Ann. 7. 223 Vahlen³; vgl. unten Kapitel 3. g) Anm. 844.) Nahezu wörtlich stimmen mit diesen Definitionen Ciceros diejenigen des Auctor ad Herennium l. 13 überein.

angeblichen Zeugnisse für die Zuverlässigkeit der Weissagekunst zusammenzustellen, um sie anschließend widerlegen zu können. Eine mögliche Quelle für solche Zeugnisse waren die Werke der Historiker, und namentlich Herodots Historien erwiesen sich als eine wahre Fundgrube für dergleichen. Außerdem bleibt festzuhalten, daß Cicero gerade in De divinatione die legendenhaften Erzählungen Herodots zwar referiert, aber nicht akzeptiert, sondern als nicht glaubhaft und nicht beweiskräftig im wissenschaftlichen Sinne zurückweist.[129] Die Hinweise Ciceros auf die "fabulae" Herodots zeigen, daß die Unterscheidung des Mythischen vom Historischen für ihn selbstverständlich war, auch im Werk ein und desselben Schriftstellers,[130] auch wenn dieser der Vater der Geschichtsschreibung selbst war.

Insgesamt zeigt sich damit ein differenziertes Urteil Ciceros über Herodot: weder hat er dem "pater historiae" alles geglaubt noch hat er wegen der "innumerabiles fabulae", deren Unglaubwürdigkeit ihm durchaus bewußt war, voreilig alles verworfen, was Herodot in seinen Historien zu berichten wußte.[131] Der Rang Herodots als des Begründers der Geschichtsschreibung blieb von der Kritik Ciceros ohnehin unberührt.

---

[129] De divinat. 2. 115f. gegen 1. 37; gegen ostenta wie das De divinat. 1. 121 aus Herodot zitierte (s. o. Anm. 118): De divinat. 2. 49-70.

[130] Vgl. dazu die Auswertung eines Dichters wie Ennius durch Cicero für historische Fragen: s. u. Kapitel 3. g).

[131] Zu einseitig Henze 46: "Pauca verba Cicero de Herodoti fide atque auctoritate fecit, quam parvi aestimavit ...; ... colligi potest Herodotum Ciceroni fabulatorem visum esse."

b) Thukydides

Thukydides gilt Cicero neben Herodot als der zweite Begründer der Geschichtsschreibung. Damit schließt sich Cicero der Auffassung Theophrasts an, der geäußert hatte, diese beiden Historiker hätten den Anstoß für eine Geschichtsschreibung gegeben, die literarischen Ansprüchen besser gerecht werde als die Werke früherer Autoren.[132]

Das besondere Interesse Ciceros gilt nicht so sehr dem Historiker als vielmehr dem Stilisten Thukydides, und zwar hauptsächlich deshalb, weil die römischen Attizisten, deren Auffassung von der Redekunst Cicero abgelehnt und energisch bekämpft hat, sich häufig auf Thukydides als ihr Vorbild beriefen. Daher steht die Mehrzahl der Erwähnungen des Thukydides bei Cicero im Zusammenhang mit dem Attizismus-Streit, wobei Cicero den Stil des Thukydides als für forensische Reden ungeeignet verwirft, insbesondere wegen der zahlreichen nicht leicht verständlichen Stellen in den Reden, die dessen Werk eingeflochten waren. Da Thukydides seiner Meinung nach als Redner unbedeutend war, geht Cicero so weit zu behaupten, sogar der Name des Thukydides wäre in Vergessenheit geraten, hätte er nicht sein Geschichtswerk hinterlassen. Als Vorbild für einen Redner kam Thukydides nach Ciceros Auffassung keinesfalls in Frage.[133]

---

[132] Orator 39; s. o. Anm. 110.

[133] Orator 30-32; Brut. 287f.; De optimo genere orat. 15f. Vgl. De orat. 2. 56: ... ne hunc (i. e. Thucydidem) quidem, quamquam est in re publica versatus, ex numero accepimus eorum, qui causas dictitarunt.
Unzutreffend ist die Meinung Henzes 47 und Laurands 315, Cicero habe seine Einschätzung des Thukydides im Zusammenhang mit dem Attizismus-Streit geändert. Ciceros Polemik in dieser Kontroverse hat sich nicht gegen Thukydides gerichtet, sondern gegen eine verfehlte Thukydides-Imitation. Diese Kritik

Ciceros Anforderungen an einen Historiker hat Thukydides hingegen durchaus entsprochen, und in einem Atemzug mit seiner Kritik an dem Stil der Reden bei Thukydides billigt Cicero die herrschende Bewertung des Thukydides als "rerum explicator prudens, severus, gravis."[134]
Aus dem Werk des Thukydides ist Cicero unter anderem die Charakterisierung des Themistokles so geläufig, daß er sie - offenbar auswendig - in einem Brief an Atticus teils frei zitieren, teils auf lateinisch paraphrasieren kann.[135]
Im Brutus beruft sich Cicero mehrfach auf Angaben des Thukydides. Zunächst erwähnt er, die Schriften des Thukydides seien geeignet, einen Eindruck vom Stil der Redner jener Zeit wie Alkibiades, Kritias und Theramenes zu vermitteln.[136]
Wenig später zitiert Cicero in derselben Schrift Thukydides als Quelle für seine Bemerkung über Antiphon von Rhamnus, dessen Verteidigungsrede in eigener Sache die beste jemals gehaltene Rede dieser Art gewesen sei.[137] In diesem Zusammenhang würdigt Cicero Thukydides als "locuples auctor;" er schätzt also nicht

---

Ciceros trifft den Historiker Thukydides daher überhaupt nicht.

[134] De orat. 2. 56; Orator 30-32; Brut. 287. Das Zitat: Orator 31. Auch der Historiker Philistos wird von Cicero gelobt, da er den Stil des Thukydides nachgeahmt habe: s. u. Kapitel 1. d) mit Anm. 172.

[135] Ad Attic. 10. 8. 7 aus Thukydides 1. 138. 3f. entlehnt; Nepos, Them. 1. 4 übersetzt dieselbe Stelle ins Lateinische (vgl. dazu unten Kapitel 2. m) über Cornelius Nepos). Ferner beruft sich Cicero für den Ausdruck "ἐκβολὴ λόγου" Ad Attic. 7. 1. 6 auf Thukydides 1. 97. 2: *τὴν ἐκβολὴν τοῦ λόγου ἐποιησάμην διὰ τόδε* ... .

[136] Brut. 29. Dabei dürfte Cicero an die in das Werk eingelegten Reden gedacht haben.

[137] Brut. 47 unter Bezug auf Thukydides 8. 68. 1f.

nur den Stil des Schriftstellers Thukydides, sondern auch die Zuverlässigkeit seines Werkes.[138]

Die interessanteste Äußerung Ciceros über Thukydides findet sich ebenfalls im Brutus, wo in dem Abriß der griechischen Beredsamkeit Überlegungen über das Schicksal des Themistokles, dessen Exil und Tod angestellt werden. Dabei erläutert Cicero, Themistokles habe zu einer Zeit gelebt, als Griechenland in bereits in voller Blüte stand, während Rom noch nicht lange von den Königen befreit war und gerade im Krieg gegen die Volsker unter der Führung des Coriolan stand. Diese hier erwähnte ungefähre Gleichzeitigkeit der Perserkriege und der Kämpfe Roms gegen die Volsker bietet Cicero nun den Anlaß, auch die Ähnlichkeit des Schicksals der beiden Protagonisten, Themistokles und Coriolan, hervorzuheben: Beide hätten sich hervorragend um ihren Staat verdient gemacht, beide seien von ihren undankbaren Mitbürgern verbannt worden, und beide seien durch Selbstmord aus dem Leben geschieden.

Cicero räumt dann selber ein, im Liber annalis des Atticus werde eine andere Darstellung gegeben, und er läßt seinen Gesprächspartner Atticus darauf verweisen, daß bei Thukydides, der nur kurz nach Themistokles gelebt habe, berichtet werde, Themistokles sei eines natürlichen Todes gestorben und es habe lediglich Gerüchte über einen Selbstmord gegeben;[139] hingegen hätten Klei-

[138] Brut. 47. TLL 7.2, 1572f. "Locuples auctor" im Sinne von "zuverlässiger Gewährsmann" deuten auch Georges s. v. locuples sowie Merguet, Handlexikon s. v. locuples, letzterer unter Bezug auf die Stelle Brut. 47. Vgl. die von Merguet, Lexikon zu den philosophischen Schriften Cicero's angeführten Parallelstellen De orat. 3. 100, De re pub. 1. 16, De divinat. 1. 37, 2. 119 sowie die Junktur "locuples testis" (Partit. orat. 117 e. a.) im Sinne von "glaubwürdiger Zeuge".

[139] Brut. 41-44, bes. 43 unter Bezug auf Thukydides 1. 138. 4. Von der Bemerkung des Thukydides an dieser Stelle, Themistokles habe seine dem Großkönig gegebenen Versprechungen nicht einhalten können, scheint Ciceros

tarch[140] und Stratokles[141] eine bizarre Version vom Selbstmord des Themistokles erfunden, die besser ihren Vorstellungen von einer rhetorischen und tragischen Geschichtsschreibung entsprochen habe.
Damit hat Cicero die von ihm zunächst ja selbst vorgetragene Version vom Selbstmord des Themistokles durch den Mund des Atticus zurückgewiesen, und zwar unter Berufung auf die Autorität des Thukydides, dem ohne weitere Diskussion der Vorrang vor Kleitarch und Stratokles eingeräumt wird.
Skeptische Bemerkungen über die Zuverlässigkeit des Thukydides, die mit der Erwähnung der "innumerabiles fabulae" bei Herodot[142] zu vergleichen wären, fehlen bei Cicero völlig. Thukydides ist neben Polybios[143] der von Cicero am höchsten geschätzte griechische Historiker.[144]
Während Cicero die Historien Herodots zumeist in seinen im engeren Sinne philosophischen Schriften wie De divinatione, De finibus, den Tusculanen und De officiis benutzt hat und ihnen viel Unhistorisches entnommen hat, finden sich die Belege für die Benutzung des Thukydides durch Cicero außerhalb der Briefe ausschließlich im Brutus, einer der am stärksten historisch ausgerichteten Schriften Ciceros. Da Thukydides kein Material nach der Art der "innumerabiles fabulae" Herodots bot, das Cicero etwa in De divinatione hätte widerlegen müssen oder in einem "Epilog

---

entsprechende Bemerkung Ad Attic. 10. 8. 7 abzuhängen.

140 Zu Kleitarch: s. u. Kapitel 1. g).

141 Zu Stratokles: s. u. Kapitel 1. j) mit Anm. 254.

142 S. o. Kapitel 1. a) mit Anm. 109, 127 und 128.

143 Zu Polybios: s. u. Kapitel 1. i).

144 So auch Henze 58.

nach Art der Rhetoren" in den Tusculanen hätte vortragen können, ergibt sich eine Benutzung seines Werkes in vielen ciceronischen Schriften nicht. So erklärt sich auch, daß Cicero das Werk des von ihm als Historiker höher geschätzten Thukydides seltener zitiert hat als dasjenige Herodots.[145]

c) Xenophon

Xenophon wird von Cicero als der erste Historiker bezeichnet, der eine vornehmlich philosophische Ausbildung hatte,[146] wodurch er Ciceros Ideal der Einheit von Philosoph und Schriftsteller[147] entspricht oder doch nahekommt.

Einige Werke Xenophons sind Cicero nachweislich sehr genau bekannt. So hatte er als junger Mann den Οἰκονομικὸς des Xeno-

---

145 Herodot: De divinat. 1. 37, 2. 115f.; 1. 121; De finib. 2. 87; Tusc. 1. 113; De offic. 2. 41; Ad familiar. 5. 12. 7; Ad Attic. 10. 5. 2.
Thukydides: Ad Attic. 7. 1. 6, 10. 8. 7; Brut. 41-44; 47.

146 De orat. 2. 58: Denique etiam a philosophia profectus princeps Xenophon, Socraticus ille, post ab Aristotele Callisthenes, comes Alexandri, scripsit historiam.

147 De orat. 3. 142; das hier formulierte Ideal der eloquentia gilt nicht nur für den orator als Redner, sondern als Schriftsteller überhaupt. Orator 32 das berühmte Lob Ciceros für Xenophons Stil: cuius sermo est ille quidem melle dulcior, sed a forensi strepitu remotissimus. Vgl. Brut. 132 mit Ciceros Bemerkung über Q. Catulus, cos. 102 v. Chr., der molli et Xenophontio genere sermonis geschrieben habe.

phon übersetzt,[148] und er hat sich immer wieder mit der *Κύρου παιδεία* beschäftigt,[149] die auch der jüngere Scipio Africanus nie aus der Hand gelegt haben soll.[150]
Ebenso kannte Cicero das Agesilaos-Enkomion des Xenophon[151] und sicher die Memorabilien,[152] während sich die Kenntnis der Anabasis nur aus Bemerkungen in De divinatione erschließen läßt, wo Cicero im Zusammenhang mit der Teilnahme Xenophons am Zuge des jüngeren Kyros erwähnt, Xenophon habe seine Träume niedergeschrieben und er habe Sokrates befragt, ob er überhaupt an dem Zug gegen den Großkönig teilnehmen solle.[153] Sowohl

---

[148] De offic. 2. 87: Has res commodissime Xenophon Socraticus persecutus est in eo libro, qui 'Oeconomicus' inscribitur, quem nos, ista fere aetate cum essemus, qua es tu (sc. Marce fili) nunc, e Graeco in Latinum convertimus.

[149] Ad familiar. 9. 25. 1; Ad Quint. frat. 1. 1. 23, 1. 2. 7; Brut. 112. Vgl. die scherzhafte Anspielung auf den Titel dieses Werkes Ad Attic. 2. 3. 2.

[150] Ad Quint. frat. 1. 1. 23.

[151] Ad familiar. 5. 12. 7; Ad Quint. frat. 1. 2. 7. Vermutlich denkt Cicero De orat. 2. 341 auch an den Agesilaos des Xenophon, als er "libri, quibus Themistocles, Aristides, Agesilaus, Epaminondas, Philippus, Alexander aliique laudantur" erwähnt.

[152] Richter 8 mit Anm. 1. De offic. 1. 118 und Ad familiar. 5. 12. 3, vgl. Xenophon Memor. 2. 1; De natura deor. 1. 31, 2. 18, 3. 27, vgl. Memor. 1. 4, 4. 3.
Ohne ausdrücklichen Hinweis auf Xenophon: De offic. 2. 43, vgl. Memor. 2. 6. 9; De amicit. 55, vgl. Memor. 2. 4.
Für Ciceros Kenntnis von den Memorabilien spricht ferner Brut. 292: (ironia), qua ille (i. e. Socrates) in Platonis et Xenophontis et Aeschini libris utitur.

[153] De divinat. 1. 52 mit möglichem Bezug auf Xenophon Anabasis 3. 1. 4. Richter 8 nimmt an, Cicero habe die Anabasis nicht gekannt, und führt De divinat. 1. 52 und 1. 122 auf Ciceros Vorlagen für De divinatione zurück. Selbst wenn diese letztere Annahme - für die übrigens nichts spricht - zutreffen sollte,

die Anfrage Xenophons bei Sokrates als auch Träume Xenophons finden sich in der Anabasis, deren Kenntnis man also wohl bei Cicero annehmen darf.
Welche Schrift Xenophons Cicero allerdings gemeint hat, als er über diesen bemerkte "scripsit historiam",[154] läßt sich nicht entscheiden, denn der Begriff "historia" trifft sowohl auf Xenophons Hellenika als auch auf die Anabasis zu, kann sich aber auch summarisch auf beide Werke beziehen.
Eine direkte Entlehnung aus Xenophons Hellenika läßt sich im ciceronischen Werk allerdings nicht nachweisen. Vielmehr weicht Cicero gelegentlich stark von Xenophons Schilderungen in den Hellenika ab, wenn er etwa eine Anekdote über den Tod des Epaminondas überliefert, für die bei Xenophon nicht der mindeste Anhaltspunkt gegeben ist,[155] und wenn er Rechtsfragen im Zu-

---

folgt daraus nicht, wie Richter meint, daß Cicero die Anabasis nicht gekannt hat, sondern nur, daß er sie an diesen Stellen nicht direkt benutzt hat. Richters weiteres Argument, Ciceros Formulierung De divinat. 1. 52 "sua scribit somnia (sc. Xenophon)" zeige, daß er die Anabasis nicht gekannt habe, da mit dieser Formulierung der Inhalt des Werkes nicht zutreffend beschrieben werde, ist verfehlt; denn Cicero hatte keineswegs die Absicht, hier eine umfassende Inhaltsangabe der Anabasis zu geben, sondern er wollte lediglich auf den Einzelaspekt hinweisen, daß in diesem Werk Xenophons Träume erwähnt werden. Diese Angabe Ciceros trifft zweifellos zu, und er hätte sie auch kaum anders formulieren können.

[154] S. o. Anm. 146.

[155] Ad familiar. 5. 12. 5; vgl. Xenophon Hell. 7. 5. 25, wo nur die Tatsache gegeben wird, daß Epaminondas bei Mantineia fiel; das Kapitel Hell. 7. 5 kann also keinesfalls Ciceros Quelle für Ad familiar. 5. 12. 5 sein; pace Schoenberger, Briefe 18.
Die Darstellung Ciceros weicht auch von der des Cornelius Nepos, Epam. 9. 3f. sowie von Plutarch Agesil. 35 ab, der zwei Versionen anbietet, eine, die auf Dioskurides zurückgeführt wird, der zufolge Epaminondas durch einen Speer getötet wurde (wie es auch Nepos und Cicero berichten), und eine andere,

sammenhang mit dem Ablauf des Oberkommandos des Epaminondas erörtert, die bei Xenophon ebenfalls nicht angesprochen werden.[156]

Aus diesen Abweichungen Ciceros von Xenophons Darstellung in den Hellenika folgt nun selbstverständlich nicht, daß Cicero dieses Werk gar nicht gekannt hat,[157] wohl aber, daß er es nicht unbedingt zur Grundlage seiner Darstellung genommen hat und durchaus auch andere Quellen für die von Xenophon geschilderte Zeit gekannt und benutzt hat.

So beruft Cicero sich ausdrücklich auf Kallisthenes, als er im ersten Buch De divinatione die vor der Schlacht bei Leuktra unter anderem in Theben eingetretenen Wunderzeichen berichtet,[158] nicht aber auf Xenophon, dessen Darstellung der Wunderzeichen in Theben zwar in einem Punkt mit der von Cicero gegebenen übereinstimmt[159] und in einem weiteren Detail den Angaben Ci-

---

wonach er mit einem Schwert getötet wurde. Kein derartiges Detail findet sich bei Xenophon.

[156] De invent. 1. 55. Xenophon Hell. 6. 4 berichtet nichts dergleichen. Überhaupt nennt er den Namen des Epaminondas in seinem lakonischen Bericht über Leuktra nicht. Vgl. Corn. Nepos, Epam. 7. 3 - 8. 5 über die Rechtslage und den folgenden Prozeß.

[157] Pace Richter 10.

[158] De divinat. 1. 74-76 (s. u. Anm. 159); vgl. 2. 54-57.

[159] De divinat. 1. 74: At eodem tempore Thebis, ut ait Callisthenes, in templo Herculis valvae clausae repagulis subito se ipsae aperuerunt. Dies entspricht ungefähr Xenophon Hell. 6. 4. 7: *'Απηγγέλλετο δὲ καὶ ἐκ τῆς πόλεως, ὡς οἵ νεῲ πάντες αὐτόματοι ἀνεῴγοντο* ..., wo allerdings nicht nur vom Herkules-Tempel, sondern von allen Tempeln in Theben die Rede ist.

ceros ähnelt,[160] der aber den größten Teil der bei Cicero genannten Vorzeichen gar nicht erwähnt, während andererseits das von Xenophon berichtete Orakel über das Denkmal der von Spartanern vergewaltigten thebanischen Jungfrauen bei Cicero fehlt.[161]
Auch die skeptische Schlußbemerkung Xenophons, einige hätten die in Theben eingetretenen Vorzeichen als Machination der dortigen Priester angesehen,[162] wird von Cicero nicht herangezogen, obwohl sie im zweiten Buch von De divinatione genau in seine eigene Argumentation gegen den Glauben an derartige angebliche Vorzeichen gepaßt hätte. Die Benutzung von Xenophons Hellenika für die Ausarbeitung der betreffenden Stellen von De divinatione ist damit so gut wie ausgeschlossen.
Wiederum ergibt sich nicht, daß Cicero Xenophons Hellenika gar nicht kannte, aber es zeigt sich erneut, daß er sie nicht überall, wo es möglich gewesen wäre, seiner eigenen Darstellung zugrunde gelegt hat.[163]
Über die historische Glaubwürdigkeit Xenophons urteilt Cicero durchaus differenziert. Es ist ihm selbstverständlich bewußt, daß die *Κύρου παιδεία* kein Bild des historischen Kyros entwerfen

---

[160] De divinat. l. 74: At eodem tempore Thebis, ut ait Callisthenes, in templo Herculis ... arma ..., quae fixa in parietibus fuerant, ea sunt humi inventa, während nach Xenophon Hell. 6. 4. 7 die Waffen des Herkules aus dem Tempel verschwunden sein sollen.
Zu Kallisthenes: s. u. Kapitel 1. f).

[161] De divinat. l. 74-76; Xenophon Hell. 6. 4. 7.

[162] Xenophon Hell. 6. 4. 7.

[163] Zutreffend Richter 10: " ... insbesondere läßt sich eine Kenntnis der Hellenika nicht nachweisen." Die weitergehende Schlußfolgerung, Ciceros Unkenntnis der Hellenika lasse sich nachweisen, ist unzulässig; pace Richter, loc. cit.

will, sondern den idealen Herrscher darstellen soll.[164]
Xenophons Agesilaos-Enkomion hat nach Ciceros Urteil eine der *Κύρου παιδεία* nicht unähnliche idealisierende Tendenz,[165] so daß er den Agesilaos und den Kyros des Xenophon in einem Atemzug als ideale Herrscher nennen kann.[166]
Während Cicero an Herodots Glaubwürdigkeit gelegentlich gewisse Zweifel äußert, indem er auf die "innumerabiles fabulae" in dessen Werk hinweist[167] und indem er in De divinatione eine von Herodots Geschichten ganz bestreitet,[168] so äußert er derartige Kritik an Xenophon niemals, obwohl etwa im zweiten Buch De divinatione hinreichend Gelegenheit besteht, die zuvor im ersten Buch[169] erwähnten Traumgeschichten aus Xenophons Anabasis zurückzuweisen. Cicero beschränkt sich jedoch darauf, grundsätzliche Zweifel an der Vorhersage der Zukunft aus Träumen zu äußern, ohne den Autor direkt anzugreifen oder dessen Darstellung als frei erfunden abzutun.[170]

---

[164] Ad Quint. frat. 1. 1. 23: Cyrus ille a Xenophonte non ad historiae fidem scriptus, sed ad effigiem iusti imperi. Laurand 316 hebt dies als Einsicht Ciceros besonders hervor; für Cicero war diese Tatsache offenbar eine Selbstverständlichkeit.

[165] Ad familiar. 5. 12. 7 betont Cicero den lobenden Charakter der Schrift; Schoenberger, Briefe 18.

[166] Ad Quint. frat. 1. 2. 7.

[167] S. o. Kapitel 1. a) mit Anm. 128.

[168] S. o. Kapitel 1. a) mit Anm. 127.

[169] S. o. Anm. 153.

[170] De divinat. 2. 54-57.

d) Philistos

Der sizilische Historiker Philistos, ein Zeitgenosse und Mitarbeiter Dionysios' I. von Syrakus,[171] gilt Cicero wegen seines Bemühens, den thukydideischen Stil nachzuahmen, "beinahe als ein kleiner Thukydides".[172] Daher wird Philistos bei Cicero auch an anderen Stellen in einem Atemzug mit Thukydides genannt.[173]
Wenn bei diesen Bemerkungen Ciceros über die Thukydides-Nachahmung des Philistos auch primär an dessen Stil gedacht ist, so deuten sie angesichts der hohen Meinung, die Cicero von Thukydides als Historiker hatte,[174] bereits an, daß auch seine Meinung über Philistos günstig sein dürfte.
Die Benutzung des Werkes des Philistos durch Cicero ist in De divinatione ausdrücklich bezeugt, wo Cicero einen Traum der Mutter Dionysios' I. unter Berufung auf Philistos anführen läßt[175] und daran die Deutung dieses Traumes durch die sizilischen Traumdeuter anschließt, wie Philistos sie berichtet hatte.[176]
Ebenfalls unter ausdrücklicher Berufung auf Philistos wird in De

---

[171] Als Zeitgenosse und enger Vertrauter des Dionysios: De orat. 2. 57 (Dionysi tyranni familiarissimus), Ad Quint. frat. 2. 12. 4 (perfamiliaris Philisto Dionysius), De divinat. 1. 39 (ut scriptum apud Philistum est, et doctum hominem et diligentem et aequalem temporum illorum).

[172] Die Nachahmung des Thukydides durch Philistos: De orat. 2. 57; Ad Quint. frat. 2. 12. 4, dort auch das Zitat: "paene pusillus Thucydides".

[173] Brut. 66, 294.

[174] S. o. Kapitel 1. b).

[175] De divinat. 1. 39, vgl. 2. 136.

[176] Ibid.

divinatione ein Vorzeichen berichtet, das dem Dionysios seine bevorstehende Machtübernahme angezeigt haben soll.[177]
Aus einem Brief Ciceros an seinen Bruder Quintus aus dem Februar 54 v. Chr. ergibt sich, daß Cicero zwei Werke des Philistos bekannt waren, nämlich ein corpus "De Dionysio" und ein weiteres corpus, dessen Titel er zwar in dem Brief nicht nennt, bei dem es sich jedoch um die Geschichte Siziliens bis 406/5 v. Chr. handeln muß.[178]
Ausdrücklich zieht Cicero das Werk über Dionysios dieser anderen Schrift des Philistos vor, unter anderem deswegen, weil Philistos als ein Zeitgenosse und als Vertrauter des Dionysios - worauf Cicero mehrfach hinweist[179] - ihm die beste Autorität für dessen Geschichte zu sein schien.
Die besondere Autorität des Philistos als eines Zeitgenossen wird von Cicero nicht nur in diesem Brief an Quintus angedeutet, sondern in De divinatione auch ausdrücklich hervorgehoben, wo Cicero seinen Bruder sagen läßt, Philistos sei gebildet, sorgfältig und Zeitgenosse der von ihm berichteten Ereignisse gewesen.[180]
Wenn auch einzuräumen ist, daß Cicero diese explizit positive Beurteilung seinem Bruder Quintus in den Mund legt, der sich ja, als er daran dachte, Geschichte zu schreiben, selbst mit dem Werk des Philistos befaßt hatte, so widerspricht er dessen günstiger Beurteilung auch nicht, obwohl dies im zweiten Buch De divinatione, wo Cicero in eigener Person spricht, leicht möglich gewe-

---

[177] De divinat. 1. 73, vgl. 2. 67.

[178] Ad Quint. frat. 2. 12. 4 aus dem Februar 54 v. Chr.

[179] S. o. Anm. 171.

[180] De divinat. 1. 39; s. o. Anm. 171. Zeitnähe als Kriterium für die Autorität eines Historikers, nämlich des Thukydides, spielt übrigens auch Brut. 41-44 eine Rolle: s. o. Kapitel 1. b) mit Anm. 139.

sen wäre.[181] Cicero scheint die hohe Wertschätzung des Quintus für Philistos also nicht für gänzlich unberechtigt zu halten oder sie sogar zu teilen.
Noch stärker als bei Ciceros Benutzung der Historien Herodots zeichnet sich bei seiner Benutzung des Philistos, ein thematischer Schwerpunkt ab.[182] Cicero zitiert nämlich Philistos - gemäß seiner Vorliebe für dessen Schrift über Dionysios I.[183] - ausschließlich für Angaben über Dionysios I., und Philistos ist darüberhinaus der einzige Autor, den Cicero für die Geschichte des syrakusanischen Tyrannen zitiert.[184] Von einer Benutzung seiner sizilischen Geschichte bis 406/5 v. Chr. finden sich hingegen bei Cicero keine Spuren.

e) Ephoros und Theopomp

Ephoros und Theopomp werden von Cicero mehrfach zusammen als Schüler des Isokrates genannt, der sie auch angeregt habe, sich

---

[181] Vgl. die entsprechende Behandlung des Xenophon (s. o. Kapitel 1. c) mit Anm. 169 und 170) und des Kallisthenes (s. u. Kapitel 1. f) mit Anm. 201).

[182] S. o. Kapitel 1. a) zu Herodot; dort liegt der thematische Schwerpunkt auf der Geschichte des Kroisos.

[183] Ad Quint. frat. 2. 12. 4.

[184] Ohne eine bestimmte Quelle zu zitieren, berichtet Cicero Tusc. 5. 57-63 ausführlich Details aus der Geschichte Dionysios' I., die demonstrieren sollen, welche Konsequenzen die Ausübung absoluter Macht für einen Menschen hat.

der Geschichtsschreibung zu widmen.[185] Gelegentlich zitiert Cicero in diesem Zusammenhang die bekannte Äußerung des Isokrates über diese beiden Historiker, wonach Ephoros angespornt, Theopomp aber gezügelt werden müsse.[186]
Während sich keine Belege finden, daß Cicero das historische Werk des Ephoros benutzt hat,[187] sind ihm die Schriften Theopomps recht geläufig gewesen.
So plante er ihm Jahre 59 v. Chr., *ἀνέκδοτα* über die Catilinarische Verschwörung "nach der Art Theopomps oder in noch schär-

---

[185] De orat. 2. 57: Postea (i. e. post Philistum) vero ex clarissima quasi rhetoris officina duo praestantes ingenio, Theopompus et Ephorus, ab Isocrate magistro impulsi se ad historiam contulerunt, causas omnino numquam attigerunt.
Ferner die Stellen u. Anm. 186.

[186] De orat. 3. 36: ... dicebat Isocrates, doctor singularis, se calcaribus in Ephoro, contra autem in Theopompo frenis uti solere: alterum enim exsultantem verborum audacia reprimebat, alterum cunctantem et quasi verecundantem incitabat.
Ad Attic. 6. 1. 12: ... alter, ut Isocrates dixit in Ephoro et Theopompo, frenis eget, alter calcaribus.
Brut. 204: ... hoc doctoris intellegentis est videre, quo ferat natura sua quemque, et ea duce utentem sic instituere, ut Isocrates in acerrimo ingenio Theopompi et lenissimo Ephori dixisse traditum est, alteri se calcaria adhibere, alteri frenos.
Auch Quintilian, Instit. orat. 2. 8. 11 und 10. 1. 74 nimmt diese Bemerkung des Isokrates auf.

[187] Vgl. Laurand 316, Schoenberger, Briefe 19f. Die von Schoenberger angeführte Stelle Orator 191ff. macht nicht die Bekanntschaft Ciceros mit der Universalgeschichte des Ephoros wahrscheinlich, sondern mit seiner Schrift "Περὶ λέξεως", da sie - wie übrigens auch Orator 172, 218 - ein Thema dieser Schrift, nämlich die Rhythmisierung von Prosatexten, betrifft. Vgl. Kroll (edit., comment.), M. Tulli Ciceronis Orator, ad locum.

ferer Form" zu verfassen,[188] und einer symbuleutischen Schrift des Theopomp an Alexander den Großen wollte er im Jahre 45 v. Chr. Anregungen für eine eigene Schrift dieser Art an Caesar entnehmen; das Projekt mißlang allerdings, da die Unterschiede zwischen dem jugendlichen Alexander und dem Caesar des Jahres 45 v. Chr. sich wohl doch als zu groß erwiesen.[189]

Als Beispiel für seine These, daß auch unter Räubern gewisse Gesetze und Regeln beachtet würden, nennt Cicero im zweiten Buch De officiis den illyrischen Räuberhauptmann Bardulis und verweist darauf, daß Theopomp sich über diesen geäußert habe.[190] Da Bardulis gegen den Vorgänger Philipp II. von Makedonien, König Perdikkas III., gekämpft hatte,[191] wird sich dieser Hinweis Ciceros auf Theopomps Geschichte Philipps beziehen.

Die Benutzung der Hellenika Theopomps durch Cicero ist hingegen nicht belegbar, auch wenn Cicero sie offensichtlich gekannt hat und ihren Stil als Ursache ansah, daß der Ruhm Theopomps den des Philistos und sogar den des Thukydides verdunkelt habe.[192]

---

[188] Ad Attic. 2. 6. 2. Vgl. dazu das Urteil des Polybios 8. 11-13, der Theopomps Äußerungen über Philipp II. von Makedonien als boshafte Verleumdung verwirft, und dasjenige des Cornelius Nepos, der Alc. 11. 1 Timaios und Theopomp als "duo maledicentissimi" bezeichnet.

[189] Ad Attic. 12. 40. 2, 13. 28. 2.

[190] De offic. 2. 40.

[191] Zu Bardulis: Griffith, A History of Macedonia II, 208ff.

[192] Brut. 66: Amatores huic (i. e. Catoni) desunt, sicuti multis iam ante saeculis et Philisto Syracusio et ipsi Thucydidi. Nam ut horum concisis sententiis, interdum etiam non satis ... apertis cum brevitate tum nimio acumine, officit Theopompus elatione atque altitudine orationis suae, ... sic Catonis luminibus obstruxit haec posteriorum quasi exaggerata altius oratio.
Auch wenn an dieser Stelle nicht ausdrücklich die Hellenika des Theopomp genannt sind, kann kaum eine andere seiner Schriften mit dem Werk des Thuky-

An der Zuverlässigkeit und Glaubwürdigkeit Theopomps hat Cicero allerdings gewisse Zweifel gehegt, wenn er bemerkt, bei Theopomp fänden sich wie bei Herodot "innumerabiles fabulae."[193]

f) Kallisthenes

In seinem Überblick über die griechischen Historiker nennt Cicero im zweiten Buch De oratore nach Ephoros und Theopomp, die als Schüler des Isokrates zur Geschichtsschreibung gefunden hätten, die Historiker Xenophon und Kallisthenes, die als Schüler berühm-

---

dides verglichen werden. Dieser Bemerkung Ciceros ist nicht, wie Laurand 316 will, "une admiration, qui n' était peut-être pas tout à fait justifiée" Ciceros für Theopomp zu entnehmen. Ebensowenig zeigt sie, wie Henze 51 glaubt, daß Cicero Theopomp höher eingeschätzt hat als Thukydides. In ihr ist auch nicht mit Brunt, Cicero and Historiography 321 mit Anm. 19 "a certain irony" zu sehen. Vielmehr konstatiert Cicero hier die Wirkung Theopomps auf das Publikum. Ein eigenes, positives Urteil Ciceros ist damit nicht impliziert; eine ironische Tendenz schießt der unmittelbare Zusammenhang mit den Bemerkungen über Cato aus, die sicher nicht ironisch zu verstehen sind. Im übrigen bezieht sich die Bemerkung Ciceros auf den Stil, nicht die wissenschaftliche Qualität von Theopomps Werk; dazu s. u. Anm. 193.

[193] De legib. l. 5: apud Herodotum patrem historiae et apud Theopompum sunt innumerabiles fabulae.
Auch diese Stelle zeigt gegen Laurand 316 (s. o. Anm. 192), daß Cicero durchaus keine unberechtigte Bewunderung für Theopomp empfunden hat, und gegen Henze 51 (s. o. Anm. 192), daß er Theopomp nicht höher als Thukydides eingeschätzt hat.

ter Philosophen Geschichte geschrieben hätten.[194]
Kallisthenes, Schüler des Aristoteles und Begleiter Alexanders des Großen, habe Geschichte "rhetorico paene more" geschrieben. Die Tatsache, daß Cicero eigens hervorhebt, Kallisthenes sei "comes Alexandri" gewesen, legt die Vermutung nahe, daß er bei dieser Bemerkung besonders an dessen Πράξεις 'Αλεξάνδρου gedacht hat, aus denen er allerdings niemals nachweislich geschöpft hat.
Ferner kennt Cicero die Hellenika des Kallisthenes und seine Monographie über den Phokischen Krieg, den Kallisthenes - wie Cicero bemerkt - getrennt von seinen "perpetuae historiae" behandelt hatte.[195]
Als sein Bruder Quintus die Werke des Kallisthenes und des Philistos liest, schreibt Cicero ihm, viele Griechen hätten geäußert, das Werk des Kallisthenes sei ein "vulgare et notum negotium", um im Anschluß daran das Werk des Philistos in den höchsten Tönen zu loben.[196]

---

[194] De orat. 2. 58: Denique etiam a philosophia profectus princeps Xenophon, Socraticus ille, post ab Aristotele Callisthenes, comes Alexandri, scripsit historiam, et is quidem rhetorico paene more.

[195] Ad familiar. 5. 12. 2 (an Lucceius): ... deesse mihi nolui, quin te admonerem, ut cogitares, coniunctene malles cum reliquis rebus nostra contexere an, ut multi Graeci fecerunt, Callisthenes Phocicum bellum, Timaeus Pyrrhi, Polybius Numantinum, qui omnes a perpetuis suis historiis ea, quae dixi, bella separaverunt, tu quoque item civilem coniurationem ab hostilibus externisque bellis seiungeres.

[196] Ad Quint. frat. 2. 12. 4: Itaque ad Callisthenem et ad Philistum redeo, in quibus te video volutatum. Callisthenes quidem vulgare et notum negotium, quemadmodum aliquot Graeci locuti sunt. Siculus ille capitalis, creber, acutus, brevis, paene pusillus Thucydides.
Shackleton Bailey (edit., comment.), ad locum, liest "nothum" statt "notum". Damit ist gegen alle Codices ein Text hergestellt, der auch nicht völlig befriedigen kann, da die Verbindung "vulgare et nothum" wenig sinnvoll erscheint, während "vulgare et notum" ("allgemein verbreitet und bekannt") - trotz des ein

Damit wertet Cicero zwar das Werk des Kallisthenes nicht ausdrücklich ab,[197] aber im Vergleich zu dem folgenden Lob für Philistos wirkt der Kommentar über Kallisthenes bestenfalls indifferent.
Die Benutzung der Hellenika des Kallisthenes ist im ersten Buch De divinatione nachweisbar, wo Cicero seinen Bruder Quintus, der ja selbst mit den Schriften des Kallisthenes vertraut war,[198] die Vorzeichen, die vor der Schlacht bei Leuktra in Theben und andernorts eingetreten sein sollten, unter Berufung auf Kallisthenes (und nicht auf Xenophon, der das Thema bekanntlich ebenfalls, wenn auch weniger ausführlich, behandelt hatte)[199] berichten läßt.[200]
Bei der Widerlegung im zweiten Buch De divinatione verweist Cicero dann auf die Sinnlosigkeit derartiger Vorzeichen, die das ohnehin Unausweichliche verkünden und daher für die Menschen nutzlos seien.[201] Die Glaubwürdigkeit des Berichtes des Kallisthenes über diese Vorzeichen wird jedoch von Cicero ebensowenig wie diejenige der in De divinatione erwähnten Ausführungen des

---

wenig anstößigen Nebensatzes "quemadmodum aliquot Graeci locuti sunt" - ohne weiteres verständlich ist und außerdem erklärt, warum sich Cicero hier nicht weiter über Kallisthenes äußert.

197 Pace Schoenberger, Briefe 20: "Ad Q. fr. II 11,4 urteilt er sehr ungünstig über des Kallisthenes griechische Geschichte."(Die Stelle wird heute als 2. 12. 4 zitiert.) Im übrigen ist Ad Quint. frat. 2. 12. 4 nicht eindeutig auf die Hellenika des Kallisthenes zu beziehen.

198 Ad Quint. frat. 2. 12. 4; s. o. Anm. 196.

199 S. o. Kapitel 1. c) mit Anm. 158-163.

200 De divinat. 1. 74-76.

201 De divinat. 2. 54-56.

Xenophon und des Philistos angezweifelt.[202]

g) Kleitarch

Nicht übermäßig geschätzt hat Cicero das Werk Kleitarchs, der in De oratore überhaupt nicht und sonst zweimal in deutlich negativem Zusammenhang erwähnt wird.
So kritisiert Cicero in De legibus bei dem Überblick über die römische Historiographie den von ihm am höchsten geschätzten lateinischen Historiker, L. Cornelius Sisenna, weil dieser sich nur ein "puerile quiddam" zum Ziel gesetzt habe, nämlich eine bloße Kleitarch-Nachahmung.[203]
Ebenfalls deutlich negativ ist die Bemerkung über Kleitarch, die Cicero im Brutus bei der Diskussion über das Schicksal des Themistokles dem Atticus in den Mund legt.[204] Dieser weist darauf

---

[202] S. o. Kapitel 1. c) mit Anm. 169 und 170 zu Xenophon und Kapitel 1. d) mit Anm. 181 über Philistos.

[203] De legib. 1. 7: (Sc. Sisenna) in historia puerile quiddam consectatur, ut unum Clitarchum neque praeterea quemquam de Graecis legisse videatur, eum tamen velle dumtaxat imitari; quem si adsequi posset, aliquantum ab optimo tamen abesset.

[204] Brut. 42f.: (Atticus:) Ut enim tu (sc. M. Tulli Cicero) nunc de Coriolano, sic Clitarchus, sic Stratocles de Themistocle finxit. (43) Nam quem Thucydides ... tantum <morbo> mortuum scripsit et in Attica clam humatum, addidit fuisse suspicionem veneno sibi conscivisse mortem: hunc isti aiunt, cum taurum immolavisset, excepisse sanguinem patera et eo poto mortuum concidisse. Hanc enim mortem rhetorice et tragice ornare potuerunt, illa mors vulgaris nullam praebebat materiam ad ornatum.

hin, daß Kleitarch und Stratokles die von Thukydides abweichende Version erfunden und so eine Darstellung gegeben hätten, die keine Grundlagen in den Tatsachen finde.[205]
Während seiner Statthalterschaft in Kilikien schließlich erinnert Cicero seinen Korrespondenten M. Caelius an den Bericht Kleitarchs über die Schlacht bei Issos, den Caelius ihm gegenüber früher häufig erwähnt habe.[206]
Eine Benutzung Kleitarchs durch Cicero liegt hier nicht vor, vielmehr ein Hinweis auf die Benutzung durch den Adressaten des Briefes, M. Caelius. Über Ciceros Meinung von Kleitarch läßt diese Stelle daher keine Schlüsse zu; es kann auch keine Rede davon sein, Cicero habe sich auf die Autorität Kleitarchs berufen und aus dessen Werk den Ort der Schlacht von Issos eruiert.[207]
Insgesamt bleibt also Ciceros negatives Urteil über das Werk Kleitarchs bestehen, das er in seinen eigenen Werken lediglich einmal herangezogen hat,[208] und zwar nur, um eine Darstellung Kleitarchs als unwahr zurückzuweisen. Dessen Glaubwürdigkeit wird damit generell in Frage gestellt, zumal Kleitarch nicht nur ein Irrtum, sondern die bewußte Fälschung eines von Thukydides zuverlässig berichteten Sachverhaltes vorgeworfen wird.[209]

---

[205] Vgl. das Urteil Quintilians über Kleitarch Instit. orat. 10. 1. 75: Clitarchi probatur ingenium, fides infamatur.

[206] Ad familiar. 2. 10. 3: apud Issum, quo in loco, saepe ut ex te audivi, Clitarchus tibi narravit Dareum ab Alexandro esse superatum.

[207] So aber Schoenberger, Briefe 20.

[208] Brut. 42f; s. o. Anm. 204.

[209] Ein Vergehen gegen die Pflichten des Historikers, das auch Polybios 12. 10, 11, 12, 12 a tadelt.
Zum für die Historiker nach Ciceros Auffassung geltenden strikten Wahrheitsgebot: s. o. Teil I mit Anm. 34 und 60.

h) Timaios

Timaios ist der jüngste griechische Historiker, den Cicero in dem Überblick über die griechische Geschichtsschreibung im zweiten Buch De oratore nennt. Er habe, so läßt Cicero den M. Antonius sagen, die früheren Historiker durch seine Bildung weit übertroffen, er habe über die reichsten Kenntnisse verfügt und auch literarischen Ansprüchen durchaus genügt.[210]

Das vernichtende Urteil des Polybios, Timaios sei als Historiker gänzlich unfähig,[211] teilt Cicero offenbar nicht, während seine

---

[210] De orat. 2. 58: (Antonius:) Minimus natu horum omnium (i. e. Herodoti, Thucydidi, Philisti, Theopompi, Ephori, Xenophontis et Callisthenis) Timaeus, quantum autem iudicare possum, longe eruditissimus et rerum copia et sententiarum varietate abundantissimus et ipsa compositione verborum non impolitus magnam eloquentiam ad scribendum attulit, sed nullum usum forensem.
Dies besagt nicht, Timaios habe neben allen seinen Vorgängern auch alle späteren Historiker an Gelehrsamkeit übertroffen; pace Henze 53. Das Urteil Ciceros über die Gelehrsamkeit des Timaios paßt im übrigen gut zu den Äußerungen des Polybios, Timaios habe pausenlos (fünfzig Jahre lang!) schriftliche Quellen studiert (Polybios 12. 25 d) und er habe über Allgemeinbildung verfügt (Polybios 12. 26 e).

[211] Dies ist der Tenor besonders der Fragmente des zwölften Buches des Polybios; die Vorwürfe des Polybios gegen Timaios lauten im einzelnen:
Unkenntnis der Geographie Oberitaliens, Korsikas, der Rhône-Mündung, Siziliens und Libyens (Polyb. 2. 16; 12. 3-4; 34. 10; 12. 4 d; 12. 3);
kleinkarierte und unberechtigte Kritik an anderen Historikern (Polyb. 12. 4 a, 7, 8, 23, 25, 25 c);
Leichtgläubigkeit und Dummheit (Polyb. 12. 4 b, c);
keine Befragung von Gewährsmännern (Polyb. 12. 4 c);
Irrtümer über die Lokrer (Polyb. 12. 5-11);
diverse Lügen (Polyb. 12. 11, 12, 12 a, 13, 14, 15, 25, 25 a, k);
übertriebene Verherrlichung des Timoleon (Polyb. 12. 23);
nichtiges Gerede (Polyb. 12. 26 c, d);
Plagiat (Polyb. 12. 28).

Bemerkung, Timaios habe keine Erfahrung als Redner gehabt,[212] durchaus zu dem Vorwurf des Polybios paßt, die Kenntnisse des Timaios von Kriegführung, Politik und Redekunst seien sämtlich angelesen und ihm habe offensichtlich jede Praxis gefehlt.[213]
Neben den "perpetuae historiae" des Timaios ist Cicero dessen Monographie über den Pyrrhos-Krieg bekannt, die auch von Polybios erwähnt wird.[214]
Offenbar innerhalb der "perpetuae historiae" hat Timaios ein überaus günstiges Bild von Timoleon gezeichnet,[215] das Cicero neben Herodots Ausführungen über Themistokles als Maßstab für die von L. Lucceius erbetene Darstellung seines Konsulates anführt.[216]
Im einzelnen erwähnt Cicero in einem Brief an Atticus aus dem Jahre 50 v. Chr. die Ablehnung der "publica opinio" von der Existenz des lokrischen Gesetzgebers Zaleukos durch Timaios. Cicero vertritt dann die Auffassung, scharfe Kritik an Irrtümern in

---

[212] De orat. 2. 58: (Sc. Timaeus) magnam eloquentiam ad scribendum attulit, sed nullum usum forensem.
Auch Polybios kommt anhand exemplarischer Analysen von Reden aus dem Werk des Timaios zu dem Urteil, diesem fehle jegliche Praxis als Redner (s. u. Anm. 213).

[213] Polyb. 12. 25 d, e, f, g, h, i; 27, 28, 28 a.

[214] Ad familiar. 5. 12. 2: ..., ut multi Graeci fecerunt, Callisthenes Phocicum bellum, Timaeus Pyrrhi, Polybius Numantinum, qui omnes a perpetuis suis historiis ea, quae dixi, bella separaverunt. Vgl. Polyb. 12. 4 b.

[215] Ad familiar. 5. 12. 7: Atque hoc praestantius mihi fuerit ad laetitiam animi et ad memoriae dignitatem, si in tua scripta pervenero, quam si in ceterorum, quod non ingenium mihi solum suppeditatum fuerit tuum, sicut Timoleonti a Timaeo aut ab Herodoto Themistocli ...
Vgl. Polyb. 12. 23, der die Darstellung des Timaios als eine Apotheose des Timoleon tadelt.

[216] S. o. Kapitel 1. a) mit Anm. 125.

historischen Fragen sei besonders dann fehl am Platze, wenn diese Irrtümer allgemein verbreitet seien. Damit rügt er deutlich die bereits von Polybios kritisierte Tendenz des Timaios zu scharfer Polemik.[217]
Die von Timaios gegen die auch von Theophrast angenommene Existenz des Zaleukos vorgebrachten Einwände überzeugen Cicero jedenfalls nicht, so daß er auch in De legibus dessen Existenz voraussetzt[218] und den Einwand, Timaios habe sie geleugnet, mit dem Hinweis beantwortet, Theophrast und die Lokrer seien anderer Auffassung; im übrigen sei nach verbreiteter Meinung Theophrast eine stärkere Autorität als Timaios; schließlich sei die Existenz des Zaleukos traditionell angenommen worden.[219]

---

[217] Nach seiner Polemik gegen die historische Ignoranz des Metellus Scipio, cos. 52 v. Chr., in Bezug auf seine eigenen Vorfahren, die in dem Ausruf " O ἀνιστορησίαν turpem" gipfelt, kommt Cicero Ad Attic. 6. 1. 18 auf einen zwischen ihm und Atticus umstrittenen historischen Sachverhalt zu sprechen und fährt fort: Nam illud de Flavio et fastis, si secus est (sc. ac ego scripsi in libris de re publica), commune erratum est et tu belle ἠπόρησας et nos publicam prope opinionem secuti sumus, ut multi apud Graecos. ... Quis Zaleucum leges Locris scripsisse non dixit? Num igitur iacet Theophrastus, si id a Timaeo, tuo familiari, reprehensum est?

[218] De legib. 1. 57: (Quintus:) * te Lycurgi leges neque Solonis neque Charondae neque Zaleuci nec nostras duodecim tabulas nec plebiscita desidero. Offensichtlich hatte sich der Dialogpartner Marcus Cicero in dem unmittelbar vorhergehenden, verlorenen Text auf diese Gesetzgeber, also auch auf Zaleukos, berufen und damit deren Existenz vorausgesetzt.

[219] De legib. 2. 14: (Marcus:) Quod idem et Zaleucum et Charondam fecisse video, quom quidem illi ... leges civitatibus suis scripserunt.
Im anschließenden Paragraphen De legib. 2. 15 folgt dann die Diskussion über die Existenz des Zaleukos und die These des Timaios:
(Quintus:) Quid quod Zaleucum istum negat ullum fuisse Timaeus?
(Marcus:) At <ait> Theophrastus, auctor haud deterior mea quidem sententia

Deutlicher noch als in dem Atticus-Brief des Jahres 50 v. Chr. zieht also Cicero die "publica opinio", wie sie auch von Theophrast[220] und Polybios[221] vertreten wurde, hier der abweichenden Meinung des Timaios vor.
Auch den Versuch des Timaios, den berühmten attischen Redner Lysias zum Syrakusaner zu erklären, obwohl dieser zweifellos aus Athen stamme, dort gelebt und die Bürgerrechte ausgeübt habe, verwirft Cicero.[222]
Originalität und Gelehrsamkeit spricht Cicero jedoch Timaios nicht ab. So erwähnt er, Timaios habe auf die mythologische Identifizierung der Göttin Diana mit der Geburtshelferin Lucina angespielt, um die Gleichzeitigkeit der Geburt Alexanders des Großen und des Tempelbrandes von Ephesos zu erklären,[223] und dies sei nur eine seiner vielen bemerkenswerten Äußerungen gewesen.
Unabhängig davon überwiegt allerdings die Skepsis Ciceros gegenüber Timaios, wie die Ablehnung seiner besprochenen Sondermeinungen über Zaleukos und Lysias deutlich zeigt.

(meliorem multi nominant), commemorant vero ipsius cives, nostri clientes, Locri. Sed sive fuit, sive non fuit, nihil ad rem: loquimur, quod traditum est. Neben Theophrast (Ad Attic. 6. 1. 18; s. o. Anm. 217) nahm auch Polybios 12. 16 die Existenz des Zaleukos an; angesichts der scharfen Kritik, die Polybios im zwölften Buch an Timaios geübt hat (s. o. Anm. 211), ist es geradezu selbstverständlich, daß er dessen entgegengesetzter Meinung nicht gefolgt ist. Plutarch, Numa 4 nimmt die Existenz des Zaleukos ohne weiteres an.

[220] Ad Attic. 6. 1. 18, De legib. 2. 14f., 1. 57; s. o. Anm. 217 und 219.

[221] Polyb. 12. 16.

[222] Brut. 63.

[223] De natura deor. 2. 69. Der Zusammenhang besteht darin, daß Diana als Geburtshelferin bei Alexanders Geburt nicht in Ephesos anwesend sein konnte und so außer Stande war, ihren Tempel zu schützen.

i) Polybios

Wie bereits erwähnt, endet Ciceros Überblick über die griechische Historiographie in De oratore mit Timaios.[224] Der von Cicero später viel benutzte und hoch geschätzte Polybios wird dort nicht mehr genannt. Dies überrascht um so mehr, als Cicero das Werk des Polybios zweifellos kannte, als er De oratore in den Jahren 56 bis 55 v. Chr. verfaßte, wie wir aus dem berühmten Brief an L. Lucceius aus dem Jahre 55 v. Chr. wissen.[225]
Dort erwähnt Cicero, daß Polybios den Numantinischen Krieg in einer Monographie gesondert von seinen "perpetuae historiae" behandelt habe.[226]
In Ciceros nächster philosophischer Schrift, De re publica, wird Polybios hingegen mehrfach genannt, und sein Werk wird von Cicero beim Verfassen von De re publica intensiv genutzt.[227]
Zunächst läßt Cicero im ersten Buch De re publica von C. Laelius ein Lob des Polybios aussprechen: dieser und Panaitios seien die beiden Griechen, die über die größten Kenntnisse in politischen Fragen verfügten.[228]

---

[224] De orat. 2. 55-58; s. o. die Einleitung zu Kapitel 1. mit Anm. 100.

[225] Ad familiar. 5. 12.

[226] Ad familiar. 5. 12. 2: ..., ut multi Graeci fecerunt, Callisthenes Phocicum bellum, Timaeus Pyrrhi, Polybius Numantinum, qui omnes a perpetuis suis historiis ea, quae dixi, bella separaverunt.

[227] De re pub. 1. 34, 2. 27, 4. 3.

[228] De re pub. 1. 34: (Laelius:) * non solum ob eam causam fieri volui, quod erat aequum de re publica potissimum principem rei publicae dicere, sed etiam quod memineram persaepe te cum Panaetio disserere solitum coram Polybio, duobus Graecis vel peritissimis rerum civilium.

Im einzelnen sind aber Vorsicht und Zurückhaltung bei Vermutungen geboten, die den Einfluß der polybianischen Lehre vom Verfassungswandel, der sogenannten *ἀνακύκλωσις*, auf Cicero betreffen.
Ciceros nur fragmentarisch erhaltene Behandlung des Themas im ersten Buch De re publica erweist sich nämlich als ungleich differenzierter als das stark vereinfachende Modell des Polybios, der nur einen Kreislauf der Verfassungen kennt, in dem Monarchie, Tyrannis, Aristokratie, Oligarchie, Demokratie und Ochlokratie und wieder Monarchie aufeinander folgen.[229] Cicero berücksichtigt daneben auch andere Formen des Verfassungswandels, so etwa den direkten Übergang einer Tyrannis in eine Oligarchie,[230] was Polybios gar nicht in Betracht zieht. Eine derartige, stärker an der historischen Erfahrung orientierte und insofern realistischere Darstellung des Verfassungswandels hatte vor Cicero bereits Aristoteles in seinen Politika gegeben,[231] nicht aber Polybios. Sein Einfluß auf Ciceros Darstellung ist insgesamt zwar erheblich gewesen,[232] aber er war sicher nicht Ciceros einzige Quelle für die Lehre vom Verfassungswandel.
Neben der allgemeinen Betonung der besonderen Kompetenz des Polybios für das Thema von De re publica im ersten Buch findet sich im zweiten Buch des Werkes ein Beleg für die Benutzung des

---

[229] Polyb. 6. 8. 1-10.

[230] De re pub. 1. 68; vgl. 1. 45, 65 zu anderen, in der *ἀνακύκλωσις*-Lehre des Polybios nicht vorgesehenen Formen des Verfassungswandels.

[231] Aristoteles, Politika 5. 1-10 behandelt ausführlich die verschiedensten Formen von Umstürzen einer Verfassung mit zahlreichen historischen Beispielen.

[232] Vgl. Anm. 228, 233, 236. In der Verfassungstheorie stimmen Cicero und Polybios besonders in der Bevorzugung der Mischverfassung überein: De re pub. 1. 45f., 69. Vgl. Polyb. 6. 3. 7.

Polybios in einer Detailfrage. Dort verweist nämlich Cicero darauf, er folge in der umstrittenen Frage, wie lange der römische König Numa Pompilius geherrscht habe, der Meinung des Polybios, weil niemand in chronologischen Fragen gründlicher sei.[233] In einer weiteren wichtigen Frage der römischen Chronologie stimmt Cicero im zweiten Buch De re publica ebenfalls mit Polybios überein, indem er dessen Datum der Gründung Roms als Hypothese voraussetzt.[234] Allerdings zitiert Cicero hier nicht Polybios, sondern die "annales Graecorum" als Quelle für dieses Datum, so daß eine Benutzung des Polybios an dieser Stelle nicht sicher ist.[235]

Im vierten Buch De re publica führt Cicero dann ein weiteres Detail aus dem Werk des Polybios an, der es getadelt habe, daß die Römer keine staatlichen Regelungen für die Erziehung der Jugend erlassen hätten. Dies, so fügt Cicero hinzu, sei aber die einzige Kritik des Polybios an der römischen Verfassung gewesen.[236]

Ein weiterer Beleg für die direkte Benutzung des Polybios durch Cicero findet sich in einem seiner Briefe an Atticus aus dem Jahre

---

[233] De re pub. 2. 27: Sic ille (i. e. Numa Pompilius) cum undequadraginta annos summa in pace concordiaque regnavisset - sequamur enim potissimum Polybium nostrum, quo nemo fuit in exquirendis temporibus diligentior -, excessit e vita.

[234] De re pub. 2. 18: Nam si, id quod Graecorum investigatur annalibus, Roma condita est secundo anno olympiadis septumae, ...

[235] Bei dem Ausdruck "annales Graecorum" ließe sich neben Polybios etwa an Apollodor denken; s. u. Kapitel 2. m) mit Anm. 613 zu Cornelius Nepos, der zu Unrecht als Quelle für De re pub. 2. 18 vermutet wurde.

[236] De re pub. 4. 3: ... in qua (sc. disciplina puerili) una Polybius, noster hospes, nostrorum institutorum neglegentiam accusat.

45 v. Chr.[237]
Dort fragt Cicero bei Atticus an, ob dieser ihm die Legaten nennen könne, die im Jahre 146 v. Chr. zu L. Mummius nach Korinth gesandt worden waren. Als Begründung für seine Anfrage fügt er hinzu, die Legaten würden bei Polybios nicht namentlich genannt. Cicero hatte also offenbar das Werk des Polybios zur Hand und sah in ihm die gegebene Autorität für die zur Diskussion stehende Frage.[238]
Seine hohe Meinung von Polybios äußert Cicero nochmals in allgemeiner Form, wenn er ihn in De officiis als "bonus auctor in primis" bezeichnet[239] und ihm damit ein Lob spendet, das der Würdigung des Thukydides als "locuples auctor" und als "rerum explicator prudens, severus, gravis" gleichkommt.[240]
Anschließend gibt er ausführlich eine von verschiedenen Autoren unterschiedlich dargestellte Episode aus dem Zweiten Punischen Krieg im Anschluß an Polybios wieder,[241] um danach kurz die

---

[237] Ad Attic. 13. 30. 2.

[238] Die Korrespondenz über diese legati wird fortgeführt Ad Attic. 13. 32. 3, 33.3, 5. 1, 6. 4, 4. 1. S. u. Teil III, Kapitel 1.

[239] De offic. 3. 113.

[240] S. o. Kapitel 1. b) über Thukydides mit Anm. 138 und 134.

[241] De offic. 3. 113f.: Sed ... decem illi, quos post Cannensem pugnam iuratos ad senatum misit Hannibal se in castra redituros ea, quorum erant potiti Poeni, nisi de redimendis captivis impetrassent, si non redierunt, vituperandi. De quibus non omnes uno modo: nam Polybius, bonus auctor in primis, ex decem nobilissimis, qui tum erant missi, novem revertisse dicit, re a senatu non impetrata; unum ex decem, qui paulo, postquam erat egressus e castris, redisset, quasi aliquid esset oblitus, Romae remansisse. Reditu enim in castra liberatum se esse iure iurando interpretabatur. Non recte; fraus enim astringit, non dissolvit periurium. ... Itaque decrevit senatus, ut ille veterator et callidus vinctus ad Hannibalem duceretur. (114) Sed illud maximum: octo hominum milia tenebat

Darstellung des C. Acilius zu streifen,[242] dessen Werk Cicero also zwar bekannt ist, dem er aber die polybianische Darstellung eindeutig vorzieht.

Für einen bemerkenswerten Stilisten scheint Cicero Polybios nicht gehalten zu haben, zumindest wird - anders als bei Xenophon,[243] Theopomp,[244] Ephoros[245] und besonders Thukydides[246] - der Stil des Polybios von Cicero - wie übrigens auch von Dionysios von Halikarnaß und Quintilian[247] - niemals besonders gewürdigt

---

Hannibal, non quos in acie cepisset aut qui periculo mortis diffugissent, sed qui relicti in castris fuissent a Paulo et Varrone consulibus. Eos senatus non censuit redimendos, cum id parva pecunia fieri posset, ut esset insitum militibus nostris aut vincere aut emori. Qua quidem re audita fractum animum Hannibalis scribit idem, quod senatus populusque Romanus rebus adflictis tam excelso animo fuisset.

Die Reaktion Hannibals (Qua quidem re audita ...) bei Polybios 6. 58. 13, worauf sich Ciceros "scribit idem" bezieht.

Die Episode findet sich in etwas anderer Form auch De offic. 1. 40 in den Codices; die Authentizität dieser Stelle ist jedoch äußerst zweifelhaft (s. Holden (edit., comment.) ad locum).

Ferner berichten Cornelius Nepos (bei Gellius 6. 18. 11), Livius 22. 58. 6; 22. 61. 3-10 (mit Hinweisen auf die Varianten der Überlieferung) und Gellius 6. 18 passim von dem Vorgang.

[242] De offic. 3. 115: C. Acilius autem, qui Graece scripsit historiam, plures ait fuisse, qui in castra revertissent eadem fraude, ut iure iurando liberarentur, eosque a censoribus omnibus ignominiis notatos.

[243] S. o. Kapitel 1. c).

[244] S. o. Kapitel 1. d).

[245] S. o. Kapitel 1. d).

[246] S. o. Kapitel 1. b).

[247] S. o. die Einleitung zu Kapitel 1. mit Anm. 104 und 106.

oder auch nur diskutiert.
Die angeführten Stellen zeigen deutlich, wie hoch Cicero die Zuverlässigkeit, wissenschaftliche Qualität und Glaubwürdigkeit des Polybios eingeschätzt hat. In zwei umstrittenen Fragen ist er der Auffassung des Polybios gefolgt, er hat dessen Werk mehrfach benutzt und die Qualitäten des Autors besonders gelobt.[248]

j) Weitere griechische Historiker

Neben diesen Historikern von Herodot bis Polybios, deren Werke Cicero ausdrücklich zitiert hat, sind ihm einige weitere griechische Geschichtsschreiber bekannt, die er jedoch nur ganz vereinzelt nennt.
Als Vorläufer der griechischen Geschichtsschreibung, wie Herodot sie seiner Auffassung nach begründet hatte, nennt Cicero die Autoren Pherekydes, Hellanikos und Akusilaos.[249] Ihre Werke werden als literarisch anspruchslos und inhaltlich dürftig bezeichnet; soweit wir sehen, hat Cicero sie niemals in seinen eigenen Schriften benutzt.
Cicero verweist darauf, daß es noch viele weitere derartige griechische Schriftsteller gegeben habe, die er jedoch nicht im einzel-

---

[248] S. o. Anm. 233, 241 und 242.

[249] De orat. 2. 51, 53: (Antonius:) Atqui ne nostros contemnas, ... Graeci quoque ipsi sic initio scriptitarunt, ut noster Cato, ut Pictor, ut Piso. ... (53) Hanc (i. e. annalium maximorum) similitudinem multi secuti sunt, qui sine ullis ornamentis monumenta solum temporum, hominum, locorum gestarumque rerum reliquerunt. Itaque qualis apud Graecos Pherecydes, Hellanicus, Acusilas fuit aliique permulti, talis noster Cato et Pictor et Piso.

nen nennt.[250] Die Werke dieser Vorgänger Herodots stellt Cicero auf eine Stufe mit mit den dürftigen Produkten der frühesten römischen Historiker Cato Censorius, Fabius Pictor und Calpurnius Piso.[251]

Aus dem vierten Jahrhundert kannte Cicero das Werk des Demosthenes-Neffen Demochares, der ihm hauptsächlich als Redner ein Begriff war.[252] Demochares hatte die Geschichte Athens in seiner Zeit geschrieben, die allerdings Ciceros Vorstellung von Geschichtsschreibung nicht ganz genügt. An der einzigen Stelle, wo er die Zeitgeschichte des Demochares erwähnt, kritisiert Cicero nämlich, dieser habe mehr wie ein Redner als wie ein Historiker Geschichte geschrieben.[253]

Nur ein einziges Mal nennt Cicero den Namen des uns nicht weiter bekannten Historikers Stratokles und bezeichnet ihn als Erfinder eines unzutreffenden Berichtes über den Tod des Themistokles.[254]

---

[250] De orat. 2. 53: ... apud Graecos Pherecydes, Hellanicus, Acusilas aliique permulti.

[251] De orat. 2. 51, 53; s. o. Anm. 249. Zu Cato s. u. Kapitel 2. d), zu Fabius Pictor s. u. Kapitel 2. b), zu Calpurnius Piso s. u. Kapitel 2. e).

[252] Brut. 286 (s. u. Anm. 253). De orat. 2. 95 wird Demochares bereits als Redner, jedoch nicht als Historiker erwähnt.

[253] Brut. 286: Demochares autem, qui fuit Demosthenis sororis filius, et orationes scripsit aliquot et earum rerum historiam, quae erant Athenis ipsius aetate gestae, non tam historico quam oratorio genere perscripsit.

[254] Brut. 42f.: Ut enim tu nunc de Coriolano, sic Clitarchus, sic Stratocles de Themistocle finxit. (43) ... Hunc isti aiunt, cum taurum immolavisset, excepisse sanguinem patera et eo poto mortuum concidisse. Hanc enim mortem rhetorice et tragice ornare potuerunt ...
Möglicherweise ist dieser Stratokles identisch mit dem gleichnamigen Gegner des Demosthenes in der Harpalos-Affäre; Douglas (edit., comment.) ad loc.

Ebenfalls nur ein einziges Mal erwähnt Cicero den Namen des Duris von Samos, des Begründers der sogenannten tragischen Geschichtsschreibung. Als er nämlich an Atticus über allgemein verbreitete historische Irrtümer schreibt, führt er als Beispiel an, Duris von Samos habe sich, wie Eratosthenes gezeigt habe, über das Todesdatum des Dichters Eupolis getäuscht, obwohl er ein "homo in historia diligens" gewesen sei.[255]
Obwohl "diligentia" zweifellos eine bei Historikern höchst erwünschte Eigenschaft ist, die Cicero etwa bei Philistos und Atticus lobend erwähnt,[256] kann in dieser Bemerkung Ciceros kein Lob für Duris gesehen werden,[257] zumal Duris der einzige in diesem Brief genannte Historiker ist, dessen Auffassung als unzweifelhaft widerlegt hingestelllt wird, während Cicero in den beiden anderen dort diskutierten Fragen (Datierung des Aedilen Cn. Flavius und Existenz des lokrischen Gesetzgebers Zaleukos) die kontroversen Meinungen lediglich einander gegenüberstellt, ohne klar zu entscheiden, welche von ihnen zutrifft. Dadurch, daß Cicero allein die Darstellung des Duris als offenbar irrig verwirft, erweist sich, daß er ihn gerade nicht loben will, sondern als einen weniger zuverlässigen Historiker angesehen hat.

---

[255] Ad Attic. 6. 1. 18: Quis enim non dixit Εὔπολιν τὸν τῆς ἀρχαίας ab Alcibiade navigante in Siciliam deiectum esse in mare? Redarguit Eratosthenes; adfert enim, quas ille post id tempus fabulas docuerit. Nam idcirco Duris Samius, homo in historia diligens, quod cum multis erravit, inridetur?

[256] Zu Philistos: De divinat. 1. 39 (s. o. Kapitel 1. d) Anm. 171.).
Zu Atticus: Brut. 13f. (s. u. Kapitel 2. k) Anm. 532).

[257] Anders aber Schoenberger, Briefe 21: "Sonst ist seine (i. e. des Duris) Sorgfalt in geschichtlichen Untersuchungen ausdrücklich gerühmt." Die Bemerkung Ciceros bedeutet lediglich, daß Duris sich eifrig mit Geschichte befaßt hat; mit welch geringem Erfolg, läßt der Kontext bei Cicero erahnen.
Pace Petzold 267 Anm. 48, der in der Bemerkung Ciceros ebenfalls ein Lob für Duris sieht. Vgl. unten Anm. 262 über die diligentia des Silenus.

Für eine Einzelfrage der persischen Geschichte hat Cicero sich im ersten Buch De divinatione auf die libri Persici des Dinon bezogen,[258] der eine Traumdeutung der persischen Magier überlieferte, die die Länge der Regierungszeit des älteren Kyros betraf. Die Zuverlässigkeit derartiger Überlieferungen wird im zweiten Buch De divinatione jedoch generell in Zweifel gezogen.[259]
Damit stellt Cicero auch den Bericht über die Träume der karthagischen Feldherrn Hamilkar und Hannibal in Frage, den er im ersten Buch des Werkes unter Berufung auf Silenos und Agathokles von seinem Bruder Quintus hatte geben lassen.[260] Während Agathokles dort ohne nähere Qualifikation als Quelle genannt worden war, hatte Quintus über Silenos geäußert, dieser habe das Leben Hannibals besonders gründlich dargestellt und sein Werk habe Coelius Antipater[261] als Vorlage gedient.

---

[258] De divinat. 1. 46: Quid ego, quae magi Cyro illi principi interpretati sint, ex Dinonis Persicis libris proferam? Nam cum dormienti ei sol ad pedes visus esset, ...
Dinon galt als Autorität, wie Cornelius Nepos, Conon 5.4 zeigt: ... cui (i. e. Dinoni) nos plurimum de Persicis rebus credimus.

[259] De divinat. 2. 136: Multa enim sunt a te ex historiis prolata somnia, matris Phalaridis, Cyri superioris ... Sed haec externa ob eamque causam ignota nobis sunt, non nulla etiam ficta fortasse; quis enim auctor istorum?

[260] De divinat. 1. 49: der Traum Hannibals nach Silenos; Cornelius Nepos berichtet (Hann. 13. 3), Silenos habe in Hannibals Lager gelebt und über den Zweiten Punischen Krieg geschrieben. Der Traum ohne Quellenangabe bei Livius 21. 22. 6-8 und Valerius Maximus 1. 7. ext. 1.
De divinat. 1. 50: der Traum Hamilkars nach Agathokles; ohne Quellenangabe bei Valerius Maximus 1. 7. ext. 8; vgl. Diodor 20. 29. 3, 20. 30. 2.

[261] S. u. Kapitel 2. f) über Coelius Antipater.

Die Frage der Glaubwürdigkeit der beiden Historiker Silenos[262] und Agathokles wird jedoch nicht angesprochen, so daß wir Ciceros Meinung über sie ebensowenig wie diejenige über Dinon näher bestimmen können. Auch über Pherekydes, Akusilaos und Hellanikos hat Cicero sich nur zurückhaltend geäußert, jedoch mit einer eher negativen Tendenz. Stratokles und Duris von Samos sind hingegen für Cicero eindeutig keine Autoritäten auf die man sich unbesehen verlassen sollte. Ihnen werden Thukydides und Eratosthenes vorgezogen.

k) Philosophen als historische Quellen

Eine klare Trennung zwischen Historikern und Philosophen läßt sich, wie bereits das Beispiel des Xenophon gezeigt hat,[263] nicht durchführen. Xenophon hatte neben seinen im engeren Sinne historischen Schriften, also der Anabasis und den Hellenika, auch eine Reihe philosophischer Werke verfaßt, so die Memorabilien, den *Οἰκονομικὸς* und die *Κύρου παιδεία*.
Andere Autoren haben in philosophischen Schriften auch histori-

---

[262] Die Glaubwürdigkeit des Silenos wird von Polybios wahrscheinlich angezweifelt: Peter HRR I CCXVIII, CCXX und CCXXII Anm. 3 (zu Coelius Antipater) über Polyb. 3. 20, 3. 47. 6 und 3. 48. 5 sowie 3. 36.
Aus Ciceros Bemerkung über Silenos De divinat. 1. 49 (diligentissime res Hannibalis persecutus est) läßt sich nichts über Ciceros Meinung von der Glaubwürdigkeit des Silenos schließen; zum Begriff der diligentia s. o. Anm. 256 und 257; vgl. Peter HRR I CCXX.

[263] S. o. Kapitel 1. c). Vgl. die Bemerkung Quintilians am Ende seines Überblickes über die griechischen Historiker, Instit. orat. 10. 1. 75: Xenophon non excidit mihi, sed inter philosophos reddendus est.

sche Themen angesprochen und zum Teil ausführlich behandelt. Da Ciceros besonderes Interesse neben der Redekunst stets der Philosohie galt und da er selbst zahlreiche philosophische Schriften in mehr oder weniger enger Anlehnung an die Werke griechischer Philosophen verfaßte, waren solche historischen Angaben in den Schriften griechischer Philosophen für ihn eine mögliche Quelle.
Bereits dem Werk des Platon-Schülers Herakleides Pontikos hat Cicero eine Erzählung über einen Traum der Mutter des Tyrannen Phalaris von Akragas[264] sowie einen Bericht über den Besuch des Pythagoras in Phleius[265] entnommen. Dieser letztere Bericht ist kaum als historisch im engeren Sinne anzusehen, da es sich bei ihm im Grunde um eine Definition des Begriffes "Philosophie" handelt, die nur deswegen in einer bestimmten Situation angesiedelt wird, um die Erzählung anschaulicher zu gestalten.
Historisch weit interessantere Nachrichten als bei Herakleides Pontikos findet Cicero bei Theophrast, den er gegen Timaios als Quelle für die Geschichte der Lokrer benutzt hat,[266] so wie es bereits Polybios getan hatte.[267]
Dem Werk Theophrasts entnimmt Cicero auch eine Information über die Gastfreundschaft Kimons gegenüber seinen Demoten,[268]

---

[264] De divinat. 1. 46.

[265] Tusc. 5. 8.

[266] Ad Attic. 6. 1. 18; De legib. 2. 15, 3.13. S. o. Abschnitt h) mit Anm. 217-221.

[267] Polyb. 12. 11. Die Hauptquelle des Polybios für die lokrische Verfassungsgeschichte ist jedoch Aristoteles, der Lehrer Theophrasts.

[268] De offic. 2. 64: Recte etiam a Theophrasto est laudata hospitalitas. ... Theophrastus quidem scribit Cimonem Athenis etiam in suos curialis Laciadas hospitalen fuisse: ita enim instituisse et vilicis imperavisse, ut omnia praeberentur, quicumque Laciades in villam suam devertisset.

mit der Theophrast seine Ausführungen über den Nutzen der Gastfreundschaft illustriert hatte.
Ebenfalls aus Theophrast entlehnt Cicero die bereits erwähnte Feststellung, die Geschichtsschreibung sei von Herodot und Thukydides auf ein entschieden höheres literarisches Niveau gehoben worden.[269]
Die Autorität Theophrasts in historischen Fragen schätzt Cicero selbst mindestens so hoch ein wie diejenige des Timaios, und er bezeichnet die Auffassung als weit verbreitet, Theophrast sei Timaios sogar vorzuziehen.[270]
Auch der Peripatetiker Dikaiarch gilt Cicero als ein glaubwürdiger und zuverlässiger Wissenschaftler, aber als Historiker hat Cicero ihn nirgends bezeichnet,[271] und eine Benutzung der Werke Dikaiarchs für historische Fragen durch Cicero ist nicht beweisbar.[272]
Ähnliches gilt für Panaitios, den Cicero in De officiis als Vorlage für die ersten beiden Bücher benutzt hat.[273] Cicero erwähnt dort im zweiten Buch, Panaitios habe für die evidente These, daß niemand auf sich allein gestellt große Taten vollbringen könne, unnötigerweise Themistokles, Perikles, Kyros den Jüngeren, Agesilaos

---

[269] Orat. 39.

[270] De legib. 3. 13.

[271] Ad Attic. 6. 2. 3 nennt Cicero Dikaiarch "*ἱστορικώτατος*", d. h. "höchst wissenschaftlich"; der Kontext (es werden Fragen der Geographie der Peloponnes besprochen) läßt auch nicht im entferntesten vermuten, hier könnten die Qualitäten des Dikaiarch als Historiker gemeint sein. Vgl. Schoenberger, Briefe 20.

[272] Pace Schoenberger, Briefe 20f.: "Kein Historiker wird in den Briefen (sc. Ciceros) so oft erwähnt und keiner so anerkannt wie Dikäarch."

[273] De offic. 3. 7 et passim.

und Alexander den Großen als Beispiele angeführt.[274] Aus dieser Bemerkung Ciceros geht allerdings nicht hervor, ob Panaitios irgendwelche historischen Details über die Taten dieser Männer hinzugefügt hat; Cicero hat an dieser Stelle jedenfalls keine historische Information aus Panaitios entnommen.[275]
In De re publica hatte Cicero zwar auf die Kompetenz des Panaitios in politisch-staatsphilosophischen Fragen hingewiesen, aber auch in dieser Schrift finden sich keine Belege, daß Cicero das Werk des Panaitios für historische Fragen benutzt hat.[276]
Auch die Benutzung der Werke des Stoikers Chrysipp[277] und des Universalgelehrten Poseidonios,[278] der auch Geschichte geschrieben hatte und den Cicero persönlich kannte,[279] in historischen Fragen ist bei Cicero nicht zu belegen.

---

[274] De offic. 2. 16: Commemoratur ab eo (i. e. Panaetio) Themistocles, Pericles, Cyrus, Agesilaus, Alexander, quos negat sine adiumentis hominum tantas res efficere potuisse. Utitur in re non dubia testibus non necessariis.

[275] Pace Schoenberger, Briefe 21f.

[276] De re pub. 1. 34.

[277] Tusc. 1. 108 (Chrysippus, ut est in historia curiosus) beweist nicht das Gegenteil, wie Henze 13 bereits gesehen hat; seine Auffassung (ibid.), Ciceros Bemerkung Ad Attic. 6. 1. 18 über Duris von Samos, dieser sei ein "homo in historia diligens", beziehe sich ebenfalls nicht auf Geschichte, sondern auf historia im Sinne von "Forschung im allgemeinen", wird allerdings vom Kontext in Ad Attic. 6. 1. 18, wo es eindeutig um historia im Sinne von Geschichte geht (s. o. Anm. 217 und 255), nicht gestützt.

[278] Pace Schoenberger, Briefe 21, und Rambaud 27.

[279] Ad Attic. 2. 1. 2; 16. 11. 4.

2. Die römischen Historiker

Als Cicero in De oratore auf die Geschichtsschreibung zu sprechen kam, hat er dem Überblick über die griechischen Historiker[280] eine Bestandsaufnahme der römischen Geschichtsschreibung im Jahre 91 v. Chr. vorausgeschickt.[281] Diese ist jedoch im Vergleich zu seinen folgenden Ausführungen über die griechischen Historiker äußerst knapp und bezieht sich neben den Annales maximi[282] lediglich auf Q. Fabius Pictor, M. Porcius Cato Censorius und L. Calpurnius Piso, deren allzu kurze Darstellungen gerügt werden,[283] sowie auf L. Coelius Antipater, der seine Vorgänger ein wenig übertroffen habe.[284]
Einen ausführlichen Überblick über die römische Historiographie von den Annales maximi über Fabius Pictor, Cato, Piso, C. Fannius M. f., Vennonius, Coelius Antipater, einen gewissen Clodius,

---

[280] De orat. 2. 55-58.

[281] De orat. 2. 51-54.

[282] De orat. 2. 52.

[283] De orat. 2. 51-53: Graeci quoque ipsi sic initio scriptitarunt ut noster Cato, ut Pictor, ut Piso; (52) erat enim historia nihil aliud nisi annalium confectio. ... (53) Hanc similitudinem scribendi multi secuti sunt, qui sine ullis ornamentis monumenta solum temporum, hominum, locorum gestarumque rerum reliquerunt, itaque qualis apud Graecos Pherecydes, Hellanicus, Acusilas fuit aliique permulti, talis noster Cato et Pictor et Piso, qui ..., dum intellegatur, quid dicant, unam dicendi laudem putant esse brevitatem.

[284] De orat. 2. 54: Paulum se erexit et addidit maiorem sonum vocis vir optimus, Crassi familiaris, Antipater; ceteri non exornatores rerum, sed tantum modo narratores fuerunt.
Es folgen einige Bemerkungen über die Grenzen der Bildung und der stilistischen Fähigkeiten des Coelius Antipater.

Sempronius Asellio und L. Cornelius Sisenna bis zu C. Licinius Macer gibt Cicero einige Jahre später im ersten Buch De legibus.[285]

Darüberhinaus nennt er in späteren philosophischen Schriften einige frühe römische Historiker, die ihre Werke noch wie Fabius Pictor in griechischer Sprache verfaßt hatten,[286] und den lateinischen Annalisten Gellius.[287]

Schließlich erwähnt Cicero in Briefen an Atticus und an seinen Bruder Quintus die beiden zeitgenössischen Historiker Aelius Tubero und Procilius sowie den wahrscheinlich ebenfalls zeitgenössischen Autor Scribonius Libo.[288]

Wie mit dem griechischen Universalgelehrten und Historiker Poseidonios[289] war Cicero mit mehreren zeitgenössischen römischen Historikern und historisch interessierten Laien persönlich bekannt, namentlich mit T. Pomponius Atticus,[290] M. Terentius Varro,[291] Cornelius Nepos,[292] L. Lucceius[293] und dem Redner

---

[285] De legib. l. 6f. Zum Problem des De legib. l. 6 überlieferten "belli" und zur Identität des ibid. erwähnten Clodius s. u. Kapitel 2. i).

[286] S. u. Kapitel 2. c).

[287] S. u. Kapitel 2. i).

[288] S. u. Kapitel 2. p).

[289] S. o. Kapitel l. k).

[290] S. u. Kapitel 2. k).

[291] S. u. Kapitel 2. n).

[292] S. u. Kapitel 2. o). Das praenomen des Cornelius Nepos ist unbekannt.

[293] S. u. Kapitel 2. m).

Q. Hortensius Hortalus.[294]
Angesichts der großen Zahl der von Cicero genannten römischen Historiker ist auch bemerkenswert, welche Autoren bei ihm nicht erscheinen: weder den frühen Annalisten L. Cincius Alimentus, der noch in griechischer Sprache geschrieben hatte, noch den bereits lateinisch schreibenden L. Cassius Hemina noch die späten, von Livius benutzten Annalisten Q. Claudius Quadrigarius und Valerius Antias hat Cicero in seinen uns erhaltenen Schriften jemals erwähnt.[295]
Im folgenden sollen Ciceros Äußerungen über die einzelnen römischen Historiker und seine Kenntnisse aus ihren Werken behandelt werden.

a) Die Annales maximi

Am Anfang der römischen Geschichtsschreibung stehen die in lateinischer Sprache von den pontifices maximi verfaßten und bis in die Zeit des pontifex maximus P. Mucius Scaevola, cos. 133 v. Chr., geführten Annales maximi.[296]
Cicero hat sie bereits am Anfang seiner Ausführungen über die

---

[294] S. u. Kapitel 2. l).

[295] L. Cincius Alimentus bei Cicero (und Polybios!) nicht erwähnt: Peter HRR I CIII; s. u. Kapitel 2. c).
Zu L. Cassius Hemina: s. u. Kapitel 2. e).
Zu Q. Claudius Quadrigarius und Valerius Antias: s. u. Kapitel 2. q).

[296] Zu den zahllosen mit den Annales maximi verbundenen - und hier nicht zu behandelnden - Problemen: Frier, Libri annales Pontificum Maximorum.

Geschichtsschreibung in De oratore erwähnt und dabei ihre inhaltliche Dürftigkeit hervorgehoben: mehr als Namen, Daten, Orte und Fakten sei ihnen nicht zu entnehmen.[297] Daß die Annales maximi außerdem nicht geeignet waren, Ciceros literarischen Ansprüchen zu entsprechen, versteht sich fast von selbst.
In Ciceros Ausführungen über die römische Geschichtsschreibung in De legibus stehen die Annales maximi ebenso wie schon in De oratore am Anfang. Cicero hat hier wohl erneut ihre Dürftigkeit moniert,[298] ohne aber auf Einzelheiten einzugehen.
Nur einmal hat Cicero sich auf die Annales maximi als Quelle berufen, und zwar zur Bestätigung einer Angabe über den Zeitpunkt einer Sonnenfinsternis, der bei Ennius überliefert war und den er in De re publica von Scipio Aemilianus erwähnen läßt.[299]
Als sich Cicero hingegen im Jahre 57 v. Chr. in seiner Rede De domo sua vor dem Kollegium der pontifices auf die "annales popu-

---

[297] De orat. 2. 52: ... ab initio rerum Romanarum usque ad P. Mucium pontificem maximum res omnis singulorum annorum mandabat litteris pontifex maximus referebatque in album et proponebat tabulam domi, potestas ut esset populo cognoscendi, eique nunc annales maximi nominantur.
Aufgrund dieser Stelle hat man seit Mommsen die Publikation der Annales maximi durch P. Mucius Scaevola angnommen; mit Momigliano, Linee per una valutazione di Fabio Pittore 60 ist diese Annahme "pura congettura per spiegare la discrepanza fra Catone e Cicerone," die zu akzeptieren Momigliano - wenn auch offenbar zögernd - doch für nötig hält.
Da es eine solche Diskrepanz zwischen Cato und Cicero bezüglich der Annales maximi aber nicht gibt (s. u. Anm. 303), entfällt mit Momigliano auch die Grundlage für die Annahme, P. Mucius Scaevola habe die Annales maximi publiziert. Vgl. Frier, op. cit. passim.

[298] De legib. l. 6 erwähnt Cicero die "annales pontificum maximorum, quibus nihil potest esse ieiunius." Die Codices haben anstelle von "ieiunius" das sicher falsche, da in diesem Zusammenhang sinnlose, "iucundius".

[299] De re pub. 1. 25.

li Romani et monumenta vetustatis" berief,[300] hat er mit diesem sehr allgemeinen Ausdruck wohl kaum die Annales maximi gemeint,[301] sondern die historische Überlieferung in ihrer Gesamtheit bezeichnen wollen.
Den Anforderungen, die Cicero an literarische Werke stellte,[302] genügten die Annales maximi zweifellos nicht, denn sie waren nicht nur sprachlich anspruchslos, sondern verzichteten auch auf jegliche Erläuterung, Interpretation und Wertung der berichteten Ereignisse, indem sie lediglich Zeitpunkt und Ort des Geschehens sowie die Namen der Beteiligten und deren Taten verzeichneten.[303]

---

[300] De domo 86.

[301] Gegen Laurand 317 Anm. 5. Es ist auch höchst zweifelhaft, ob Cicero mit dem Ausdruck "annales populi Romani et monumenta vetustatis" Dokumente bezeichnen wollte, die älter als das Werk des Fabius Pictor sind, wie Rambaud 25 mit Anm. 2 glaubt.

[302] De orat. 2. 63f.

[303] De orat. 2. 53: Hanc (i. e. annalium maximorum) similitudinem scribendi multi secuti sunt, qui ... monumenta solum temporum, hominum, locorum gestarumque rerum reliquerunt.
Hierin und in Ciceros Bemerkung De orat. 2. 52 (s. o. Anm. 297), die pontifices hätten "omnis res singulorum annorum" aufgezeichnet, liegt kein Widerspruch zu Catos Bemerkung im vierten Buch der Origines (frag. 77 Peter = Gellius 2. 28. 6), in den Annales maximi werde berichtet, "quotiens annona cara, quotiens lunae aut solis lumini caligo aut quid obstiterit," denn Cato hat eben nicht gesagt, die Annales maximi würden <u>nur</u> Sonnenfinsternisse und dergleichen berichten; vgl. die Bemerkung Badians, Early Historians 28 Anm. 4 über die Annales maximi: "Cato's ridicule ... must not be understood as completely defining their actual content in his day or earlier." Außerdem hat Cato an der betreffenden Stelle gegen die Annales maximi polemisieren wollen und seine Beispiele für ihren Inhalt wenn auch "gewiß nicht willkürlich", so doch wahrscheinlich einseitig ausgewählt; pace Flach 57-59. Da ein Widerspruch zwischen den Angaben Catos und Ciceros über den Inhalt der Annales maximi also nicht vorliegt, ist auch die Schlußfolgerung hinfällig, Cato habe

Auch wenn Cicero an der Zuverlässigkeit dessen, was die Annales maximi berichteten, keine Zweifel geäußert hat, so dürfte er doch ihren Wert als historische Quelle als niedrig eingeschätzt haben; dementsprechend wenig scheint er sie benutzt zu haben.[304] Allerdings ist Ciceros Beschäftigung mit den Annales maximi noch deutlich intensiver als beim Durchschnitt der römischen Historiker. Im Gegensatz zu den meisten Geschichtsschreibern hat er dieses früheste Werk römischer Geschichtsschreibung nämlich überhaupt erwähnt und, was noch ungewöhnlicher ist, es sogar zitiert, womit er uns eines von den insgesamt nur drei Fragmenten der Annales maximi liefert; Livius hingegen hat die Annales maximi im erhaltenen Teil seines Werkes nicht zitiert und dort anscheinend ganz von ihrer Benutzung abgesehen.[305] Die Berufung Ciceros auf die Annales maximi ist somit ein Beispiel für seine Kenntnisse von

---

seine Bemerkungen auf die Urfassung der Annales maximi bezogen, während Cicero sie in der angeblichen Ausgabe des P. Mucius Scaevola vor Augen gehabt habe; pace Flach 59. Die einzige Angabe, die Cicero - soweit wir wissen - den Annales maximi entnommen hat, bezieht sich übrigens in geradezu idealer Übereinstimmung mit Catos Äußerung auf das Datum einer Sonnenfinsternis (s. o. Anm. 299).

[304] Pace Laurand 317: "Il (i. e. Cicéron) ... les consultait à l' occasion." Die einzige Stelle, die Laurand ibid. Anm. 5 dafür anführen kann und die sich tatsächlich auf die Annales maximi bezieht, ist die oben Anm. 299 erwähnte Bemerkung Ciceros De re pub. 1. 25.
Der Einfluß des Annales maximi auf Cicero wird allgemein als gering eingeschätzt: Rambaud 25 gibt nur in Anm. 2, ohne die Annales maximi zu nennen, die Stelle De re pub. 1. 25 als Beispiel dafür an, daß Cicero "plus vieux (sc. que Fabius Pictor) documents" benutzt habe.
Henze 58f. führt keinen Fall von Benutzung der Annales maximi durch Cicero an; Zingler 10 übergeht sie völlig.

[305] Ogilvie (comment.) 6 Anm. 1.

sonst wenig benutzten und eher entlegenen Quellen.[306]

b) Q. Fabius Pictor

Aus Ciceros Bemerkungen über den ersten römischen Historiker Q. Fabius Pictor ergibt sich, daß er dessen in griechischer Sprache verfaßten Annalen kannte;[307] auf eine lateinische Fassung, die von diesem Werk vermutlich existierte,[308] oder auf einen weiteren, aber lateinisch schreibenden Historiker namens Fabius Pictor, der vermutlich nicht existierte,[309] finden sich hingegen in Ciceros

---

[306] S. u. Kapitel 2. i) für weitere Beispiele.

[307] De divinat. 1. 43: in nostri Fabi Pictoris Graecis annalibus.
Da auch Plinius der Ältere und Aulus Gellius das Werk des Pictor als "annales" bezeichnen, ist die Benennung des Pictor als "Annalist", die schon Mommsen, Römische Forschungen 2. 13f. verwandte, sicher ebenso berechtigt wie diejenige als "Historiker".

[308] Pace Peter HRR I LXXVII-LXXXI. Die Erwähnung des Pictor zusammen mit Cato und Piso in De orat. 2. 51 und 53 bedeutet nicht, daß Cicero hier an ein Werk Pictors in lateinischer Sprache dachte.

[309] Pace Peter ibid. Aus der Reihenfolge Cato - Pictor - Piso, in der Cicero die drei Autoren De orat. 2. 51 und 53 nennt, folgt nicht, daß Cicero hier einen Fabius Pictor gemeint hätte, der jünger als Cato wäre und folglich nicht identisch mit dem griechisch schreibenden Fabius Pictor sein könnte. Eine Chronologie ist nämlich von Cicero an dieser Stelle nicht notwendig impliziert.
Cicero muß keinen bestimmten Grund gehabt haben, Cato, Pictor und Piso in genau dieser Reihenfolge zu nennen; eine besonders eigenwillige Erklärung bietet Flach 57, wonach Cicero sie "nach der alphabetischen Reihenfolge ihrer Beinamen" aufgezählt haben soll.

Schriften keine Hinweise.
Obwohl Cicero den Historiker Q. Fabius Pictor mehrfach erwähnt,[310] verleiht er ihm niemals den Rang eines Begründers der römischen Geschichtsschreibung. Eine Bedeutung, wie sie Herodot für die griechische Geschichtsschreibung und damit für die Historiographie insgesamt als "pater historiae" zukommt, hat Fabius Pictor nach Ciceros Meinung folglich nicht gehabt.[311] Vielmehr ist Cicero der Meinung, die Leistung des Fabius Pictor

---

Zu dem angeblichen lateinisch schreibenden Pictor: s. u. Kapitel 2. e).

[310] De orat. 2. 51-53. De legib. 1. 6. De divinat. 1. 43 und 55.

[311] Herodot als "pater historiae": De legib. 1. 5.
Timpe, Fabius Pictor 928-931 hebt stark die Bedeutung des Fabius Pictor als des Begründers der römischen Geschichtsschreibung hervor. Peter HRR I LXXII nennt Pictor unter Berufung auf Livius und Dionysios von Halikarnaß (zu diesen s. u.) "quasi parentem historiae Romanae."
Bei Mommsen, Römische Forschungen 2, 10 Anm. 25 avanciert Fabius Pictor zum "römischen Herodot", nachdem bereits Niebuhr, Quellen der römischen Geschichte 20 in Anlehnung an die Formulierung Ciceros De legib. 1. 5 über Herodot von Pictor als dem "Vater der römischen Geschichtsschreibung" gesprochen hatte.
Keine dieser Wertungen entspricht dem Urteil Ciceros. Die antiken Autoren waren mit ihrer Begeisterung für Fabius Pictor überhaupt zurückhaltender: Livius 1. 44. 2 (scriptorum antiquissimus), 2. 40. 10 (longe antiquissimus auctor) und Dionysios von Halikarnaß, Arch. 1. 6. 2, 7. 71. 1 räumen ihm lediglich den Rang des ältesten römischen Historikers ein, den er sich bei Dionys. Halik., Arch. 1. 6. 2 noch mit Cincius Alimentus teilen muß. Nicht einmal die Anciennität des Pictor hält Cicero für erwähnenswert. Vielleicht zu Recht bringt Peter HRR I LXXVIIf. dies damit in Zusammenhang, daß Pictor griechisch geschrieben hat; denn wie sich zeigen wird, hat Cicero erst das Werk des älteren Cato, der als erster in lateinischer Sprache Geschichte geschrieben hatte, als den entscheidenden Einschnitt in der römischen Geschichtsschreibung gewertet: s. u. Kapitel 2. d).

sei nicht wesentlich bedeutender als die der Annales maximi,[312] von denen er keine hohe Meinung hatte.[313]
Ciceros Benutzung der Annalen des Fabius Pictor hat sich ebenso wie die der Annales maximi in engen Grenzen gehalten. Sie ist überhaupt nur in De divinatione nachweisbar.
Dort wird im ersten Buch ein Traum des Aeneas erwähnt, in dem diesem seine gesamte Zukunft prophezeit wird und den Fabius Pictor in seinen "Graeci annales" dargestellt hatte.[314] Dieser Bericht des Fabius Pictor wird jedoch von vornherein auf eine Stufe mit den Darstellungen der Dichter gestellt, die wie Ennius und Accius Träume und deren Deutungen in ihre Werke aufgenommen hatten[315] und die nach Ciceros Auffassung anders als die Historiker nicht strikt an die Wahrheit gebunden waren.[316]
Damit verweist Cicero den Bericht des Fabius Pictor bereits im ersten Buch De divinatione - und damit noch vor der erst im zweiten Buch zu erwartenden Widerlegung - in die Kategorie historisch zweifelhafter und im Grunde nicht ernst zu nehmender Zeugnisse.

---

[312] De orat. 2. 51-53; vgl. De legib. 1.6.

[313] S. o. Kapitel 2. a).

[314] De divinat. 1. 43: Aeneae somnium, quod in nostri Fabi Pictoris Graecis annalibus eius modi est, ut omnia, quae ab Aenea gesta sunt quaeque illi acciderunt, ea fuerint, quae ei secundum quietem visa sunt.

[315] Ibid. wird der Anm. 314 zitierte Text mit folgenden Worten eingeleitet: Sint haec (sc. somnia), ut dixi, fabularum, hisque adiungatur etiam Aeneae somnium ...
De divinat. 1. 40-42 und 1. 43-45 werden unmittelbar vor und unmittelbar nach der Erzählung des Pictor vom Traum des Aeneas Passagen der Dichter Ennius und Accius behandelt.

[316] Diese Unterscheidung von Historikern und Dichtern: De legib. 1. 5; die absolute Wahrheitspflicht des Historikers: De orat. 2. 62; vgl. ibid. 2. 51. Dazu s. o. Teil I, bes. Anm. 34.

Als Cicero dann im zweiten Buch De divinatione zu einer kritischen Untersuchung der im ersten Buch aus den Historikern zitierten Träume übergeht und deren dort angeführte Berichte nochmals aufzählt, wird der Bericht des Fabius Pictor über den Traum des Aeneas ebenso wie die einschlägigen Darlegungen der Dichter gänzlich ignoriert.[317] Offenbar hat Cicero die Darstellung des Fabius Pictor genauso wenig ernst genommen wie diejenigen der Dichter, so daß sich seiner Meinung nach eine Widerlegung erübrigte.

Ebenfalls in De divinatione wird erwähnt, daß Fabius Pictor - wie alle anderen Historiker, darunter Cn. Gellius und zuletzt L. Coelius Antipater - die Ereignisse dargelegt hatte, die in einem Krieg gegen die Latiner zur zweimaligen Wiederholung der ludi votivi geführt hatten.[318]

Die Quelle, der Cicero seinen eigenen anschließenden Bericht über diese Vorgänge entnimmt, scheint jedoch nicht Fabius Pictor, sondern der von Cicero höher geschätzte Coelius Antipater gewe-

---

[317] De divinat. 2. 136: Multa enim a te ex historiis prolata somnia, matris Phalaridis, Cyri superioris, matris Dionysi, Poeni Hamilcaris, Hannibalis, P. Decii, pervulgatum iam illud de praesule, C. Gracchi etiam et recens Caeciliae Baliarici filiae somnium.
Vom Traum des Aeneas nach Pictor ist keine Rede mehr.

[318] De divinat. 1. 55: Omnes hoc historici, Fabii, Gellii, sed proxume Coelius: cum bello Latino ludi votivi maxumi primum fierent, civitas ad arma repente est excitata itaque ludis intermissis instaurativi constituti sunt. ... Itaque somnio comprobato a senatu ludos illos iterum instauratos memoriae proditum est.
Bei der Besprechung De divinat. 2. 136 (s. o. Anm. 317) wird das Ereignis als "pervulgatum" ("allgemein bekannt") bezeichnet.

sen zu sein.[319]

Fabius Pictor und Cn. Gellius werden von Cicero in diesem Zusammenhang offensichtlich nur als Repräsentanten der frühen Annalistik genannt, um die Angabe, alle Historiker hätten von dem Ereignis berichtet, durch Beispiele zu präzisieren;[320] die eigentlichen Quellen Ciceros sind sie hier nicht.

Obwohl es in unseren Augen vielleicht nahe gelegen hätte, Fabius Pictor als den ältesten römischen Historiker hier als Gewährsmann heranzuziehen, und obwohl Cicero wußte und ja auch erwähnt hat, daß Fabius Pictor über das Ereignis geschrieben hatte, zog er es vor, sich auf den viel jüngeren Autor Coelius Antipater zu verlassen.[321] Dabei sah er in der Zeitgenossenschaft oder wenigstens Zeitnähe eines Autors zu den von ihm berichteten historischen Ereignissen durchaus ein Kriterium für dessen Autorität, wie etwa seine Bemerkungen über die griechischen Historiker Thukydides und Philistos zeigen.[322] Der Fall des Fabius Pictor zeigt hingegen, daß in Ciceros Augen die Autorität eines Historikers keineswegs allein von dessen Anciennität abhing.

Zusammen mit der oben erwähnten Einordnung des von Fabius

---

[319] Pace Peter HRR I LXXXI und ibid. 25, Fußnote zu Fragment 15 des Pictor. Die dort von Peter erwähnte Ähnlichkeit der Darstellungen Ciceros und des Dionysios von Halikarnaß, Arch. 7. 68, die ihrerseits vielleicht auf Pictor zurückgeht, beweist nicht die Abhängigkeit auch Ciceros von Pictor, da nach Ciceros Angabe ja alle Historiker die Episode berichtet haben, wir aber deren Darstellungen nicht vergleichen können.

[320] Vgl. die Nennung des C. Acilius De offic. 3. 115 als Beleg dafür, daß die Historiker tatsächlich nicht "omnes uno modo" die dort besprochenen Ereignisse dargestellt hatten.

[321] Zu Coelius Antipater: s. u. Kapitel 2. h).

[322] Vgl. Brut. 43 über Thukydides: s. o. Kapitel 1. b) mit Anm. 139. Zu Philistos: s. o. Kapitel 1. d) mit Anm. 171.

Pictor gegebenen Berichtes über den Traum des Aeneas in die Rubrik "Dichtung" vermittelt diese Zurücksetzung seines Zeugnisses hinter dasjenige des Coelius Antipater den Eindruck, daß Cicero in dem ersten römischen Annalisten keine hervorragende Autorität gesehen hat. Erst recht lagen ihm Stilisierungen des Fabius Pictor zum "Vater der römischen Geschichte" oder zum "römischen Herodot" fern.[323]

c) Historiae Graece scriptae

Während Cicero den griechischen Historikern in De oratore[324] und den römischen Historikern, die ihre Werke in lateinischer Sprache verfaßt hatten, in De legibus[325] je einen Überblick gewidmet hat, fehlt eine solche zusammenfassende Darstellung für diejenigen römischen Historiker, die wie Q. Fabius Pictor in griechischer Sprache geschrieben hatten. Ciceros Kenntnisse von ihren Werken und seine Beschäftigung mit ihnen sind daher nur aus sehr vereinzelten, über sein Werk verstreuten Bemerkungen zu erschließen.

Als Zeitgenosse des Q. Fabius Pictor wird bei Dionysios von

---

[323] S. o. Anm. 311.

[324] De orat. 2. 55-58. S. o. die Einleitung zu den griechischen Historikern, Kapitel 1.

[325] De legib. 1. 6f.; dort wird auch der griechisch schreibende Q. Fabius Pictor erwähnt: s. o. Kapitel 2. b).

Halikarnaß mehrfach der Annalist L. Cincius Alimentus genannt.[326] Auch Livius zitiert dessen historisches Werk einmal, allerdings nur, um zu erläutern, warum er einer Angabe des Cincius Alimentus über die Stärke der Truppen Hannibals nicht folgen will.[327]
Cicero hingegen hat das Werk des L. Cincius Alimentus niemals erwähnt und es auch nicht nachweislich benutzt, ohne es zu zitieren.
Insbesondere besteht nicht der mindeste Zusammenhang zwischen der Angabe Ciceros im ersten Buch De re publica, Romulus habe sechshundert Jahre vor dem Zeitpunkt des Dialoges, den Cicero im Jahre 129 v. Chr. angesiedelt hat, als König geherrscht,[328] und der Datierung der Gründung Roms durch Cincius Alimentus auf 729 v. Chr.;[329] denn bei Cicero ist in De re publica nicht die Rede davon, daß die Regierung des Romulus sechshundert Jahre vor dem Zeitpunkt des Dialoges (129 v. Chr.) begonnen habe, sondern nur davon, daß Romulus zu dieser Zeit (also um 729 v. Chr.) regiert habe. Diese Angabe läßt sich aber auch zwanglos mit Ciceros in De re publica gewähltem Ansatz der Gründung

---

[326] Dionys. Halik., Arch. 1. 6. 2 nennt L. Cincius Alimentus als Zeitgenossen des Q. Fabius Pictor; 1. 74. 1 sein Gründungsdatum Roms; 1. 79 als Historiker; 2. 38. 3 zusammen mit Q. Fabius Pictor als Historiker; 12. 4. 2 seine Darlegungen über Sp. Maelius.

[327] Livius 21. 38. 2-5,

[328] De re pub. 1. 58; vgl. 2. 17 über den Tod des Romulus "minus his sescentis annis."

[329] Frag. 4 Peter = Dionys. Halik., Arch. 1. 74. 1.
Schütz 56 Anm. 6 deutet hingegen, wenn auch nur sehr zögernd, die Möglichkeit eines solchen Zusammenhanges an: "Vielleicht (?) taucht hier im 1. Buche der Gründungsansatz des Cincius Alimentus auf."

Roms auf 751 v. Chr.[330] vereinbaren; denn wenn Romulus von der Gründung Roms an siebenunddreißig Jahre regiert hat, wie im zweiten Buch De re publica angegeben wird,[331] dann hat seine Regierungszeit von 751 v. Chr. bis 714 v. Chr. gedauert, und das Jahr 729 v. Chr. fällt zweifellos in diesen Zeitraum.
Im übrigen sind Ciceros Jahreszahlen in dem betreffenden Kapitel des ersten Buches De re publica stets großzügig auf volle Hunderter gerundet,[332] da es für die dort vorgetragene Argumentation nur auf die Größenordnung ankommt, nicht aber auf exakte Jahreszahlen.[333] So wird die Begründung der Republik als etwa vierhundert Jahre zurückliegend (immer vom Zeitpunkt des Dialoges im Jahre 129 v. Chr. an gerechnet) bezeichnet, ohne daß damit gemeint wäre, die Könige seien genau im Jahre 529 v. Chr. vertrieben worden.[334]

---

[330] De re pub. 2. 18: Nam si, quod Graecorum investigatur annalibus, Roma condita est secundo anno olympiadis septumae, ...
Die Angabe der Graecorum annales wird nur als Hypothese angesehen.
Solin 1. 17 ist diese Stelle offensichtlich unbekannt: Pomponio Attico et M. Tullio olympiadis sextae anno tertio ... Romam placet conditam.

[331] De re pub. 2. 17: Romulus, cum septem et triginta regnavisset annos, ... tantum est consecutus, ut cum subito sole obscurato non conparuisset, deorum in numero conlocatus putaretur.

[332] De re pub. 1. 58 finden sich folgende Zahlenangaben: minus quadringentorum annorum; quadringentorum annorum aetas; his quadringentis annis; anno sescentesimo.

[333] Es soll dort gezeigt werden, daß in nicht allzu lange zurückliegenden Epochen die Monarchie eine verbreitete Staatsform gewesen sei.

[334] Die durch die Aufrundung verursachte Abweichung vom traditionellen Datum beträgt hier immerhin 20 Jahre. Vgl. auch Ciceros Angabe Orat. 120, wonach Atticus im Liber annalis "annorum septingentorum memoriam" zusammengefaßt hat. Im Jahre 46 v. Chr. ausgesprochen, meint diese Umschrei-

Da also an der betreffenden Stellen gerundete Zahlen vorliegen, da Cicero nicht vom Anfang der Regierungszeit des Romulus, sondern von irgendeinem Zeitpunkt in dessen Regierungszeit spricht und da seine Angabe folglich in keiner Weise dem sonst von ihm in De re publica vorausgesetzten Gründungsdatum Roms, nämlich 751 v. Chr., widerspricht, hat die Annahme, Cicero habe hier an das Gründungsdatum 729 v. Chr. nach L. Cincius Alimentus gedacht, keinerlei Grundlage.
Auf der anderen Seite darf angesichts der Zufälligkeit und Seltenheit unserer Zeugnisse für Ciceros Kenntnisse von den Werken der griechisch schreibenden römischen Historiker nach Q. Fabius Pictor auch nicht behauptet werden, Cicero habe das Werk des L. Cincius Alimentus nicht gekannt.[335] Wenn Cicero Werke dieser Autoren überhaupt erwähnt hat, dann jeweils nur ein- oder zweimal; es ist also durchaus möglich, daß er einige dieser Historiker - etwa L. Cincius Alimentus - zwar kannte, daß sich aber nie eine Gelegenheit oder ein Anlaß ergab, sie in seinen eigenen Werken zu erwähnen.[336] Nimmt man an, daß Cicero das Werk des L. Cincius Alimentus tatsächlich nicht gekannt hat, dann wäre dieser übrigens der einzige griechisch schreibende römische Histo-

---

bung wohl kaum, Atticus - der die Gründung Roms auf 754/3 v. Chr. ansetzte - habe sein Werk von diesem Jahr an genau bis auf das Jahr 54 v. Chr. herabgeführt; vgl. unten Kapitel 2. k) mit Anm. 530 über Atticus.

[335] Zingler 14 scheint anzunehmen, Cicero habe Alimentus nicht gekannt, da dieser ein "scriptor et nomine et scriptis mediocris" gewesen sei. Allerdings hat Cicero viele Autoren, von denen sich ebenfalls sagen ließe, sie seien "nomine et scriptis mediocres", nachweislich gekannt und erwähnt, etwa die übrigen griechisch schreibenden römischen Historiker. Mit der angeblichen "mediocritas" des L. Cincius Alimentus ist die Tatsache, daß er bei Cicero nicht erwähnt wird, also sicher nicht zu erklären.

[336] Auch Polybios hat Cincius Alimentus - jedenfalls im erhaltenen Teil seines Werkes - nicht erwähnt; vgl. Peter HRR I CIII.

riker, der Cicero unbekannt gewesen wäre.[337]
Zu den nur einmal als Historiker von Cicero erwähnten Autoren gehört P. Cornelius Scipio, Africani filius, von dem Cicero ein historisches Werk in griechischer Sprache kennt, das seiner Meinung nach in sprachlich ansprechender Form verfaßt ist.[338] Irgendeine detaillierte Angabe über den Inhalt oder die Qualität dieser historia des Africani filius findet sich bei Cicero nicht; auch eine Benutzung des Werkes durch ihn ist nicht nachweisbar.[339]
Ähnliches gilt für die historia des A. Postumius Albinus. Den Autor hat Cicero - wie auch den Sohn des Africanus[340] - mehrmals erwähnt und dabei zweimal angemerkt, Albinus habe eine historia auf griechisch verfaßt, die belege, daß er ein gebildeter Mann gewesen sei.[341] Die spöttische Kritik des alten Cato und

---

[337] Vgl. Henze 61.

[338] Brut. 77: Ipsum Scipionem (i. e. maiorem) accepimus non infantem fuisse. Filius quidem eius ..., si corpore valuisset, in primis habitus esset disertus; indicant cum oratiunculae tum historia quaedam Graece scripta dulcissime.
Cicero gibt stets korrekt die Filiation "Africani filius" dieses Scipionen an (neben Brut. 77 noch De senect. 35 und De offic. 1. 121.; ebenso Livius 40. 42. 13), hat ihm aber niemals den Beinamen "Africanus" beigelegt, wie es fälschlich Peter HRR I CXVIII, Rambaud 25 und Henze 60 tun; ohne den falschen Beinamen: Schoenberger, Briefe 27 (allerdings auch ohne die Filiation), Laurand 318 und Zingler 11. Vgl. Broughton MRR I 390, 394.

[339] Peter HRR I CXVIIf.

[340] Brut. 77, De senect. 35, De offic. 1. 121. Die beiden letzten Stellen beziehen sich auf die schwache Gesundheit des Africani filius, die auch Brut. 77 erwähnt wird.

[341] Seit Zingler 14 wird gelegentlich bestritten, daß Cicero Albinus als Historiker gekannt hat. Überraschend bestreitet Laurand 318 mit Anm. 4, daß Cicero Albinus als Historiker erwähnt habe ("Du moins Cicéron ne cite jamais

des Polybios an der Bitte des Albinus, die Leser möchten ihm verzeihen, wenn sein Griechisch nicht vollkommen sei, nimmt Cicero nicht auf, obwohl er durchaus einen gewissen Sinn für humoristische Bemerkungen über Unzulänglichkeiten anderer Autoren hatte und obwohl er sein eigenes Griechisch für tadellos hielt.[342]

Der einzige griechisch schreibende Nachfolger des Q. Fabius Pictor, aus dessen Werk Cicero eine Stelle näher behandelt, ist

---

ces auteurs (i. e. Cincius Alimentus, Postumius Albinus etc.) comme historiens."), nachdem er noch 317 festgestellt hatte: "Parmi les annalistes et historiens, il cite ... Albinus ..." Ähnlich widersprüchlich erwähnt Rambaud 26 "le fait que Cicéron ne cite pas les noms de Cincius Alimentus, Postumius Albinus ...", nachdem er 25 drei der vier Stellen angeführt hat, wo Cicero sich über Albinus äußert, darunter auch eine der beiden, die sich auf dessen historisches Werk beziehen. Schoenberger, Briefe 26f. berichtigt stillschweigend Zingler und Laurand; richtig bereits Henze 60 mit beiden einschlägigen Stellen. Cicero erwähnt Albinus Brut. 81 (Albinus is, qui Graece scripsit historiam, et litteratus et doctus fuit), Acad. prior. 2. 137 (A. Albinum, ... doctum sane hominem, ut indicat ipsius historia scripta Graece) sowie Ad Attic. 13. 30. 3 und 13. 32. 2.

[342] Albinus hatte nach Gellius 11. 8. 3 am Anfang seines Werkes bemerkt, "neminem suscensere sibi convenire, si quid in his libris parum composite aut minus eleganter scriptum foret. 'Nam sum,' inquit, 'homo Romanus, natus in Latio; Graeca oratio a nobis alienissima est'."
Die Kritik Catos bei Gellius 11. 8. 4: Ea cum legisset M. Cato: 'Ne tu,' inquit, 'Aule, nimium nugator es, cum maluisti culpam deprecari quam culpa vacare. ... Tibi,' inquit, 'oro te, quis perpulit, ut id committeres, quod, priusquam faceres, peteres, ut ignosceretur?'
Gellius beruft sich als Quelle für seine Informationen zu diesem Thema auf das dreizehnte Buch des Cornelius Nepos De inlustribus viris.
Polybios 40. 6 äußert sich über Albinus in demselben Sinne wie Cato. Macrob., Saturn. praef. 13-15 wiederholt fast wörtlich die Ausführungen des Gellius. Den Spott Catos über Albinus erwähnt auch Plutarch, Cato 12.
Vgl. Ciceros Spott über L. Coelius Antipater Orat. 229f. (s. u. Kapitel 2. h) mit Anm. 448) und über Curio Brut. 210-220, bes. 217-219. Ciceros Ansprüche an sein eigenes Griechisch: Ad Attic. 1. 19. 10.

C. Acilius. Im dritten Buch De officiis bespricht Cicero das Verhalten einiger Römer, die in die Gefangenschaft Hannibals geraten waren und versucht hatten, sich einer eidlichen Verpflichtung zu entziehen, der zu Folge sie im Falle des Scheiterns einer Mission, mit der Hannibal sie zum Senat entsandt hatte, in die Gefangenschaft zurückzukehren hatten.[343] Cicero bemerkt einleitend, diese Episode sei von den verschiedenen Historikern verschieden dargestellt worden,[344] schildert sie dann im Anschluß an Polybios[345] und erläutert abschließend, in welchen Details C. Acilius von Polybios abweicht.[346]

Den Vorrang hat Cicero der Darstellung des Polybios gegeben, den er zuvor als "bonus auctor in primis" gewürdigt hatte, während C. Acilius ohne weitere Diskussion über seine Autorität nur als ein Beispiel für die von Cicero zuvor erwähnten, von Polybios abweichenden Darstellungen genannt wird.[347]

Angesichts der spärlichen und zufälligen Zeugnisse ist es kaum möglich, ein klares Bild von Ciceros Meinung über die frühesten Nachfolger des Q. Fabius Pictor zu gewinnen.[348] Was bereits für

---

[343] De offic. 3. 113-115. Die Doublette De offic. 1. 40, wo keine Quellen genannt werden, ist wohl nicht authentisch; s. o. Kapitel 1. i) mit Anm. 241 zu Polybios.

[344] De offic. 3. 113: de quibus non omnes uno modo.

[345] Ibid.: Nam Polybius, bonus auctor in primis, ... dicit ... . Vgl. die Fortsetzung De offic. 3. 114: scribit idem (i. e. Polybius) ...

[346] De offic. 3. 115: C. Acilius autem, qui Graece scripsit historiam, plures ait fuisse, qui in castra revertissent eadem fraude ... eosque a censoribus omnibus ignominiis notatos.

[347] De offic. 3. 113; s. o. Anm. 344 und 345.

[348] Henze 60f.

Fabius Pictor selbst festgestellt wurde,[349] gilt auch für die übrigen frühen, griechisch schreibenden römischen Historiker: Obwohl sie zu den ältesten für die römische Geschichte zur Verfügung stehenden Quellen gehörten, hat Cicero sie in seinen uns erhaltenen Schriften kaum je benutzt, und er hat ihnen im Zweifelsfall andere Autoritäten, etwa Polybios, vorgezogen. Gekannt hat er freilich fast alle diese Autoren, mit der einen möglichen Ausnahme des L. Cincius Alimentus.

d) M. Porcius Cato

Cicero hat es auf den verschiedensten Gebieten der Literatur als seine Aufgabe angesehen, die lateinische Sprache auf eine dem Griechischen vergleichbare Höhe zu führen.[350] Deshalb galten

---

[349] S. o. Kapitel 2. b).

[350] Beredsamkeit: Für Cicero war es selbstverständlich, daß er selbst in diesem Bereich die Leistungen der Griechen erreicht hatte; Brut. 253 läßt Cicero zunächst durch den Mund des Brutus ein Wort Caesars zitieren, der in der Widmung von De analogia an Cicero geschrieben hatte: ac si, ut cogitata praeclare eloqui possent, non nulli studio et usu elaboraverunt, cuius te paene principem copiae atque inventorem bene de nomine ac dignitate populi Romani meritum esse existimare debemus, hunc facilem et cotidianum novisse sermonem num pro relicto est habendum?
Im folgenden Paragraphen Brut. 254 läßt Cicero dann erläutern, worin sein von Caesar erwähntes Verdienst um das römische Volk bestanden habe: Quo enim uno (i. e. copia dicendi) vincebamur a victa Graecia, id aut ereptum illis est aut certe nobis cum illis communicatum.
Quintilian, Instit. orat. 10. 1. 108 teilt diese Selbsteinschätzung Ciceros und das Urteil Caesars: Nam mihi videtur M. Tullius, cum se totum ad imitationem

besonders solchen lateinischen Autoren, die bereits derartige Bemühungen unternommen und damit gewissermaßen Vorarbeiten auf dem Weg zu diesem großen Ziel geleistet hatten, stets Ciceros Interesse und seine Sympathie.

Namentlich der alte Cato hatte sich in diesem Bereich Verdienste erworben und sowohl zahlreiche Reden veröffentlicht als auch erstmals nach den Annales maximi in lateinischer Sprache Geschichte geschrieben. Die Aufgabe, etwas dem Griechischen Ebenbürtiges zu schaffen, hatte Cato zwar noch in keiner Weise bewältigt,[351] aber den ersten, vielversprechenden Schritt hatte er ge-

---

Graecorum contulisset, effinxisse vim Demosthenis, copiam Platonis, iucunditatem Isocratis.

Philosophie: Tusc. 1. 5: Philosophia iacuit usque ad hanc aetatem nec ullum habuit lumen litterarum Latinarum; quae illustranda et excitanda nobis est.

Tusc. 2. 5: Quam ob rem hortor omnis, qui facere id possunt, ut huius quoque generis (i. e. philosophiae) laudem iam languenti Graeciae eripiant et transferant in hanc urbem.

Geschichte: De legib. 1. 15: (Atticus:) Postulatur a te (i. e. M. Cicerone) iam diu vel flagitatur potius historia. Sic enim putant, te illam tractante effici posse, ut in hoc etiam genere Graeciae nihil cedamus. ... Abest enim historia litteris nostris, ut et ipse intellego et ex te persaepe audio.

Zu Ciceros Leistung auf diesen Gebieten vgl. Cornelius Nepos frag. 58 Marshall aus dem Werk De historicis Latinis (s. o. Anm. 1).

[351] De orat. 2. 51, 53: (Antonius:) Atqui, ne nostros contemnas, ... Graeci quoque ipsi sic initio scriptitarunt ut noster Cato, ut Pictor, ut Piso. ... (53) Itaque qualis apud Graecos Pherecydes, Hellanicus, Acusilas fuit aliique permulti, talis noster Cato et Pictor et Piso, qui neque tenent, quibus rebus ornetur oratio, ... et, dum intellegatur, quid dicant, unam dicendi laudem putant esse brevitatem.

De legib. 1. 6: (Atticus:) Nam post annalis pontificum maximorum ... si aut ad Fabium aut ad eum, qui tibi (i. e. Marco Ciceroni) semper in ore est, Catonem aut ad Pisonem aut ad Fannium aut ad Vennonium venias, ... quid tam exile quam isti omnes?

Brut. 293-295 läßt Cicero von Atticus Kritik an Catos Leistung vorbringen, die er Brut. 298 in eigener Person zwar relativiert, aber nicht völlig zurückweist.

tan.[352]
Die Reden Catos waren Cicero selbstverständlich bekannt, und ihnen galt vorrangig sein Interesse.[353] Cato hatte selbst eine Verbindung zwischen seinen Reden und der Geschichtsschreibung hergestellt, indem er eigene Reden in sein Geschichtswerk "Origines" einarbeitete.[354] Dies mag neben der Tatsache, daß Cato der erste lateinisch schreibende Historiker seit den Annales maximi war, dazu beigetragen habe, daß seine Origines von Cicero besonders häufig erwähnt werden. Anders als seine in der Nachfolge des Q. Fabius Pictor griechisch schreibenden Vorgänger wird Cato sowohl in Ciceros Ausführungen über die Geschichtsschreibung in De oratore[355] als auch in dem Überblick über die römische Geschichtsschreibung in De legibus erwähnt.[356]

---

[352] Brut. 66: Iam vero Origines eius quem florem aut quod lumen eloquentiae non habent?

[353] Brut. 63-68 werden ausführlich die Reden Catos besprochen; Tusc. 1. 3 über eine Rede Catos, in der Fulvius Nobilior, cos. 189 v. Chr., kritisiert wurde. Zur Rede Catos gegen Galba: s. u. den Text mit Anm. 369.

[354] De senect. 38: (Cato:) Septimus mihi liber Originum est in manibus, omnia antiquitatis monumenta colligo, causarum illustrium, quascumque defendi, nunc cum maxime conficio orationes.
Damit ist zunächst nur die Gleichzeitigkeit der Beschäftigung Catos mit den Origines und der Bearbeitung seiner Reden bezeugt; auch Brut. 66 (s. o. Anm. 352) bringt Cicero die Origines in Zusammenhang mit Catos Reden. Ausdrücklich bezeugt ist, daß Cato seine Rede gegen Galba aus dem Jahre 149 v. Chr. in das siebente Buch der Origines eingearbeitet hat: Brut. 89; Gellius 13. 25. 15; vgl. De orat. 1. 227. Ferner hat Cato seine Rede für die Rhodier aus dem Jahre 167 v. Chr., die auch separat publiziert worden war, im fünften Buch der Origines wiedergegeben: Gellius 6. 3. 7.

[355] De orat. 2. 51 und 53; s. o. Anm. 351.

[356] De legib. 1. 6; s. o. Anm. 351.

Vom Werk des Redners Cato ist Cicero bekannt, daß es mindestens einhundertfünfzig Reden umfaßte; wegen dieses Umfanges vergleicht er es mit dem Corpus der Reden des Lysias.[357] Über die Origines erfahren wir durch Cicero, daß Cato bis kurz vor seinem Tode an ihnen gearbeitet hat und daß er noch in den letzten Monaten oder Tagen seines Lebens die Rede gegen Servius Sulpicius Galba am Ende des siebten Buches eingefügt hat.[358]

Cicero entnimmt den Origines eine Reihe von catonischen Sentenzen, die insbesondere das Verhältnis von politischer Aktivität und Muße des Staatsmannes betreffen. Zu diesem Thema hatte sich Cato in der Einleitung der Origines geäußert[359] und dort eine Bemerkung des älteren Scipio überliefert, die Cicero in De re publica und De officiis zitiert.[360]

Ferner zitiert Cicero aus den Origines mehrfach die Auffassung Catos, die alten Römer hätten bei Gelagen Gesänge über die ruhmreichen Taten berühmter Männer vorgetragen.[361]

Um die Tapferkeit und Todesverachtung der Römer zu belegen, verweist Cicero auf die Feststellung Catos, römische Truppen

---

[357] Brut. 63, 65.

[358] Brut. 49; De senect. 38 (s. o. Anm. 354).

[359] Pro Plancio 66. Vgl. Ciceros Bemerkung in der Einleitung zu De re pub. 1. 1, Cato hätte sein Leben in Muße verbringen können, wenn er gewollt hätte; dies geht vielleicht ebenso auf die Origines zurück wie andere wichtige Stellen in De re pub., besonders 1. 27 (s. u. Anm. 360) und 2. 1-3.

[360] De re pub. 1. 27: (Scipio Aemilianus:) Africanum avum meum scribit Cato solitum esse dicere ... numquam se plus agere, quam nihil cum ageret, numquam minus solum esse, quam cum solus esset.
De offic. 3. 1-4.

[361] Brut. 75; Tusc. 1. 3, 4. 3. Ob diese Informationen Catos zutreffen, ist umstritten; vgl. Dahlmann, passim.

seien oft in sicherer Erwartung ihres Unterganges in den Kampf gezogen.[362]
Auch die Besonderheiten der römischen Verfassungsgeschichte schildert Cicero in De re publica im Anschluß an den Gedanken Catos, die Römer hätten im Unterschied zu den griechischen Staaten nicht nur einen, sondern zahllose Verfassungsgeber gehabt, was der römischen Verfassung sehr zugute gekommen sei.[363]
Am Ende der Origines hatte Cato die Rede wiedergegeben,[364] die er im Jahre 149 v. Chr. gehalten hatte, um die Verurteilung des Servius Sulpicius Galba wegen seines Verhaltens als Statthalter in der Provinz Hispania ulterior zu betreiben.[365] Nachdem es Galba aufgrund seines Geschicks, das Mitleid der Menge durch die Vorführung minderjähriger Kinder aus seiner Verwandtschaft zu erregen, gelungen war, dem Prozeß zu entgehen, hatte Cato zusätzlich zu seiner Rede gegen Galba noch sein Urteil über ihn in den Origines dargelegt.[366] Diese Passage aus Catos Werk hat Cicero, der selbst ein Experte im Ausnutzen der Affekte seiner Zuhörer war[367] und der auch gerne Kleinkinder vor Gericht zum Einsatz

---

[362] Tusc. 1. 101; De senect. 75.

[363] De re pub. 2. 2.

[364] S. o. Anm. 354.

[365] Brut. 89f.

[366] De orat. 1. 227f. Quintilian, Instit. orat. 2. 15. 8.

[367] Daher wurde Cicero, wenn mehrere Redner für einen Angeklagten sprachen, häufig die peroratio anvertraut, in der solche Appelle an die Emotionen der Richter ihren Platz hatten: Brut. 190; orat. 130; Pro Sestio 3.

brachte,[368] offensichtlich besonders beeindruckt, so daß er sie bereits in De oratore, dann zweimal im Brutus und schließlich erneut in De senectute erwähnt.[369]
Die Bedeutung, die Cicero dem Werk Catos beimißt, zeigt sich bereits daran, daß er ihn häufiger als jeden anderen römischen Historiker erwähnt und benutzt hat.[370] In De re publica ist das Werk Catos neben dem des Polybios die einzige von Cicero zitierte historische Quelle für die römische Geschichte.[371]
Niemals hat Cicero eine Bemerkung Catos kritisiert oder eine seiner Darstellungen als falsch zurückgewiesen, als unglaubhaft bezeichnet oder auch nur angezweifelt. Im Gegenteil: Cicero schätzt den alten Cato als "gravissimus auctor",[372] also als einen höchst glaubwürdigen Historiker,[373] womit er ihn auf eine Stufe mit den Griechen Thukydides, den er "locuples auctor" und "re-

---

[368] So in den Prozessen des Flaccus und des Sestius: Pro Flacco 106; Pro Sestio 144, 146.

[369] De orat. 1. 227f. Brut. 80, 89. De senect. 38.

[370] Pro Planc. 66. De orat. 1. 227f., 2. 51, 53. De re pub. 1. 27, 2. 1-3. De legib. 1. 6. Tusc. 1. 3, 101, 4. 3. De senect. 38. De amicit. 101. De divinat. 1. 28.

[371] Zu Polybios s. o. Kapitel 1. i).
Cato wird De re pub. 1. 27 und 2. 1-3 zitiert. Zutreffend nennt Rambaud 67 nur Cato und Polybios als die historischen Quellen für De re publica. Dennoch bezeichnet er 87 auch Calpurnius Piso als "une des sources du De re publica" im Anschluß an die verfehlten Ausführungen Soltaus, Der Annalist Piso, bes. 119-121. Dagegen s. u. Kapitel 2. f) über Piso.

[372] Tusc. 4. 3. Zu gravis im Sinne von "glaubwürdig": TLL 6. 2, 2279 Z. 34.

[373] Der Ausdruck muß nicht unbedingt superlativisch als "der glaubwürdigste" verstanden werden.

rum explicator prudens, severus, gravis" genannt hatte,[374] und Polybios, dem "bonus auctor in primis", stellt.[375]

e) Die ersten lateinischen Annalisten nach Cato maior: L. Cassius Hemina, Q. Fabius Maximus Servilianus und "Fabius Latinus"

Die lateinische Annalistik in der unmittelbaren Nachfolge Catos steht stark in dessen Schatten. Über die Autoren und ihre Werke sind nur wenige Informationen greifbar. Bei Cicero finden sich von den drei hier zu behandelnden Autoren, wie sich zeigen wird, überhaupt keine Spuren.
Der erste lateinische Annalist nach Cato, dessen sehr viel jüngerer Zeitgenosse L. Cassius Hemina,[376] wird von Cicero niemals erwähnt.[377] Damit ist es ihm ebenso ergangen wie L. Cincius Alimentus, dem ältesten noch griechisch schreibenden Historiker nach

---

[374] S. o. Kapitel 1. b).

[375] S. o. Kapitel 1. i) über Polybios.

[376] Peter HRR I CLXV-CLXXIII. Plinius, Natur. hist. 13. 84 und 29. 12 nennt Hemina sogar "vetustissimus auctor". Über die Bedeutung des Autors besteht in der Forschung keine völlige Einigkeit: Badian, Early Historians 31 Anm. 49 verbannt Hemina in eine Fußnote, während Rawson, First Latin Annalists 690 dies für "unfair" erklärt und Hemina längere Ausführungen widmet (690-702). Cicero hätte vermutlich Badians Einschätzung geteilt.

[377] Peter loc. cit.; Laurand 318; Zingler 14; Henze 62f. erwähnt Hemina nicht unter den Cicero bekannten Historikern. Rambaud 25f., bes. 26 unten.

Q. Fabius Pictor.[378] Es ist weder belegt noch wahrscheinlich, daß Cicero das Werk des L. Cassius Hemina jemals benutzt hat.[379]

Überhaupt ist die Benutzung der Annalen des Cassius Hemina erst sehr spät nachweisbar.[380] Der erste uns erhaltene Autor, der Cassius Hemina zitiert hat, ist nämlich der ältere Plinius;[381] weder Livius noch Dionysios von Halikarnaß haben in den erhaltenen Teilen ihrer Schriften sein Werk auch nur erwähnt.[382] In dieses Bild fügt sich die Tatsache gut ein, daß auch Cicero weder Werk noch Autor je genannt hat.

Für L. Cassius Hemina kann aufgrund der Zitate bei Plinius dem Älteren immerhin als sicher gelten, daß er ein historisches Werk

---

[378] S. o. Kapitel 2. c).

[379] Zum Vergleich mit De re pub. 2. 27 zieht Büchner (comment.) ad loc. das Fragment 13 (= Plinius, Natur. hist. 32. 20) des Cassius Hemina heran. Cicero sagt De re pub. 2. 27 über Numa Pompilius: Sacrorum autem ipsorum diligentiam difficilem, apparatum perfacilem esse voluit; nam quae perdiscenda quaeque observanda essent, multa constituit, sed ea sine impensa. Sic religionibus colendis operam addidit, sumptum removit.
Bei Cassius Hemina heißt es im Fragment 13: Numa constituit, ut pisces, qui squamosi non essent, ni pollucerent, parsimonia commentus, ut convivia publica et privata cenaeque ad pulvinaria facilius compararentur, ni qui ad polluctum emerent, pretio minus parcerent eaque praemercarentur.
Eine Abhängigkeit Ciceros von Hemina ist hier jedenfalls nicht zu erkennen, zumal bei Cicero keine Rede vom Ankauf von Fischen für Opferzwecke ist.

[380] Peter HRR I CLXXIIf. Zweifelhaft bleibt die Auffassung Peters ibid. sowie CLXVIf., Varro habe Cassius Hemina benutzt, ohne ihn zu zitieren. Forsythe 144 vermutet indirekten Einfluß Heminas auf Livius.

[381] Plinius, Natur. hist. 18. 7 (= frag. 12 Peter), 32. 20 (= frag. 13 Peter), 29. 12 (= frag. 26 Peter), 13. 84 (= frag. 37 Peter).

[382] Peter HRR I CLXXII.

verfaßt hat. Von Q. Fabius Maximus Servilianus und dem "Fabius Latinus", die in etwa dieselbe Zeit gesetzt werden wie Hemina, gilt dies nicht in gleicher Form. Die Indizien für ihre Tätigkeit als Historiker, im Falle des Fabius Latinus sogar diejenigen für seine Existenz, sind bestenfalls vage.

Mit Q. Fabius Maximus Servilianus, cos. 142 v. Chr., wird gewöhnlich ein gewisser Fabius Maximus identifiziert, von dessen obskurem Werk unter dem Titel "Annales" ein einziges halbwegs sicheres Fragment in einer allerdings sehr späten Quelle erhalten ist.[383]

Cicero nennt weder Q. Fabius Maximus Servilianus noch irgend-

---

[383] Serv. auct. Verg. Aen. 1. 3 (= frag. 1 Peter) zitiert aus dem ersten Buch der Annalen eines "Fabius Maximus" - aber ohne den Beinamen Servilianus! - und liefert damit das einzige einigermaßen sichere Fragment, das sich einem Geschichtswerk eines Fabius Maximus, vielleicht des Servilianus, zuweisen ließe; denn die übrigen von Peter angeführten Fragmente aus dem Werk des Fabius Maximus müssen nicht aus einem historischen Werk stammen. So gehört Fragment 3 Peter = Prisc. 8 p. 308 Hertz (Fabius Maximus: amitti quam apisci) in ein Werk unbestimmbaren Charakters, während Macrob. Saturn. 1. 16. 25 (= Frag. 4 Peter) mit Peter eher aus einem Werk über Pontifikalrecht als aus Annalen stammt.

Schol. Veron. Verg. Georg. 3. 7 (= frag. 2 Peter) sind die Worte "... Servilianus historiarum scriptor ..." erhalten; dieser Servilianus kann wegen des singulären Beinamens nur Q. Fabius Maximus Servilianus sein. Da aber die unmittelbar vorhergehenden und die unmittelbar folgenden Worte verloren sind, ist nicht klar, ob Servilianus hier tatsächlich als Historiker bezeichnet wird: wenn nämlich nach "Servilianus" ein Punkt zu setzen ist, wäre der Name des "historiarum scriptor" erst nach diesen Worten genannt worden und damit verloren. In diesem Fall würde die Stelle die Tätigkeit des Servilianus als Historiker nicht belegen. Falls Servilianus doch der "historiarum scriptor" in Schol. Veron. Verg. Georg. 3. 7 ist, wäre seine Identifizierung mit dem Serv. auct. Verg. Aen. 1. 3 genannten Annalisten Fabius Maximus möglich, aber nicht zwingend.

Q. Fabius Maximus Servilianus, cos. 142 v. Chr., wird bei Macrobius Saturn. 1. 16. 25 als Verfasser eines Werkes über Pontifikalrecht erwähnt, aber nicht als Historiker. Peter HRR I CLXXVIII betrachtet ihn als den von Serv. auct. Verg. Aen. 1. 3 genannten Annalisten Fabius Maximus.

einen anderen Fabius Maximus jemals als Historiker;[384] das Werk dieses Autors ist auch von Historikern niemals nachweislich benutzt worden,[385] so daß sein Fehlen bei Cicero nur wenig überraschen kann.

Die wohl obskurste Erscheinung unter den frühen lateinischen Annalisten ist jedoch weder L. Cassius Hemina, dessen Werk durch zahlreiche, wenn auch relativ späte Fragmente noch einigermaßen greifbar ist,[386] noch Q. Fabius Maximus Servilianus, dessen Annalen immerhin einmal zitiert worden sind, auch wenn seine Identität nicht wirklich sicher ist,[387] sondern ein angeblicher lateinisch schreibender Historiker namens Fabius Pictor, ein Na-

---

[384] Den Gedanken, daß Cicero neben Q. Fabius Pictor an Q. Fabius Maximus Servilianus gedacht habe, als er De divinat. 1. 55 von "Fabii" im Plural spricht, hat bereits Peter HRR I CLXXVIII Anm. 1 als abwegig zurückgewiesen. Zingler 14; Henze 62f.; Schoenberger, Briefe 26f.; Laurand 318 und Rambaud 26 übergehen Servilianus und Ciceros Verhältnis zu ihm völlig.

[385] Dionys. Halik., Arch. 1. 7. 3 erwähnt in der Liste der von ihm benutzten Quellen zwar einen Fabius Maximus, hat aber Servilianus niemals nachweislich benutzt oder gar zitiert; die genannte Liste bei Dionysios befremdet auch dadurch, daß dort der von Dionysios häufig benutzte Q. Fabius Pictor nicht genannt wird, wohl aber der Fabius Maximus, dessen Benutzung durch Dionysios sich eben nicht nachweisen läßt. Möglicherweise liegt hier ein Überlieferungsfehler vor, nämlich eine Verschreibung von "Fabius Pictor" zu "Fabius Maximus".
Zur Benutzung des Q. Fabius Maximus Servilianus durch andere Autoren vgl. Peter HRR I CLXXVIII: Num ab aliis scriptoribus (i. e. praeter Dionysium) in usum vocatus sit, dignosci nequit. Tatsächlich ist aber auch die Benutzung durch Dionysios nicht sicher.

[386] Peter HRR I 98-111 führt immerhin 40 Fragmente des Hemina an. (Auf diesen Seiten ist bei Peter der Vorname des Hemina im Kopftext versehentlich als "C." angegeben, während er nach Peters Ausführungen ibid. CLXV-CLXXIII richtig "Lucius" lautet; Badian, Early Historians 31 Anm. 49.)

[387] S. o. Anm. 383.

mensvetter also des Verfassers der von Cicero erwähnten "Graeci annales".[388]
Die Annahme der Existenz dieses "Fabius Latinus" beruht darauf, daß es Grammatikerzitate aus dem Werk des Pictor gibt, die aber, da sie in lateinischer Sprache zitiert werden,[389] nicht den Graeci annales des Q. Fabius Pictor zugewiesen werden können. Die beiden möglichen Erklärungen für diese lateinischen Pictor-Fragmente sind die Annahme einer Übersetzung der Graeci annales des Q. Fabius Pictor ins Lateinische und die Annahme der Existenz eines lateinisch schreibenden Historikers mit Namen Fabius Pictor, eben des sogenannten Fabius Latinus.
Um zu zeigen, daß die Existenz des Fabius Latinus die richtige Lösung ist, sind einige Cicero-Stellen herangezogen worden. Nun beweist aber weder die Verwendung des Plurals "Fabii" in der Formulierung "omnes hoc historici, Fabii, Gellii, sed proxume Coelius" durch Cicero in De divinatione,[390] daß er mehrere Historiker dieses Namens gekannt hat, noch deutet die Bezeichnung des Werkes des Q. Fabius Pictor als "Graeci annales" in De divinatione an, daß Cicero dieses von etwaigen "Latini annales" eines anderen Historikers namens Fabius Pictor hat unterscheiden wol-

---

[388] Zu diesem s. o. Kapitel 2. b).

[389] Die Fragmente 3, 4 und 6 bei Peter HRR I 112f. Die Fragmente 1 und 2 (ibid.) sind nicht eindeutig einem lateinischen Werk zuzuweisen und könnten also aus den Graeci annales des Q. Fabius Pictor stammen; dasselbe gilt für Fragment 5 (= De divinat. 1. 55; s. u. Anm. 390), das aber höchstwahrscheinlich Coelius Antipater gehört.

[390] De divinat. 1. 55. Mit den Pluralformen "Fabii, Gellii" ist gemeint "Autoren wie Fabius und Gellius"; pace Peter HRR I CLXXIV.

len.[391] Erst recht ist es haltlos, aus der Reihenfolge, in der die Historiker Cato, Pictor und Piso zweimal in De oratore erwähnt werden,[392] zu schließen, Cicero denke bei dem hier genannten Pictor an einen Autor, der jünger als Cato sei und folglich nicht mit dem Verfasser der "Graeci annales", der zweifellos älter als Cato war, identisch sein könne.[393] Da aber für die für diese Schlußfolgerung unverzichtbare Voraussetzung, daß nämlich Cicero die drei Historiker an den beiden betreffenden Stellen in streng chronologischer Reihenfolge genannt hat, völlig willkürlich ist,[394] kann auch auf diese Stellen die Annahme der Existenz eines Fabius Latinus nicht gegründet werden.
Es läßt sich also aus keiner dieser Formulierungen Ciceros etwas zugunsten der Existenz des Fabius Latinus ableiten. Nun stützt sich

---

[391] De divinat. 1. 43: quod in nostri Fabi Pictoris Graecis annalibus ... est. Auch De offic. 3. 115, wo es heißt: "C. Acilius, qui Graece annales scripsit," soll keine Unterscheidung zwischen einem griechisch und einem etwaigen lateinisch schreibenden Annalisten C. Acilius angedeutet werden; die Existenz eines Acilius Latinus hat übrigens noch niemand vermutet. Ebensowenig will Cicero De divinat. 1. 49 die "Graeca historia" des Silenos von einer etwaigen lateinischen Geschichte desselben Autors oder eines Namensvetters unterscheiden. Pace Gelzer, Nochmals über den Anfang der römischen Geschichtsschreibung 106f.

[392] De orat. 2. 51 und 53. Die Reihenfolge muß durchaus nicht chronologisch sein, denn auch in der Historikerliste De legib. 1. 7 nennt Cicero erst den Annalisten C. Licinius Macer, praet. 67 v. Chr., und danach den älteren L. Cornelius Sisenna, praet. 78 v. Chr. Auch die Liste der griechischen Historiker in De oratore ist nicht streng chronologisch aufgebaut: s. o. S. 26.

[393] Für Q. Fabius Pictor ist 225 v. Chr. seine Teilnahme am Krieg gegen die Gallier bezeugt: Orosius 4. 13. 5, Eutrop 3. 5. Damals war Cato neun Jahre alt; seine Geburt 234 v. Chr. ist durch Cicero bezeugt: De senect. 14; vgl. 32 in Verbindung mit der Konsuldatierung in 14.

[394] S. o. Anm. 392. Vgl. oben Anm. 309.

aber die Behauptung von dessen Existenz gegen die Annahme einer lateinischen Übersetzung der Graeci annales vorwiegend auf die genannten verfehlten Deutungen der Bemerkungen Ciceros. Mit der Einsicht, daß Cicero einen Fabius Latinus tatsächlich nicht gekannt hat, fällt daher eine tragende Stütze für die Annahme seiner Existenz weg; Fabius Latinus ist folglich als ein bloßes Phantom aus der Liste der römischen Annalisten zu streichen.[395]
Insgesamt ist das Bild, das die Schriften Ciceros von der lateinischen Annalistik in der unmittelbaren Nachfolge Catos vermitteln, durchaus typisch für unser Gesamtbild von der Historiographie dieser Epoche, wie es sich in den Fragmenten der Werke und den wenigen Informationen über die Autoren darstellt.[396] Die Identität der Autoren ist nicht immer sicher zu bestimmen, Informationen über ihr Leben sind oft unklar, zweifelhaft oder gar nicht vorhanden; teils bleibt unsicher, ob die überlieferten Fragmente überhaupt aus historiographischen Werken stammen,[397] teils waren diese Werke reichlich obskur und sind erst Jahrhunderte nach ihrer Entstehung für uns greifbar.[398]
Erst seit der Zeit der Gracchen wird unser Bild von der römischen Geschichtsschreibung wieder deutlicher; entsprechend zahlreicher werden auch ihre Spuren in Ciceros Schriften.

---

[395] Bestritten wird die Existenz eines Fabius Latinus von Badian, Early Historians 30 Anm. 27; ebenfalls nicht angenommen wird sie von Flach 57.

[396] Dazu vergleiche man nur die Kürze der Ausführungen über Cassius Hemina, Servilianus und den "Fabius Latinus" bei Peter HRR I CLXV-CLVVIII, CLXXVIIf. und CLXXIV-CLXXVI; bei Badian, Early Historians 31 Anm. 49 über Hemina und 30 Anm. 27 über den "Fabius Latinus" (Servilianus wird von Badian gar nicht behandelt) und bei Flach, der keinen dieser Autoren behandelt.

[397] So bei Servilianus: s. o. Anm. 383.

[398] So bei Cassius Hemina: s. o. Anm. 380 und 381.

f) L. Calpurnius Piso Frugi

Der erste Historiker der gracchischen Zeit ist der eine Konsul des Epochenjahres 133 v. Chr., L. Calpurnius Piso Frugi, den Cicero schon in seinen Ausführungen in De oratore zusammen mit Q. Fabius Pictor, M. Porcius Cato Censorius und L. Coelius Antipater als einen Repräsentanten der frühen römischen Historiker nennt.[399]
L. Calpurnius Piso hatte Annalen in lateinischer Sprache verfaßt, deren "exilitas", also etwa "Kümmerlichkeit", Cicero in De oratore,[400] im Überblick über die römische Geschichtsschreibung in De legibus[401] und erneut Jahre später im Brutus hervorhebt, wo er die Qualitäten des L. Calpurnius Piso als Redner behandelt.[402] Während die Kenntnis Ciceros vom Werk des Piso durch diese Bemerkungen gut bezeugt ist, gibt es nur einen einzigen Beleg für die Benutzung seiner Annalen durch Cicero. In einem undatierten

---

[399] De orat. 2. 51-54: (Antonius:) Graeci quoque ipsi sic initio sciptitarunt, ut noster Cato, ut Pictor, ut Piso; (52) erat enim historia nihil aliud nisi annalium confectio ... (53) ... Itaque qualis apud Graecos Pherecydes, Hellanicus, Acusilas fuit aliique permulti, talis noster Cato et Pictor et Piso ... (54) Paulum se erexit et addidit maiorem historiae sonum vocis vir optimus, Crassi familiaris, Antipater.

[400] De orat. 2. 2: ... noster Cato et Pictor et Piso, qui ..., dum intellegatur, quid dicant, unam dicendi laudem putant esse brevitatem. Die hier erwähnte "brevitas" ist ein Element der "exilitas".

[401] De legib. 1. 6: (Atticus:) Nam ... si aut ad Fabium aut ad ... Catonem aut ad Pisonem ... venias, ... quid tam exile quam isti omnes?

[402] Brut. 106: Piso et causas egit et multarum legum aut auctor aut dissuasor fuit, isque et orationes reliquit, quae iam evanuerunt, et annalis sane exiliter scriptos.

Brief an Paetus erörtert Cicero nämlich die Frage, weshalb bestimmte Ausdrücke zu bestimmten Zeiten als obszön empfunden wurden und zu anderen nicht. Als Beispiel dafür zitiert er einen als obszön empfundenen Ausdruck aus den Annalen des Piso, der dort den moralischen Niedergang der Jugend getadelt hatte.[403]
In den Tusculanen berichtet Cicero eine Anekdote von einer Auseinandersetzung Pisos mit Gaius Gracchus über dessen lex frumentaria aus dem Jahre 123 oder 122 v. Chr.[404] Piso hatte damals verlangt, auch in den Genuß der von Gaius Gracchus veranlaßten Getreideverteilung zu einem staatlich subventionierten Preis zu kommen, obwohl er die lex frumentaria des Gaius Gracchus, die eben diese Getreideverteilung vorsah, noch kurz zuvor energisch bekämpft hatte und obwohl er sicher nicht auf den Bezug verbilligter Lebensmittel angewiesen war. Trotz der entsprechenden Vorhaltungen des Gaius Gracchus hatte Piso dabei auf seinem Recht bestanden, ebenso wie alle anderen Bürger seinen Anteil zu bekommen. Ob Cicero diese Episode aus den Annalen des Piso entnommen hat, ist allerdings nicht zu ermitteln.[405]
Als reine Spekulation sind Vermutungen anzusehen, Ciceros Dar-

---

[403] Ad familiar. 9. 22. 2: Caudam antiqui 'penem' vocabant ... At hodie 'penis' est in obscenis. At Piso ille Frugi in Annalibus suis queritur adulescentis 'peni deditos' esse.

[404] Tusc. 3. 48: L. Piso ille Frugi semper contra legem frumentariam dixerat. Is lege lata consularis ad frumentum accipiendum venerat. Animum advertit Gracchus in contione Pisonem stantem; quaerit audiente p. R., qui sibi constet, cum ea lege frumentum petat, quam dissuaserit. 'Nolim', inquit, 'mea bona, Gracche, tibi viritim dividere libeat, sed si facias, partem petam.'
Die Stelle fehlt bei Zingler 12, Henze 63 und Rambaud 26 wie bereits bei Peter HRR I CLXXXI-CLXXXIII in den Bemerkungen über Piso als Politiker.

[405] Keine Diskussion der Frage bei Peter HRR I CLXXXII und Soltau, Der Annalist Piso, obwohl letzterer sich bemüht, den Einfluß des Piso auf Cicero zu betonen (dagegen aber unten Anm. 410 und den Text).

stellung der römischen Verfassungsgeschichte im zweiten Buch De re publica gehe auf Pisos Annalen zurück oder sei wesentlich von diesen beeinflußt.[406] Zwischen Ciceros Ausführungen und den entsprechenden Fragmenten des Piso besteht nämlich keinerlei "auffallende Ähnlichkeit", wie zu Unrecht behauptet worden ist;[407] vielmehr stimmt Cicero nicht in einem einzigen Punkt mit den für Piso charakteristischen Details überein.
Dies wird besonders deutlich an dem Bericht Pisos über die Beute, die der letzte römische König, Tarquinius Superbus, in Suessa Pometia gemacht haben soll. Piso behauptet, der Wert dieser Beute habe 40.000 Pfund Silber betragen, was Livius, dem wir dieses Piso-Fragment verdanken, als eine unglaubwürdige Übertreibung ansieht und unter Berufung auf die ihm plausibler erscheinende Angabe des Q. Fabius Pictor, die Beute habe sich auf 40 Talente Silber belaufen, zurückweist.[408]

---

[406] Wie Soltau, Der Annalist Piso, glaubt, dem Peter HRR I CLXXXVII zu Unrecht folgt; unentschieden Rambaud, der 87 mit Anm. 5 Soltaus Thesen zustimmend erwähnt, während er 67f. zutreffend nur Cato und Polybios als historische Quellen Ciceros für die Verfassungsgeschichte in De re publica nennt und damit Soltaus Auffassung, Piso habe Cicero dort ebenfalls als Vorlage gedient, stillschweigend zurückweist.
Latte berücksichtigt den Einfluß Pisos auf Cicero gar nicht und geht daher auf die Ausführungen Soltaus nicht ein.
Ebenfalls kein Kommentar zu Soltau bei Zingler 12, der überhaupt gegen alle Wahrscheinlichkeit bezweifelt, daß Cicero das Werk des Piso gelesen habe; dagegen mit Recht schon Schoenberger, Briefe 22.

[407] Soltau, Der Annalist Piso 120.

[408] Piso frag. 16 = Livius 1. 55. 9.
Livius 1. 55. 7-9 berichtet über die Beute aus Suessa Pometia: Pometinae manubiae, quae perducendo ad culmen operi (i. e. templo Iovis Capitolini; cf. Liv. 1. 53. 4) destinatae erant, vix in fundamenta suppeditavere. Eo magis Fabio, praeterquam quod antiquior est, crediderim quadraginta ea sola talenta fuisse quam Pisoni, qui quadraginta milia pondo argenti seposita in eam rem scribit,

Auch Cicero erwähnt die Beute des Tarquinius Superbus aus Suessa Pometia. Den erheblichen Umfang der Beute deutet er durch den Hinweis an, sie sei so riesig gewesen, daß der neue Reichtum Tarquinius Superbus in die Lage versetzt habe, das Gelübde seines Vaters zu erfüllen und den Kapitolinischen Tempel zu erbauen.[409] Da Cicero aber den genauen Umfang dieser Beute nicht erwähnt und gerade die für Piso charakteristische, gigantische Zahlenangabe nicht hat, läßt sich an dieser Stelle keine "auffallende Ähnlichkeit" diagnostizieren, die eine Abhängigkeit Ciceros von Piso vermuten lassen könnte.

Dafür findet sich aber eine auffallende Abweichung im Bericht Ciceros über die Beute aus Suessa Pometia von der Darstellung Pisos. Cicero erwähnt nämlich, der Bau des aus der Beute finanzierten Kapitolinischen Tempels sei bereits von König Tarquinius Priscus gelobt worden, und er bezeichnet diesen als den Vater des Tarquinius Superbus.[410] Nach Pisos von der communis opinio abweichender Auffassung hingegen war Tarquinius Priscus der Großvater des Superbus.[411]

---

summam pecuniae neque ex unius tum urbis praedae sperandam et nullius ne horum quidem magnificentiam operum non exsuperaturam.

[409] De re pub. 2. 44: (Sc. Tarquinius Superbus) Suessam Pometiam, urbem opulentam refertamque, cepit et maxima auri argentique praeda locupletatus votum patris Capitolii aedificatione persolvit.

[410] Daß Tarquinius Superbus nach Ciceros Meinung der Sohn des Tarquinius Priscus war, ergibt sich aus De re pub. 2. 36, wonach Tarquinius Priscus das Gelübde, den Kapitolinischen Tempel zu errichten, abgelegt hatte, in Verbindung mit De re pub. 2. 44 (s. o. Anm. 409), wonach es sich um ein Gelübde des Vaters des Tarquinius Superbus handelt.

[411] Die Sondermeinung Pisos, wonach Tarquinius Superbus nicht der Sohn, sondern der Enkel des Tarquinius Priscus gewesen sein soll, ist bei Dionys. Halik., Arch. 4. 7 (= Piso frag. 15 Peter) bezeugt.

Die anderen, angeblich auffallenden Ähnlichkeiten zwischen Äußerungen Ciceros in De re publica und Fragmenten des Piso sind von ähnlicher oder minderer Qualität und ergeben ebenfalls nichts für seine Benutzung der Annalen Pisos.[412]

---

[412] Im einzelnen behauptet Soltau, Der Annalist Piso 120:
1. Piso frag. 3 ähnele Cicero, De re pub. 2. 4. Da aber die von Peter HRR I 120 als Fragment 3 des Piso angeführte Stelle Dionys. Halik., Arch. 1. 79. 4 eigentlich ein Fragment des Q. Fabius Pictor ist, dem nach Dionysios nicht nur Piso, sondern die meisten anderen Autoren gefolgt sind, bewiese eine Übereinstimmung - wenn sie denn bestehen sollte - zwischen Cicero und dem Piso- bzw. Pictor-Fragment nichts für die Abhängigkeit Ciceros von Piso; denn Cicero könnte hier Fabius Pictor oder einen der anderen Autoren benutzt haben, die diesem nach Dionysios gefolgt sind.
2. Piso frag. 9 über den Janus-Tempel schließe sich gut an Cicero, De re pub. 2. 27 an; dort ist aber keine Rede vom Janus-Tempel. Also ergibt sich auch nichts für eine Abhängigkeit Ciceros von Piso.
3. Piso frag. 19 ähnele Cicero, De re pub. 2. 46 und 2. 53 über das Exil des L. Tarquinius Collatinus. Die Formulierung des Piso "L. Tarquinium, collegam suum, quia Tarquinio nomine esset, metuere eumque orat, uti sua voluntate Roma concedat" (wobei am Anfang etwa zu ergänzen ist: L. Brutus dicit se ...), findet jedoch bei Cicero keinerlei Entsprechung. Daher ist auch hier seine Abhängigkeit von Piso nicht wahrscheinlich.
4. Piso frag. 22 habe dasselbe über die secessio plebis von 494 v. Chr. berichtet wie Cicero, De re pub. 2. 57. Tatsächlich sagt Cicero, loc. cit., die plebs sei damals zunächst auf den Mons sacer, dann auf den Aventin gezogen, während Piso nach Livius 2. 32. 3 nur berichtet hat, die Plebejer seien auf den Aventin gezogen. Auch Soltau kann hier nur eine Ähnlichkeit konstatieren, indem er behauptet, Piso habe nicht nur das berichtet, wofür Livius ihn zitiert, sondern auch wie Cicero den Mons sacer als erstes Ziel der secessio genannt. Wie er zu diesem Postulat kommt, für das nichts spricht, bleibt allerdings völlig offen.
5. Piso frag. 23 ähnele Cicero, De re pub. 2. 59. Piso berichtet nach Livius 2. 58. 1, man habe zunächst zwei, danach drei weitere Volkstribunen bestimmt, während Cicero zwar von "duo tribuni plebis per seditionem creati" weiß, aber von drei zusätzlichen nichts sagt. Gemeinsam haben Cicero und Piso also nur das Detail, daß anfangs nicht fünf, sondern zwei Tribunen bestimmt wurden. Livius 2. 33. 3 läßt aber mit seiner Formulierung "Sunt, qui duos tantum ... creatos tribunos dicant" nicht vermuten, daß nur ein einziger Autor, also nur

Um eine besondere Vorliebe Ciceros für die Annalen Pisos zu erweisen, ist weiterhin der Versuch unternommen worden, den bei Cicero in zwei Briefen an Atticus einheitlich überlieferten Namen des Historikers Libo[413] durch den des Piso zu ersetzen;[414] dies ist jedoch als ein willkürlicher Eingriff in den Text abzulehnen. Somit bleibt als sicheres Zeugnis für die Benutzung der Annalen Pisos durch Cicero nur die oben erwähnte Stelle aus seinem Brief an Paetus, die immerhin für eine gewisse Vertrautheit Ciceros mit diesem Geschichtswerk spricht.[415] Es kann zwar nicht widerlegt werden, daß Cicero das Werk Pisos häufiger konsultiert hat, zumal Piso bereits in De oratore und in De legibus als Repräsentant der lateinischen Geschichtsschreibung genannt wird,[416] aber die Fragmente des Piso lassen keine weiteren Übereinstimmungen zwischen ihm und Cicero erkennen, die mit einiger Sicherheit auf die Benutzung seines Werkes durch Cicero zurückzuführen wären. Ein positives Urteil Ciceros über die wissenschaftliche Qualität der

---

Piso, so berichtet hat. Wenn aber mehrere Autoren von anfänglich nur zwei Tribunen geschrieben haben, dann kann Cicero auch einem von ihnen gefolgt sein und ist auch für dieses Detail nicht notwendig von Piso abhängig. Richtig über den Einfluß Pisos auf Cicero bereits Zingler 12: "Immo, eorum quae in Pisonis annalibus nova ac singularia extiterunt, ut scimus, nihil Cicero in suum usum contulit."

[413] Ad Attic. 13. 30. 2, 13. 32. 3.

[414] Soltau, Der Annalist Piso 122f. Vgl. unten Kapitel 2. p) mit Anm. 678.

[415] S. o. Anm. 403.

[416] De orat. 2. 51-53; s. o. Anm. 399. De legib. 1. 6; s. o. Anm. 401. Brut. 106; s. o. Anm. 402.

Annalen Pisos läßt sich nicht ermitteln.[417] Den Politiker Piso hat Cicero zwar durchaus geschätzt und lobend erwähnt,[418] aber damit ist selbstverständlich nichts über den Historiker Piso gesagt. Obwohl es also nur eine deutliche Spur ihrer Benutzung durch Cicero gibt,[419] nehmen die Annalen Pisos eine besondere Stellung in der langen Reihe der römischen Geschichtswerke ein, die Cicero bekannt waren. Nach dem alten Cato ist nämlich Piso der erste lateinische Historiker, den Cicero nachweislich gekannt und auch zitiert hat, und mit Piso beginnt die nahezu lückenlose Reihe der römischen Historiker von der gracchischen bis in die sullanische Zeit, deren Werke von Cicero in seinen uns erhaltenen Schriften erwähnt werden. Mit der einen, allerdings bemerkenswerten Ausnahme der historischen Werke des P. Rutilius Rufus[420] werden nämlich sämtliche römischen Geschichtswerke, die uns seit der Zeit des L. Calpurnius Piso bis hin zu C. Licinius

---

[417] Irrig Soltau, Der Annalist Piso 122, wonach Piso "dem Cicero als einer der glaubwürdigsten unter den alten Annalisten gegolten hat."
Einen unzutreffenden Eindruck von Ciceros Urteil über Piso erweckt auch Peter HRR I CLXXXVII: Sed ut erat Piso vir vere Romanus, ita etiam eius annalium auctoritas inter cives magna videtur fuisse. Cicero certe ... Tatsächlich ist aber Ciceros Urteil über die auctoritas der Annalen des Piso nicht zu ermitteln.
Auch die von Henze 63 herangezogene Stelle Tusc. 3. 16 (reliquas etiam virtutes frugalitas continet. Quae nisi tanta esset, ... numquam esset L. Pisonis cognomen tanto opere laudatum.) hat mit einem Urteil Ciceros über den Historiker Piso nichts zu tun. Im übrigen hat diese Bemerkung gar nichts mit der Person des L. Piso zu tun; sie betrifft vielmehr den Umfang des Begriffes "frugalitas".

[418] Tusc. 3. 48 nennt Cicero Piso "vir gravis et sapiens" wegen seines Auftretens gegen C. Gracchus (s. o. Anm. 404). Sein sparsamer Umgang mit staatlichen Geldern: Verr. 2. 3. 195.

[419] Ad familiar. 9. 22. 2; s. o. Anm. 403.

[420] S. u. Kapitel 3. a) mit Anm. 8-10.

Macer bezeugt sind, auch bei Cicero genannt.[421]

g) C. Fannius M. f.

Der nächste bedeutende Annalist der gracchischen Zeit nach L. Calpurnius Piso Frugi ist wiederum einer der damals führenden Politiker, nämlich C. Fannius M. f., der Schwiegersohn des C. Laelius Sapiens.[422]
Anders als Piso erwähnt Cicero diesen Annalisten nicht in seinem Kapitel über die Historiographie im zweiten Buch De oratore,[423] obwohl das Werk des Fannius im Jahre 91 v. Chr., in dem Cicero den Dialog De oratore angesiedelt hat, bereits vorlag. Erst in dem umfangreichen Exkurs über den Witz im selben Buch hingegen beruft sich Cicero auf die Annalen des C. Fannius und läßt von C. Iulius Caesar Strabo dessen Angabe zitieren, der jüngere Scipio habe eine Neigung zur Ironie gehabt.[424] Dieselbe Angabe aus den

---

[421] Zu den von Cicero nicht erwähnten Annalisten Q. Claudius Quadrigarius und Valerius Antias: s. u. Kapitel 2. p).

[422] Zur Frage der allgemein angenommenen, jedoch zweifelhaften Identität des Historikers C. Fannius M. f. mit dem Konsul des Jahres 122 v. Chr., den Cicero aber C. Fannius C. f. nennt: s. u. Teil III, Kapitel 2.

[423] De orat. 2. 51-53.

[424] De orat. 2. 270: In hoc genere Fannius in annalibus suis Africanum hunc Aemilianum dicit fuisse egregium et Graeco verbo eum appellat εἴρωνα.
Nur für den Abschnitt De orat. 2. 51-53 gilt daher Rawson, Cicero the Historian 35: "The De oratore, as is well known (!), only mentions the Annales Maximi, Piso, the Latin Fabius, Cato and Coelius." Gegen die Behauptung, Cicero spiele

Annalen des Fannius zitiert Cicero später noch zweimal in den Academici priores und im Brutus.[425]
Ebenfalls einer Schrift des Fannius - und zwar wahrscheinlich den Annalen - entlehnt Cicero den Bericht über den Tod des P. Rupilius, cos. 132 v. Chr., aus Gram über den Mißerfolg seines Bruders Lucius bei der Bewerbung als Konsul.[426] Zwar nennt Cicero hierfür nicht ausdrücklich die Annalen des C. Fannius als seine Quelle, so daß dieser Bericht etwa auch auf eine in Ciceros Zeit vielleicht noch erhaltene Rede des C. Fannius M. f. zurückgehen könnte,[427] aber es liegt sicher näher, ein historisches Werk als

---

jemals auf den - nicht existenten - Fabius Latinus an: s. o. Kapitel 2. e).

[425] Acad. prior. 2. 15: Socrates ... libenter uti solitus est ea dissimulatione, quam Graeci εἰρωνείαν vocant; quam ait in Africano fuisse Fannius, idque propterea vitiosum in illo non putandum, quod idem fuerit in Socrate.
Brut. 299: (Cicero:) Quare εἴρωνα me, ne si Africanus quidem fuit, ut ait in historia sua C. Fannius, existimari velim.

[426] Tusc. 4. 40: Aegre tulisse P. Rupilium fratris repulsam consulatus scriptum apud Fannium est. Sed tamen transisse videtur modum, quippe qui ob eam causam a vita recesserit.
Vgl. De amicit. 73: ... Scipio P. Rupilium potuit consulem efficere, fratrem eius Lucium non potuit.
Bei Plinius, Natur. hist. 7. 122 ist der Name des P. Rupilius zu dem des (viel bekannteren) P. Rutilius verschrieben: P. Rutilius morbo levi impeditus nuntiata fratris repulsa in consulatus petitione ilico exspiravit. Diese Formulierung klingt viel weniger nach Selbstmord als diejenige Ciceros "a vita recedere" Tusc. 4. 40; auch der ciceronische Ausdruck bedeutet aber nicht unbedingt "sich das Leben nehmen", wenn man De re pub. 2. 27 vergleicht, wo es von Numa Pompilius, der ohne jeden Zweifel eines natürlichen Todes gestorben ist, heißt: cum undequadraginta annos regnavisset ..., excessit e vita.

[427] Von C. Fannius C. f. - nach Cicero cos. 122 v. Chr. - lag nur eine publizierte Rede vor, nämlich die berühnte Rede gegen das Bundesgenossengesetz des C. Gracchus: Brut. 99; ob auch der Historiker C. Fannius M. f. irgenwelche Reden hinterlassen hat, geht aus Ciceros Ausführungen Brut. 101 nicht

Quelle für eine derartige Information anzunehmen.
Cicero war ferner bekannt, daß in den Annalen des Fannius die Rede des Q. Caecilius Metellus Macedonicus, cos. 143 v. Chr., gegen Ti. Gracchus, trib. pl. 133 v. Chr., wiedergegeben war.[428] Wie von manchem anderen Geschichtswerk existierte auch von den Annalen des C. Fannius M. f. eine Kurzfassung, eine sogenannte Epitome, die von dem späteren Caesarmörder M. Brutus verfaßt worden war.[429] Diese Epitome hat Cicero konsultiert, um prosopographische Fragen, die den Historiker C. Fannius selbst betrafen, zu klären.[430] Durch die Angaben in der Epitome und das Werk des C. Fannius selbst fand Cicero seine bereits im Brutus geäußerte Auffassung bestätigt, wonach der Historiker C. Fannius der Schwiegersohn des C. Laelius Sapiens, cos. 140 v. Chr., gewesen sei, was Atticus offenbar zuvor bestritten hatte.[431]

---

klar hervor, wo Cicero aber den Stil des Redners C. Fannius M. f. nicht anhand etwa erhaltener Reden, sondern anhand von dessen Annalen bespricht, was eher gegen die Existenz solcher Reden spricht.

[428] Brut. 81: cuius (i. e. Q. Caecili Metelli Macedonici) et aliae sunt orationes et contra Ti. Gracchum exposita in C. Fanni annalibus.

[429] Der Text Ad Attic. 12. 5 b ist zwar korrupt, erwähnt aber klar die Epitome des Brutus vom Werk des Fannius: Conturbat enim me † epitome Bruti Fanniana. In Bruti epitoma Fannianorum † scripsi quod erat in extremo. Ferner hatte Brutus eine Epitome von den Werken des Coelius Antipater (Ad Attic. 13. 8) und des Polybios (Plut. Brut. 4) angefertigt. Zu Brutus als Historiker vgl. Peter HRR II LXVIf.

[430] Dazu s. u. Teil III, Kapitel 2.

[431] Ad Attic. 12. 5 b: Conturbat enim me † epitome Bruti Fanniana. In Bruti epitoma Fannianorum scripsi † quod erat in extremo, idque ego secutus hunc Fannium, qui scripsit historiam, generum esse scripseram Laeli. Sed tu me γεωμετρικῶς refelleras, te autem nunc Brutus et Fannius. Ego tamen de bono auctore Hortensio sic acceperam, ut apud Brutum est.

Verschiedentlich ist die Benutzung der Annalen des C. Fannius durch Cicero an anderen als den erwähnten Stellen vermutet worden. Es läßt sich jedoch weder nachweisen, daß Cicero dessen Werk für die Ausarbeitung von De re publica herangezogen hat,[432] auch wenn diese Vermutung eine gewisse Wahrscheinlichkeit für sich hat, noch ist es wahrscheinlich, daß Ciceros Ausführungen im Brutus sich zu einem wesentlichen Teil auf die Annalen des C. Fannius M. f. stützen.[433]
Aus Ciceros Kenntnis der von M. Brutus angefertigten Epitome der Annalen des Fannius folgt im übrigen sicher nicht, Cicero habe mehr Kenntnis von dieser Epitome als vom Werk des Fannius selbst gehabt.[434]

---

[432] So Rawson, Cicero the Historian 36 aufgrund ihrer Auffassung, ibid. 35, Cicero habe das Werk des Fannius nicht gekannt, als er De oratore schrieb (was nachweislich falsch ist: s. o. Anm. 424); da er es aber in De legibus erwähne, müsse er es in der Zwischenzeit und folglich für die Ausarbeitung von De re publica gelesen haben. Diese Schlußfolgerung wäre im übrigen auch dann nicht zulässig, wenn die Voraussetzung, Cicero habe das Werk des Fannius in De oratore nicht genannt, zutreffen würde.

[433] Diese Meinung Fraccaros, Studi sull' età dei Gracchi 1. 317 ff. wird von Douglas LI als nicht überprüfbar und von Rawson, Cicero the Historian 42 Anm. 83 mit Recht als indiskutabel zurückgewiesen.

[434] Zu Unrecht meint Schoenberger, Briefe 23f., Cicero habe "vielleicht ... mehr die epitome des Brutus als die Annalen des Fannius selbst" gekannt, da "diese nicht eigens erwähnt sind."
Daß die Annalen selbst von Cicero nicht eigens erwähnt werden, trifft nicht zu; vgl. De orat. 2. 270: Fannius in annalibus suis; Brut. 81: in C. Fanni annalibus; ibid. 101: eius (i. e. C. Fanni M. f.) omnis in dicendo facultas historia ipsius non ineleganter scripta perspici potest; ibid. 299: ut ait in historia sua C. Fannius. Der Irrtum Schoenbergers geht wohl darauf zurück, daß er bei dieser Bemerkung nur die Briefe Ciceros im Blick hatte, wo die Annalen des C. Fannius M. f. tatsächlich nicht ausdrücklich genannt werden, sich aber vielleicht hinter der Formulierung Ciceros Ad Attic. 12. 5 b (s. o. Anm. 431) verbergen, wonach

Es ist im Gegenteil ganz unsicher, ob etwa die bereits in den Jahren 56/55 v. Chr. von Cicero in De oratore zitierte Bemerkung des Fannius über die Ironie des Scipio Aemilianus in eine Epitome aufgenommen worden wäre; noch dazu ist vollständig unbekannt, ob Brutus seine Kurzfassung der Annalen des C. Fannius M. f. bereits angefertigt hatte, als Cicero an De oratore arbeitete, denn die erste Erwähnung dieser Epitome gehört erst in das Jahr 45 v. Chr., also etwa zehn Jahre nach der Publikation von De oratore.[435]

Auch Ciceros Urteil über den Stil des C. Fannius M. f. im Brutus dürfte sich wohl kaum auf eine nicht von Fannius selbst verfaßte Epitome von dessen Werk gründen; vielmehr ist auch hierfür wie für die Bemerkung über die Ironie Scipios die unmittelbare Kenntnis Ciceros von den Annalen des Fannius vorauszusetzen.[436]

In De oratore nennt Cicero C. Fannius nicht zusammen mit Cato Censorius, Q. Fabius Pictor und L. Calpurnius Piso Frugi als einen Vertreter der exilitas und brevitas, obwohl er dessen Werk nicht nur kannte, als er De oratore verfaßte, sondern es auch in dieser Schrift zitiert hat.[437] Daraus wird man aber nicht schließen dürfen, Cicero habe die Annalen des C. Fannius M. f. wesentlich höher eingeschätzt als die Schriften seiner Vorgänger und habe ihn deswegen von seiner Kritik ausgenommen; denn in der nur wenige Jahre nach De oratore verfaßten Schrift De legibus wird C. Fan-

---

Cicero seine Auffassung durch "Brutus et Fannius" bestätigt sehe, was entweder als Hendiadyoin bedeuten kann "durch die Epitome des Brutus vom Werk des Fannius" oder "durch die Epitome des Brutus und das Werk des Fannius selbst".

[435] Gegen Schoenberger (s. o. Anm. 434) bereits Laurand 319 Anm. 1.

[436] Brut. 101. Hallward 226.

[437] C. Fannius M. f. wird nicht erwähnt De orat. 2. 51-53 im Abschnitt über die Geschichtsschreibung, wohl aber 2. 270 (s. o. Anm. 424).

nius zusammen mit Q. Fabius Pictor, Cato, L. Calpurnius Piso Frugi und dem obskuren Vennonius als Vertreter der rückständigen lateinischen Historiographie bezeichnet;[438] einen Einschnitt in der Entwicklung der römischen Geschichtsschreibung nach dem alten Cato bedeutet nach Ciceros in De oratore und in De legibus formulierter Meinung erst das Werk des L. Coelius Antipater.[439]

h) L. Coelius Antipater

Nachdem Cicero in De oratore durch den Mund des M. Antonius zunächst kritisiert hat, daß die römischen Historiker anfangs die Leistung der Annales maximi nicht hätten überbieten können,[440] erwähnt er L. Coelius Antipater als den ersten römischen Geschichtsschreiber, der sich mit - wenn auch nicht durchschlagendem - Erfolg bemüht habe, die sprachliche Form der lateinischen Geschichtsschreibung grundlegend zu verbessern; da er jedoch weder besonders gebildet noch ein begabter Redner gewesen sei, lasse das Resultat seiner Bemühungen noch manches zu wünschen übrig.[441]

---

[438] De legib. 1. 6.

[439] S. das folgende Kapitel 2. h) mit Anm. 441 und 443.

[440] De orat. 51-53.

[441] De orat. 2. 54: (Antonius:) 'Paulum se erexit et addidit maiorem historiae sonum vocis vir optimus, Crassi familiaris, Antipater; ceteri non exornatores rerum, sed tantum modo narratores fuerunt.' 'Est,' inquit Catulus, 'ut dicis; sed iste ipse Coelius neque distinxit historiam varietate colorum neque verborum conlocatione et tractu orationis leni et aequabili perpolivit illud opus; sed ut

Diese Auffassung, daß Coelius Antipater sich um einen neuen Ansatz in der lateinischen Geschichtsschreibung bemüht und dieses Ziel trotz der sprachlichen Mängel in seinem Werk auch teilweise erreicht habe, wiederholt Cicero, als er sich im ersten Buch De legibus über den Stand der lateinischen Historiographie äußert[442] und Coelius Antipater wie schon in De oratore vorteilhaft mit seinen Vorgängern vergleicht, ohne seine Schwächen im Ausdruck zu verschweigen.[443]
Später im Brutus bescheinigt Cicero dem Coelius Antipater immerhin,[444] daß er ein Schriftsteller mit großer Rechtskenntnis gewesen sei,[445] womit er seine früher in De oratore pauschal geäußerte Kritik an der mangelnden Bildung des Coelius Antipater in

homo neque doctus neque maxime aptus ad dicendum, sicut potuit, dolavit; vicit tamen, ut dicis, superiores.' Zur Kritik Ciceros an Coelius vgl. De legib. l. 6 (s. u. den Text mit Anm. 443) und Orator 230 (s. u. den Text mit Anm. 448 und 449).

[442] De legib. l. 5-7.

[443] Die entscheidende Stelle De legib. l.6 ist so korrupt, daß vom Namen des Coelius Antipater in den Codices nur sinnloses "pater" geblieben ist. Die Herstellung des Textes ist aber dennoch sicher.
De legib. l. 6: Fannii autem aetate coniunctus <Coelius Anti>pater paulo inflavit vehementius, habuitque vires agrestis ille quidem atque horridas, sine nitore ac palaestra, sed tamen admonere reliquos potuit, ut adcuratius scriberent.

[444] Brut. 102: L. Coelius Antipater scriptor, quem ad modum videtis, fuit ut temporibus illis luculentus, iuris valde peritus, multorum etiam ut L. Crassi magister.

[445] Zum hohen Rang der Rechtskenntnis für den Redner nach Ciceros Auffassung: s. o. Teil I passim.

gewisser Weise einschränkt.[446]
Überwiegend kritisch über die literarischen Fähigkeiten des Coelius Antipater äußert sich Cicero im kurz nach dem Brutus verfaßten Orator. Coelius Antipater hatte nämlich im Prooemium zu seinem Bellum Punicum[447] den Vorsatz formuliert, sich nur dann des Hyperbatons zur Erzeugung rhythmischer Satzschlüsse zu bedienen, wenn die Anwendung dieses Kunstmittels unvermeidlich sei.[448]
Cicero bewertet diese Entschuldigung des Coelius Antipater als ein Zeichen seiner Naivität und seine Schwierigkeiten mit dem Prosarhythmus als Resultat seiner mangelnden literarischen Bildung. Außerdem hat Coelius nach Ciceros strengem Urteil auch durch die Verwendung des Hyperbatons keine wirklich befriedigende

---

[446] De orat. 2. 54: homo neque doctus neque maxime aptus ad dicendum. Vgl. die erneute Kritik an den Bildungslücken des Coelius Orat. 230: Sed hic omnino rudis.

[447] Orat. 230: L. Coelius Antipater in prooemio belli Punici.
Aus dieser Stelle folgt nicht unbedingt, daß das Werk des Coelius Antipater einfach den Titel "Bellum Punicum" trug, ohne anzugeben, welcher der drei Punischen Kriege gemeint sei; Peter HRR I CCXVI vermutet als Titel des Werkes "Belli Punici alterius libri septem ad L. Aelium" (etwas anders ibid. 158: "Belli Punici alterius historiae ad L. Aelium"). Den Zusatz einer Form von "alter" wird man annehmen müssen, da sonst Verwechslungen mit dem Ersten oder dem Dritten Punischen Krieg unvermeidbar gewesen wären. Der Rest ist Spekulation.

[448] Orat. 229f.: ... ne ... verba traiciamus aperte, quo melius aut cadat aut volvatur oratio. (230) Quod se L. Coelius Antipater in prooemio belli Punici nisi necessario facturum negat. O virum simplicem, qui nos nihil celet, sapientem, qui serviendum necessitati putet! Sed hic omnino rudis.

Rhythmisierung seiner Prosa erreicht.[449]
Im einzelnen waren Cicero aus dem Werk des Coelius Antipater außer der erwähnten Bemerkung aus dem Prooemium des Bellum Punicum über die Verwendung des Hyperbatons[450] weitere Stellen nachweislich bekannt.
So benutzt er im ersten Buch De divinatione das Werk des Coelius mehrfach als Quelle für die dort angeführten Vorzeichen und ominösen Träume, die dann im zweiten Buch De divinatione mit durchweg negativem Ergebnis auf ihre Aussagekraft überprüft werden.[451]
Drei dieser von Cicero aus dem Werk des Coelius Antipater entnommenen Episoden stammen aus dem Zweiten Punischen Krieg, und von diesen betreffen wiederum zwei Träume Hannibals,[452]

---

[449] Orat. 230: Et hic (i. e. Coelius Antipater) quidem, qui hanc a L. Aelio, ad quem scripsit, cui se purgat, veniam petit, et utitur ea traiectione verborum et nihilo tamen aptius explet concluditque sententias.
Vgl. De orat. 2. 54 (s. o. Anm. 441).

[450] S. o. Anm. 448.

[451] De divinat. 1. 48, 49, 78; s. u. Anm. 452 und 453. De divinat. 2. 119-147 argumentiert Cicero dann ausführlich gegen Traumdeuterei; bes. 2. 136 gegen 1. 48 und 49.

[452] De divinat. 1. 48: Hannibalem Coelius scribit, cum columnam auream, quae esset in fano Iunonis Laciniae, auferre vellet dubitaretque utrum ea solida esset an extrinsecus inaurata, perterebravisse, cumque solidam invenisset, statuisse tollere; ei secundum quietem visam esse Iunonem praedicere, ne id faceret, minarique, si fecisset, se curaturam, ut eum quoque oculum, quo bene videret, amitteret, idque ab homine acuto non esse neglectum, itaque ex eo auro, quod exterebratum esset, buculam curasse faciendam et eam in summa columna collocavisse.
Ibid. 49: Hoc item in Sileni, quem Coelius sequitur, Graeca historia est (is autem diligentissime res Hannibalis persecutus est): Hannibalem, cum cepisset Saguntum, visum esse in somnis a Iove in deorum concilium vocari; quo cum

während die dritte sich auf die Schlacht am Trasimenischen See bezieht, in deren Verlauf sich nach Coelius ein schweres Erdbeben in weiten Teilen Italiens ereignet hatte.[453]
Ebenfalls in den Zweiten Punischen Krieg und in den Zusammenhang mit der Schlacht am Trasimenischen See gehört ein Zitat aus Coelius Antipater im zweiten Buch De natura deorum. Dort beruft sich der Vertreter der stoischen Theologie auf eine Äußerung des Coelius Antipater, wonach C. Flaminius am Trasimenischen See aufgrund seiner Vernachlässigung der religiösen Vorschriften

---

venisset, Iovem imperavisse, ut Italiae bellum inferret, ducemque ei unum e concilio datum, quo illum utentem cum exercitu progredi coepisse; tum ei ducem illum praecepisse, ne respiceret; illum autem id diutius facere non potuisse elatumque cupiditate respexisse; tum visam beluam vastam et immanem circumplicatam serpentibus, quacumque incederet, omnia arbusta, virgulta, tecta pervertere; et eum admiratum quaesisse de deo, quodnam illud esset tale monstrum; et deum respondisse vastitatem esse Italiae praecepisseque, ut pergeret protinus, quid retro atque a tergo fieret, ne laboraret.

[453] De divinat. 1.78: Magnum illud etiam, quod addidit Coelius, eo tempore ipso, cum hoc calamitosum proelium (sc. apud lacum Trasumenum) fieret, tantos terrae motus in Liguribus, Gallia compluribusque insulis totaque in Italia factos esse, ut multa oppida conruerint, multis locis labes factae sint terraeque desiderint fluminaque in contrarias partes fluxerint atque in amnes mare influxerit.
Vielleicht geht auch die unmittelbar vorhergehende Passage De divinat. 1. 77 über die Vorzeichen vor der Schlacht am Trasimenischen See auf Coelius Antipater zurück. Dafür sprechen zunächst der enge sachliche Zusammenhang von De divinat. 1. 77 mit der sicher auf Coelius zurückgehenden Stelle De divinat. 1. 78 sowie die Formulierung "quod addidit Coelius" am Anfang von De divinat. 1. 78, die vermuten läßt, daß auch das unmittelbar Vorhergehende in De divinat. 1. 77 von demselben Autor stammt. Außerdem erscheint Ciceros Formulierung De natura deor. 2. 8, wo Coelius zitiert wird (s. u. Anm. 454), eine Kurzfassung des De divinat. 1. 77 Gesagten zu sein. Da De natura deor. 2. 8 eindeutig auf Coelius zurückgeht, dürfte dies auch für De divinat. 1. 77 gelten. Daher führt Peter HRR I 163f. De divinat. 1. 77 und 1. 78 zusammen als Fragment 20 des Coelius Antipater an.

gefallen sei.[454]
Über die Quellen des Coelius Antipater für den Zweiten Punischen Krieg bemerkt Cicero an einer Stelle in De divinatione, daß Coelius dem in griechischer Sprache verfaßten Geschichtswerk des Silenos gefolgt sei,[455] der im Gefolge Hannibals am Zweiten Punischen Krieg teilgenommen hatte.[456]
Neben den erwähnten Angaben über den Zweiten Punischen Krieg entnimmt Cicero im ersten Buch De divinatione dem Werk des Coelius Antipater die Schilderung einer Episode, die sich während eines Krieges der Römer gegen die Latiner zugetragen hatte. Seinerzeit hatte man die ludi maximi zweimal wiederholen müssen, nachdem sie zunächst durch den Krieg unterbrochen worden wa-

---

[454] De natura deor. 2. 8: C. Flaminium Coelius religione neglecta cecidisse apud Trasumenum scribit cum magno rei publicae vulnere.

[455] De divinat. 1. 49; s. o. Anm. 452.

[456] Cornelius Nepos, Hann. 13. 3: Huius belli (i. e. Punici alterius) gesta multi memoriae prodiderunt, sed ex his duo, qui cum eo (i. e. Hannibale) in castris fuerunt simulque vixerunt, quamdiu fortuna passa est, Silenus et Sosylus Lacedaemonius. Atque hoc Sosylo Hannibal litterarum Graecarum usus est doctore.
Die Klammern gesetzten Erläuterungen sind zwar unbestreitbar, aber nicht ganz unproblematisch; insbesondere bezieht sich das "huius belli" nicht auf den bei Nepos unmittelbar zuvor erwähnten Krieg des Manlius Vulso in Kleinasien, wie das Demonstrativpronomen "huius" erwarten läßt, sondern offenbar auf den Zweiten Punischen Krieg, dessen Ende von Nepos in 7. 1, also lange vor 13. 3, erwähnt worden war. Die Notwendigkeit, das "huius belli" dennoch auf den Zweiten Punischen Krieg zu beziehen, ergibt sich aber klar aus dem folgenden Text; denn wenn Hannibal von Sosylos Griechisch gelernt hat, dann müssen dieser und Silenos sich in <u>seinem</u> Heer und nicht in demjenigen des Vulso befunden haben. Auch die Einschränkung "quamdiu fortuna passa est" ist nur unter dieser Voraussetzung verständlich. Die Verwendung des Demonstrativpronomens hic, haec, hoc für den Helden der jeweiligen Vita ist bei Nepos übrigens nicht ganz selten.

ren. Unmittelbar vor der dadurch nötig gewordenen ersten Wiederholung der Spiele war dann ein Sklave durch den Circus maximus zur Hinrichtung geführt worden. Durch diesen Vorfall waren die Spiele wieder entweiht worden, und Juppiter hatte seine Verstimmung darüber einem römischen Bürger im Traum zu verstehen gegeben; daraufhin wurde eine weitere Wiederholung der Spiele veranlaßt.[457]

Ebenfalls nicht aus dem Zweiten Punischen Krieg stammt die Erzählung des Coelius Antipater von einem Traum des Gaius Gracchus, die Cicero unmittelbar im Anschluß an den Bericht des Coelius Antipater über die zweimalige Wiederholung der ludi maximi in De divinatione zitiert. In diesem Traum war dem C. Gracchus sein Bruder Tiberius erschienen, um zu prophezeien, Gaius werde wie er selbst eines gewaltsamen Todes sterben.[458]

Das Werk des Coelius Antipater muß - ähnlich den Historien

---

[457] De divinat. 1. 55: Omnes hoc historici, Fabii, Gellii, sed proxume Coelius: cum bello Latino ludi votivi maxumi primum fierent, civitas ad arma repente est excitata, itaque ludis intermissis instaurativi constituti sunt. Qui antequam fierent cumque iam populus consedisset, servus per circum, cum virgis caederetur, furcam ferens ductus est. Exin cuidam rustico Romano dormienti visum est venire, qui diceret praesulem sibi non placuisse ludis, idque ab eodem iussum esse eum senatui nuntiare.

Erst nach einigen weiteren Verwicklungen wurde dieser Wink Juppiters dem Senat tatsächlich übermittelt, und dieser ließ die Spiele zum zweiten Mal wiederholen: Itaque somnio comprobato a senatu ludos illos iterum instauratos memoriae proditum est.

[458] Nach dem oben Anm. 457 zitierten Text fährt Cicero De divinat. 1. 56 fort: Gaius vero Gracchus multis dixit, ut scriptum apud eundem Coelium est, sibi in somnis quaesturam petenti Ti. fratrem visum esse dicere, quam vellet cunctaretur, tamen eodem sibi leto, quo ipse interisset, esse pereundum. Hoc, antequam tribunus plebi C. Gracchus factus esset, et se audisse scribit Coelius et dixisse multis.

Zu "dixisse" ist vielleicht C. Gracchus als Subjekt zu ergänzen, etwa durch ein Pronomen wie "eum" oder "illum"; vgl. den kritischen Apparat bei Ax (edit.).

Herodots - sehr reich an derartigen Berichten über Träume, Vorzeichen und sonstige wundersame Ereignisse gewesen sein. Die zahlreichen aus Coelius angeführten, etwas zweifelhaften Geschichten waren wie die entsprechenden Berichte Herodots für die Thematik von De divinatione besonders passend und wurden deswegen - und nicht wegen einer besonderen Vorliebe Ciceros für das Wunderbare - in De divinatione angeführt.
Wie die einschlägigen Berichte Herodots werden die Zeugnisse des Coelius Antipater im zweiten Buch De divinatione von Cicero in eigener Person untersucht und als ungeeignet erwiesen, die Zuverlässigkeit der Weissagekunst zu bestätigen.[459]
Cicero gibt bei seiner Widerlegung die im ersten Buch De divinatione unter anderem aus Coelius Antipater angeführten Träume so vollständig der Lächerlichkeit preis, daß unvermeidlich der Eindruck entsteht, er hege gewisse Zweifel an den Fähigkeiten von Autoren, die wie Coelius Antipater dergleichen ernsthaft in einem historischen Werk wiedergegeben hatten. Allerdings geht Cicero nicht so weit zu unterstellen, Coelius habe etwa die Träume und Wunderzeichen in seinem Werk selbst erfunden, und ihn damit als Lügner hinzustellen.
Auch vom Werk des Coelius Antipater hatte M. Brutus eine Epitome angefertigt, die sich Cicero zusammen mit einer Schrift des Panaitios über Weissagekunst im Juni 45 v. Chr. von Atticus

---

[459] Ciceros Resummé über Traumdeutung De divinat. 2. 148: Explodatur igitur haec quoque somniorum divinatio pariter cum ceteris.
Die historischen Beispiele aus dem ersten Buch werden De divinat. 2. 136 nochmals zusammengestellt: Multa enim sunt a te ex historiis prolata somnia: matris Phalaridis, Cyri superioris, matris Dionysi, Poeni Hamilcaris, Hannibalis, P. Decii, pervulgatum illud de praesule, C. Gracchi etiam et recens Caeciliae, Baliarici filiae, somnium.

zusenden ließ,[460] also einige Monate, bevor er selbst mit der Arbeit an De divinatione begann.[461]
Wie die Epitome der Annalen des C. Fannius M. f., die ebenfalls M. Brutus verfaßt hatte,[462] dürfte Cicero auch die Epitome vom Werk des Coelius Antipater kaum anstelle von dessen Werk benutzt haben, sondern sich ihrer vielmehr als eines Inhaltsverzeichnisses bedient haben, das ihm den Zugang zu einem umfangreicheren Werk erleichtern konnte.[463] Wenn die Bitten Ciceros an Atticus, ihm die Epitome vom Werk des Coelius Antipater und das Werk des Panaitios zuzusenden, nicht nur zufällig gleichzeitig erfolgten, sondern Cicero die Epitome ebenso wie Περὶ προνοίας für die Ausarbeitung von De divinatione benutzen wollte, dann muß er bereits, als er um die Epitome bat, gewußt haben, wie nützlich ihm das Werk des Coelius Antipater für seine neue Schrift

---

460 Ad Attic. 13. 8: Epitomen Bruti Caelianorum velim mihi mittas et a Philoxeno Παναιτίου περὶ προνοίας.

461 Das Datum von De divinatione ist zwar im einzelnen nicht ganz unumstritten, jedoch ist die Datierung von Ax (edit.) III-V in die Zeit um Caesars Ermordung sicher.

462 Brutus hatte neben der Coelius-Epitome und der Epitome von den Annalen des C. Fannius M. f. (Ad Attic. 12. 5 b; s. o. Kapitel 2. g) über C. Fannius M. f. mit Anm. 429) auch eine Kurzfassung der Historien des Polybios (Plut. Brut. 4) angefertigt. Zu Brutus als Historiker s. Peter HRR II LXVIf.

463 Die Schlußfolgerung, Cicero habe das Werk des Coelius nicht direkt benutzt, da er die Epitome des Brutus kannte, ist jedenfalls unberechtigt: Laurand 318f. mit Anm. 8; Rambaud 26 mit Anm. 2.
Dennoch bemerkt Laurand loc. cit.: "On comprend néansmoins que pour rechercher des exemples historiques, il ait préféré se servir de l' abrégé." Daraus darf man aber nicht schließen, daß Cicero das Werk selbst nicht benutzt hätte, denn die Epitome dürfte kaum ausführlich genug gewesen sein, um ein Nachschlagen im Original überflüssig zu machen. Vgl. Hallward 226: "The use of an epitome was very much what an index is to a modern book."

sein würde, und er muß schon vor der Lektüre der Epitome eine recht genaue Vorstellung von dessen Inhalt gehabt haben.
Bemerkenswert an Ciceros Benutzung des Werkes des Coelius Antipater ist zunächst die Konzentration der Belegstellen auf ein einziges Werk, nämlich De divinatione; die hier von Cicero getroffene Auswahl aus Coelius ist nicht von Vorlieben Ciceros für das Märchenhafte oder für die Traumdeuterei bestimmt, sondern vom Thema seiner Abhandlung. Aus der vergleichsweise großen Zahl der von Cicero aus Coelius entlehnten Stellen läßt sich ferner nicht schließen, Cicero habe diesen Autor besonders geschätzt, da ja die aus Coelius herangezogenen Stellen über Träume und Vorzeichen als reiner Unsinn abgetan werden. Ohne dem Autor die Glaubwürdigkeit grundsätzlich abzusprechen, hat Cicero seine Urteilskraft nicht für sehr hoch entwickelt gehalten und hätte ähnlich wie über Herodot auch über ihn sagen können: "Apud Coelium Antipatrum sunt innumerabiles fabulae."[464]

i) Die übrigen Historiker der Epoche von den Gracchen bis Sulla

Weniger Spuren als L. Calpurnius Piso, C. Fannius M. f. und L. Coelius Antipater haben die übrigen Historiker der Zeit seit den Gracchen in Ciceros erhaltenen Schriften hinterlassen. Ihre Namen werden nur selten genannt, und eine Benutzung ihrer Werke ist kaum nachweisbar. Erst von den als Historikern tätigen Zeitgenossen Ciceros läßt sich wieder ein deutlicheres Bild aus den ciceronischen Schriften gewinnen.

---

[464] Vgl. oben Kapitel 1. a) die entsprechenden Bemerkungen zu Herodot S. 51-53.

Jünger als C. Fannius war der Historiker Vennonius,[465] dessen Namen Cicero in De legibus[466] und in einem Brief an Atticus nennt, wo er bedauert, das Werk des Vennonius gerade nicht zur Hand zu haben.[467]
Über den Inhalt des Werkes oder über die Person des Vennonius jedoch erfahren wir bei Cicero nichts. Da vom Werk des Vennonius aber überhaupt nur ein einziges sicheres Fragment existiert[468] und nicht einmal der volle Name des Autors bekannt ist,[469] verdient schon die bloße Tatsache Beachtung, daß Cicero ihn überhaupt gekannt hat und offenbar auch beabsichtigte, sein Werk zu benutzen. Dies kann als Indiz dafür angesehen werden, daß Cicero auch mit recht exotischen Repräsentanten der Historiographie dieser Zeit wenigstens so weit vertraut war, daß ihre Werke ihm ein Begriff waren.[470]
Wie Vennonius bleibt auch Cn. Gellius bei Cicero recht schattenhaft, obwohl von ihm anders als von Vennonius etwa dreißig Fragmente erhalten sind. Von Cicero wird er jedoch nur einmal im

---

465 Nur dieser Namensbestandteil ist bekannt.

466 De legib. 1. 6: Nam post annalis pontificum maximorum ... si aut ad Fabium aut ad ... Catonem aut ad Pisonem aut ad Fannium aut ad Vennonium venias, ... quid tam exile quam isti omnes?

467 Ad Attic. 12. 3. 1: Ego me interea cum libellis; ac moleste fero Vennoni historiam me non habere.

468 Peter HRR I 142 = Dionys. Halik., Arch. 4. 15. 1.

469 S. o. Anm. 465.

470 Vgl. dagegen oben Abschnitt e) über Cassius Hemina und Fabius Maximus Servilianus und Abschnitt c) über Cincius Alimentus, die Cicero nicht nachweislich gekannt hat.

ersten Buch De divinatione erwähnt,[471] wo wir erfahren, daß er wie auch Q. Fabius Pictor[472] und L. Coelius Antipater[473] einen ominösen Vorfall aus einem Krieg gegen die Latiner geschildert hatte, den Cicero dann von seinem Bruder Quintus im Anschluß nicht an Cn. Gellius, sondern an Coelius Antipater wiedergeben läßt.

Obwohl hier in De divinatione von Cn. Gellius nicht weiter die Rede ist, liefert die Stelle den entscheidenden Anhaltspunkt für die Datierung dieses Historikers, da Cicero einleitend erwähnt, alle Historiker, die "Fabii, Gellii, sed proxume Coelius" hätten die betreffende Episode geschildert. Damit hat Cicero unmißverständlich die Meinung geäußert, Cn. Gellius sei älter als L. Coelius Antipater.[474]

Durch diese Chronologie ist eine Konjektur ausgeschlossen, die den Namen des Gellius an einer - fast sicher korrupten - Stelle in De legibus in Ciceros Überblick über die römische Geschichtsschreibung einsetzen will.[475] Durch diesen Eingriff käme dort

---

[471] De divinat. 1. 55: Omnes hoc historici, Fabii, Gellii, sed proxume Coelius ... Zum Inhalt des Berichtes s. o. Kapitel 2. h) Anm. 457.

[472] S. o. Kapitel 2. b) mit Anm. 318-321 über Fabius Pictor.

[473] S. o. Kapitel 2. h) mit Anm. 457 über Coelius Antipater.

[474] So auch Peter HRR I CCIVf. aufgrund von De divinat. 1. 55.
Im übrigen hat Cicero natürlich mit dem Plural "Gellii" nicht andeuten wollen, er nehme die Existenz von zwei Historikern namens Gellius an, wie Henze 63 glaubt. Diese Annahme wurde bereits abgelehnt von Münzer, RE 7. 1 (1910) 999 und hat keine weiteren Anhänger gefunden. Der Plural "Gellii" bedeutet tatsächlich "Historiker wie Gellius"; vgl. oben Kapitel 2. e) mit Anm. 390 über den angeblichen Fabius Latinus.

[475] Die Codices überliefern De legib. 1. 6: Ecce autem successere huic (i. e. Coelio Antipatro) † belli † Clodius Asellio.
Das "belli" hat man wohl mit Recht (pace Görler bei Ziegler (edit.), der "belli"

aber ein Text zustande, der Cn. Gellius gegen das klare Zeugnis Ciceros in De divinatione chronologisch nach Coelius Antipater setzen würde und der daher unmöglich ist.[476]
Angesichts dessen ist die Annahme wahrscheinlicher, daß Cicero Cn. Gellius in De legibus tatsächlich nicht genannt hat, obwohl er andere, nicht weniger obskure Historiker wie den bereits erwähnten Vennonius und den noch zu besprechenden Clodius dort anführt.[477]
Abgesehen von der Erwähnung des Cn. Gellius in De divinatione, die erkennen läßt, daß Cicero jedenfalls von einer bei diesem Historiker behandelten Episode wußte, lassen sich Spuren einer Benutzung seines Werkes bei Cicero nicht nachweisen.[478]
Ebenfalls nur ein einziges Mal nennt Cicero den Historiker Sempronius Asellio und kritisiert ihn, da er hinter die von Coelius

---

halten will) für korrupt gehalten, aber nicht heilen können. Die Konjektur "Gelli" für "belli" hat bereits Münzer RE 7. 1 (1910) 999 mit Recht abgelehnt. Ebenso Badian, Early Historians 31 Anm. 50; Rawson, First Annalists 713.

[476] De divinat. l. 55: ... Fabii, Gellii, sed proxume Coelius ...
Also ist Coelius jünger als Gellius. Mit "Gelli" für "belli" hieße es im Widerspruch dazu De legib. l. 6: Successere huic (i. e. Coelio Antipatro) Gelli, Clodius, Asellio.
Danach wäre dann Coelius älter als Gellius. Auch der Plural "Gellii" wäre in dieser Aufzählung anstößig.

[477] S. o. Anm. 466 und 475.

[478] Gegen Peter HRR I 151f. mit seiner Anmerkung zu den Fragmenten 12-15 des Cn. Gellius, wonach Ciceros Darstellung De re pub. 2. 13 über die Aussöhnung von Römern und Sabinern nach dem Raub der Sabinerinnen Spuren einer Benutzung des Gellius aufweise. Dafür gibt es jedoch keine durchschlagenden Argumente.

Antipater gesetzten Maßstäbe zurückgefallen sei.[479] Das Werk des Asellio ist von Cicero nicht nachweislich benutzt worden, und Cicero hat auch nicht die von Asellio - offensichtlich im Anschluß an Polybios - aufgestellten Postulate für eine "pragmatische Geschichtsschreibung" diskutiert oder auch nur erwähnt.[480] Dies ist

---

[479] De legib. 1. 6: Ecce autem successere huic (i. e. Coelio Antipatro) † belli † Clodius, Asellio, nihil ad Coelium, sed potius ad antiquorum languorem et inscitiam.

[480] Sempronius Asellio frag. 1 Peter (= Gellius 5. 18. 8): Nobis non satis esse video, quod factum esset, id pronuntiare, sed etiam quo consilio quaque ratione gesta essent, demonstrare.
Sempronius Asellio frag. 2 Peter (= Gellius 5. 18. 9): Scribere autem, bellum initum quo consule et quo confectum sit et quis triumphans introierit, † ex † eo libro, quae in bello gesta sint, † iterare id fabulas † non praedicare, aut † interea † quid senatus decreverit aut quae lex rogatiove lata sit neque quibus consiliis ea gesta sint, † iterare †: id fabulas pueris est narrare, non historias scribere.
(So die Überlieferung mit Kennzeichnung der verdächtigen Stellen.)
Der Text ist in dieser Form zweifellos falsch überliefert. Der jüngste Versuch von P. K. Marshall, ihn zu konstituieren, hat zu folgendem Ergebnis geführt:
Scribere autem, bellum initum quo consule et quo confectum sit et quis triumphans introierit, et eo libro, quae in bello gesta sint, non praedicare aut<em> interea quid senatus decreverit aut quae lex rogatiove lata sit, neque quibus consiliis ea gesta sint, iterare: id fabulas pueris est narrare, non historias scribere.
Damit ist der Grundgedanke des Fragments verfehlt, der jedenfalls wie derjenige von Fragment 1 dahin geht, daß Asellio eine Geschichtsschreibung, die sich auf eine bloße Aneinanderreihung von Daten und Fakten beschränkte, von einer solchen abgegrenzt hat, die es anstrebte, das Geschehen ausführlich darzustellen und auch dessen Hintergründe zu ermitteln. Diesen Grundgedanken von Fragment 1 hat Asellio im Fragment 2 weiter ausgeführt, indem er ihn auf die Darstellung von Kriegs- und von Friedenszeiten anwandte und im einzelnen forderte, daß in Kriegszeiten nicht nur Namen und Daten oder in Friedenszeiten nur Senatsbeschlüsse und Gesetzesanträge aufgezählt werden sollten, sondern daß der Ablauf der Kriege im einzelnen darzustellen sei und daß bei dem Geschehen im Frieden die Gründe der einzelnen politischen Maßnahmen zu unter-

umso auffallender, als Cicero die Forderungen des Sempronius Asellio, der Historiker müsse nicht nur berichten, was geschehen sei, sondern auch wie und in welcher Absicht es geschehen sei, nach seinen eigenen Ausführungen in De oratore zu schließen, sicher gebilligt hat. Aber natürlich war für Cicero nicht Sempronius Asellio, der nur Forderungen wiederholte, die in der griechischen Geschichtstheorie bereits erhoben worden waren, der maßgebliche Geschichtstheoretiker, sondern die griechischen Autoren selbst.

Wie weit übrigens Sempronius Asellio seinen selbstgesetzten Maßstäben gerecht geworden ist, läßt sich aufgrund der dürftigen Fragmente seines Werkes nicht mehr ermitteln. Jedenfalls hat Cicero Sempronius Asellio nur das eine Mal in De legibus

---

suchen seien.

Unter Berücksichtigung dessen ergibt sich ein plausibler Text, wenn man

1. mit Marshall und gegen Peter HRR I 180 Mommsen folgt, der das erste, unhaltbare "iterare id fabulas" tilgt;

2. gegen Marshall und Peter das "non praedicare" nicht zum folgenden, sondern zum vorangehenden Text zieht, wie es für jede Konstituierung, die das überlieferte "eo libro" nicht in "eo bello" ändert, notwendig ist, wenn sie nicht wie Marshall auch noch das überlieferte "aut" nach "praedicare" in "autem" ändert;

3. das "interea" in "iterare" ändert, also in ein Wort, das in dem überlieferten Text zweimal am falschen Ort erscheint, aber hier einen Sinn ergibt.

Demnach wäre das Fragment 2 des Sempronius Asellio wie folgt herzustellen: Scribere autem, bellum initum quo consule et quo confectum sit et quis triumphans introierit, et eo libro, quae in bello gesta sint, non praedicare, aut iterare, quid senatus decreverit aut quae lex rogatiove lata sit, neque quibus consiliis ea gesta sint: id fabulas pueris est narrare, non historias scribere.

Zum Verhältnis des Asellio zu Polybios: HRR I CCXLIII mit Anm. 2; ibid. 179f. mit Anmerkung zu frag. 2 des Asellio. Flach 82f., 86-88.

Zum Tenor der frag. 1 und 2 des Asellio vgl. bei Cicero De orat. 2. 63: ..., quoniam in rebus magis memoriaque dignis consilia primum, deinde acta, postea eventus exspectentur; ... in rebus gestis non solum quid actum sit, sed etiam quo modo. Zu Ciceros Anforderungen an die Geschichtsschreibung s. o. Teil I passim, bes. mit Anm. 37-39.

erwähnt, und dies ist bezeichnend für den schwachen Widerhall, den dessen Werk in der Antike ganz generell gefunden hat: Nachdem es von Cicero erwähnt worden war, scheint es fast vollständig in Vergessenheit geraten zu sein, bis es der Archaist Aulus Gellius wieder gelesen und zitiert hat.[481]

Gelegentlich ist vermutet worden, der Konsul des Jahres 129 v. Chr., C. Sempronius Tuditanus, habe neben seinem Liber magistratuum auch ein historisches Werk verfaßt.[482] Cicero nennt ihn allerdings nicht als Historiker, und zwar weder in der Liste der römischen Historiker in De legibus noch im Brutus,[483] obwohl C. Sempronius Tuditanus als Redner dort durchaus behandelt wird und damit auch ein Anlaß gegeben war, ein etwa vorhandenes

---

[481] Peter HRR I CCXLV.

[482] S. u. Anm. 488.
Schon die Identifizierung des Schriftstellers mit dem Konsul von 129 v. Chr. ist hochgradig spekulativ; Peter HRR I CCII kann dafür de facto nichts vorbringen und faßt zusammen: "Nihil obstat, quominus ad eum eas historiarum reliquias referamus." Dies ist in der Tat alles, was sich für diese Identifizierung sagen läßt.

[483] Sein Name fehlt De legib. 1. 6. Zum Brutus s. u. Anm. 484.
Völlig verkehrt Rambaud 26, der Brut. 95 (wo es um Tuditanus als Redner geht: s. u. Anm. 484), De divinat. 1. 36 (wo es überhaupt nicht um Tuditanus, sondern um Ti. Sempronius Gracchus, den Vater der beiden berühmten Volkstribunen, geht) und Ad Attic. 13. 32. 2 und 33. 3 (wo es sich ebenfalls nicht um den Konsul von 129 v. Chr., sondern um den Tuditanus handelt, der 146 v. Chr. als Legat zu L. Mummius nach Korinth gesandt worden war und der sicher nicht mit dem Konsul von 129 v. Chr. identisch ist: vgl. hierzu unten Teil III, Kapitel 1.) als Belege für Ciceros Kenntnis von einem Historiker Sempronius Tuditanus anführt.

historisches Werk des Autors zu erwähnen.[484]
Auch als Cicero mit Atticus über Fragen der Laufbahn des Tuditanus korrespondiert,[485] kommt ein von diesem verfaßtes Geschichtswerk nicht zur Sprache, obwohl eine solche Schrift zur Klärung der fraglichen Einzelheiten hätte beitragen können, wenn sie wie die meisten historischen Werke dieser Zeit bis in die Gegenwart ihres Verfassers gereicht hätte.
Wenn Cicero ein solches historisches Werk des C. Sempronius Tuditanus also nicht nennt, obwohl er mindestens zweimal dazu Anlaß gehabt hätte, liegt die Annahme nahe, daß er ein solches Werk gar nicht kannte, und zwar höchstwahrscheinlich deshalb, weil es überhaupt nicht existiert hat. Da sich nämlich die unter dem Namen des Tuditanus überlieferten Fragmente, aus denen die Existenz eines historischen Werkes nur erschlossen worden ist, ohne weiteres dem sicher bezeugten Liber magistratuum[486] (oder Commentarius[487]) des Tuditanus zuweisen lassen, erübrigt sich

---

[484] Brut. 95 heißt es lediglich: ... Gaiusque Tuditanus cum omni vita atque victu excultus atque expolitus, tum eius elegans est habitum etiam orationis genus.
Ein historisches Werk des Tuditanus zur Beurteilung von dessen Stil heranzuziehen hätte hier umso näher gelegen, als offenbar keine Reden des Tuditanus mehr erhalten waren; dies folgt e silentio aus Brut. 94ff., wo Cicero wiederholt und anscheinend systematisch anmerkt, wenn noch Reden eines Autoren vorlagen. Bei Tuditanus gibt es keinen solchen Hinweis; dazu, daß Cicero keine Reden von Tuditanus mehr vorlagen, paßt auch seine Formulierung "elegans est habitum etiam orationis genus."

[485] Ad Attic. 13. 32. 3, 33. 3. Zu den Details s. u. Teil III, Kapitel 1.

[486] Macrob., Saturn. 1. 13. 21 (= Tuditanus frag. 7 Peter): Tuditanus refert in libro tertio magistratuum ...

[487] Gellius 13. 15. 4 (= Tuditanus frag. 8 Peter) zitiert "ex libro M. Messallae auguris de auspiciis primo" folgendes: Praetor etsi conlega consulis est, neque praetorem neque consulem iure rogare potest, ut a superioribus accepimus

die Annahme eines weiteren, historischen Werkes desselben Verfassers.[488]
Im Gegensatz zu Tuditanus war ein gewisser Clodius offensichtlich wirklich als Historiker tätig. Cicero nennt ihn in seiner Historiker-Liste in De legibus zusammen mit Sempronius Asellio[489] als einen der minder begabten Nachfolger des Coelius Antipater.[490] Dieser Clodius dürfte mit dem von Appian erwähnten Paulus Clodius identisch sein,[491] von dem allerdings fast nichts bekannt ist: ganze zwei Fragmente sind erhalten, von denen eines vielleicht

---

aut ante haec tempora servatum est et ut in commentario tertio decimo C. Tuditani patet.
Dieser Commentarius des C. Sempronius Tuditanus ist wohl mit dem Liber magistratuum (s. o. Anm. 486) identisch: Peter HRR I CCII.

[488] Pace Peter HRR CCIIf.; ibid. 143-147 die Fragmente.
Das Notwendige gegen die von Peter bereits in der ersten Auflage von HRR geäußerte Auffassung, Tuditanus habe ein historisches Werk verfaßt, das nirgends ausdrücklich bezeugt ist, hat schon Cichorius gesagt, was Peter in der zweiten Auflage von HRR I CCII jedoch ohne zureichende Gründe zurückweist. Es bleibt mit Cichorius gegen Peter festzuhalten:
1. Die Fragmente 1-4 des Tuditanus passen nach ihrem Inhalt gut in einen Liber magistratuum über die Vollmachten der Magistrate.
2. Wenn Gellius 7. 4. 1 (= Tuditanus frag. 5 Peter) schreibt: "legimus in Tuditani libris", dann dürfte er dasselbe Werk meinen, das er 13. 15. 4 erwähnt, nämlich die mit dem Liber magistratuum wahrscheinlich identischen Commentarii des C. Sempronius Tuditanus, und nicht ein anderes, historisches Werk.
3. Plutarch, T. Flaminin. 14 (= Tuditanus frag. 6 Peter) ist kein Tuditanus-Fragment, denn der bei Plutarch völlig korrupt überlieferte Name ist nicht als "Tuditanus", sondern wahrscheinlich als "(Valerius) Antias" herzustellen.

[489] De legib. 1. 6: Successere huic (i. e. Coelio Antipatro) † belli † Clodius, Asellio.

[490] Zu Coelius Antipater s. o. Kapitel 2. h).

[491] Peter HRR I CCXXXVIIIf.

gar nicht diesem Paulus Clodius, sondern dem späten Annalisten Q. Claudius Quadrigarius zuzuweisen ist.[492]
Wenn die Erwähnung des Clodius bei Cicero,[493] die in De legibus unmittelbar auf eine wahrscheinlich korrupte Stelle folgt und daher selbst auch nicht über jeden Zweifel erhaben sein kann, überhaupt authentisch ist, dann wäre sie wie die zweimalige Erwähnung des Vennonius und in gewisser Weise diejenige des Sempronius Asellio[494] ein weiterer Beleg für Ciceros Bekanntschaft auch mit recht entlegenen historischen Werken aus dem letzten Drittel des 2. Jahrhunderts v. Chr.
In dieselbe Zeit gehört auch der Historiker Cn. Aufidius, der noch in der Kindheit von Ciceros älterem Zeitgenossen M. Pupius Piso[495] als Praetorier im Senat gesprochen hatte. Cn. Aufidius war im Alter erblindet, und so nennt ihn Cicero in den Tusculanen als Beispiel dafür, daß ein Mensch durch einen solchen schweren Schicksalsschlag nicht völlig gebrochen werden muß.[496] An die-

---

[492] Peter HRR I 178 führt zwei Fragmente an; Fragment 1 ist jedoch nicht eindeutig auf Paulus Clodius zu beziehen.

[493] S. o. Anm. 489. Zu den verschiedenen Versuchen, die Korruptel zu heilen oder den überlieferten Text zu verteidigen vgl. in der Ausgabe von Ziegler die zusätzlichen Anmerkungen von Görler. Gegen den Versuch, für "belli" den Namen des Historikers Gellius einzusetzen: s. o. den Text mit Anm. 475 und 476.

[494] S. o. den Text mit Anm. 465-470.

[495] M. Pupius Piso war zwar erst zwei Jahre nach Cicero Konsul, aber wohl bereits sechs Jahre vor ihm - im Jahre 72 v. Chr. - Praetor: Broughton MRR II 117, 124, 129, 133.

[496] In einer langen Liste von Erblindeten erwähnt Cicero Tusc. 5. 112: Pueris nobis Cn. Aufidius praetorius et in senatu sententiam dicebat nec amicis deliberantibus deerat et Graecam scribebat historiam et videbat in litteris.
Die Erblindung des Cn. Aufidius wird von Cicero ebenfalls De finib. 5. 54

ser Stelle erwähnt Cicero nebenbei, daß Cn. Aufidius ein Geschichtswerk in griechischer Sprache verfaßt hatte, über das er sich jedoch weder hier noch anderenorts weiter äußert und über das wir auch aus anderen Quellen nichts Näheres erfahren.[497] Neben Clodius und Vennonius ist Cn. Aufidius damit der dritte uns kaum noch greifbare Historiker aus dem ausgehenden 2. Jahrhundert v. Chr., der Cicero bekannt war.

Insgesamt erweist sich Ciceros Kenntnis von der Historiographie dieser Epoche als bemerkenswert vollständig. Während aus der Zeit unmittelbar nach Q. Fabius Pictor der Historiker L. Cincius Alimentus und aus der Zeit unmittelbar nach Cato neben L. Cassius Hemina der - allerdings höchst obskure - Fabius Maximus bei Cicero niemals genannt werden, läßt sich das Fehlen eines Historikers aus dem ausgehenden 2. Jahrhundert v. Chr. bei ihm nicht feststellen: Wer nachweislich in dieser Zeit als Historiker tätig war, wird auch von Cicero erwähnt.

Der guten Kenntnis Ciceros von der Historiographie dieser Epoche entsprechen seine zahlreichen Anspielungen auf die römische Geschichte nach 133 v. Chr., die wesentlich häufiger sind als entsprechende Hinweise auf frühere Epochen.[498] Auch Ciceros Verweise auf Primärquellen wie Reden, Memoiren und Briefe aus dem ausgehenden 2. Jahrhundert v. Chr. sind ungleich häufiger als

---

erwähnt: (M. Pupius Piso:) Equidem e Cn. Aufidio, praetorio, erudito homine, oculis capto, saepe audiebam, cum se lucis magis quam utilitatis desiderio moveri diceret.

[497] Insbesondere sind keine Fragmente vorhanden: Peter HRR I CCXLf.

[498] Zu den zahlreichen historischen Angaben aus den Jahren 145 bis 90 v. Chr. bei Cicero: Schütz 89-113.

Bemerkungen über solche Zeugnisse aus früherer Zeit.[499] Seine umfassenden Kenntnisse von der Geschichtsschreibung erweisen sich damit als eine Facette seines insgesamt genauen Bildes von Geschichte, Politik und Literatur dieser Zeit.

j) L. Cornelius Sisenna und C. Licinius Macer

Zum Schluß seines Überblickes über die römischen Historiker im ersten Buch De legibus nennt Cicero zwei Historiker der sullanischen Zeit, L. Cornelius Sisenna, praet. 78 v. Chr., und dessen jüngeren Zeitgenossen, C. Licinius Macer, praet. 67 v. Chr.[500] Sie sind beide bereits als Zeitgenossen Ciceros anzusehen, obwohl Sisenna schon 67 v. Chr. verstarb und Macer die Praetur Ciceros im Jahre 66 v. Chr. nicht überlebte.[501]

Sisenna, so läßt Cicero von Atticus in De legibus vortragen, habe alle früheren römischen Historiker übertroffen; er habe sich jedoch ein zu niedriges, ja geradezu kindliches Ziel gesetzt, nämlich die Nachahmung Kleitarchs, und selbst dieses Ziel habe er nicht er-

---

[499] Vgl. Rawson, Cicero the Historian 41: "Finally, I would stress the extreme variety of source which Cicero draws on for his picture of the late second century."

[500] De legib. 1. 7; s. u. Anm. 502 und 515. Die Praeturen Sisennas und Macers: Broughton MRR II 86 und 138.

[501] Der Tod Sisennas 67 v. Chr. auf Kreta: Dio 36. 19. 1.
Der Tod des Macer 66 v. Chr.: Plutarch, Cicero 9; als Selbstmord bei Val. Max. 9. 12. 7. Den Prozeß, nach dem Macer verstarb und den Cicero geleitet hatte, erwähnt auch Cicero selbst Ad Attic. 1. 4. 2.

reichen können.[502] Wenn man Ciceros schlechte Meinung über Kleitarch berücksichtigt, die er einige Jahre nach De legibus im Brutus erkennen lassen wird, wo Kleitarch als Lügner hingestellt wird, erhält die Bemerkung über Sisennas nicht ganz erfolgreiches Bemühen, Kleitarch nachzuahmen, eine zusätzliche negative Nuance.[503]

Schon in der Einleitung zu seinen Bemerkungen über den Stand der römischen Historiographie in De legibus hatte Cicero durch den Mund des Atticus das Urteil fällen lassen, die römische Geschichtsschreibung habe bislang keinen literarischen Rang erreicht, und er hatte Atticus noch hinzusetzen lassen, dies sei sowohl seine als auch Ciceros Meinung.[504]

Durch diese Vorbemerkungen wird das Urteil über Sisenna, er habe seine Vorgänger übertroffen, noch weiter relativiert. Cicero war demnach der Meinung, daß die zahlreichen Schwächen Sisennas es nicht zuließen, ihn als einen vorbildlichen Historiker zu bezeichnen; die Aufgabe, Geschichte in literarisch ansprechender Form zu schreiben, hatte er nicht befriedigend gelöst.

Das historische Werk Sisennas hat Cicero auch im Brutus erwähnt und ähnlich wie in De legibus beurteilt: Sisenna übertreffe zwar alle seine Vorgänger, aber die Vollendung der Gattung "Geschichtsschreibung" in lateinischer Sprache sei ihm nicht ge-

---

[502] De legib. 1. 7: (Atticus:) Is tamen (i. e. Sisenna) neque orator in numero vestro umquam est habitus, et in historia puerile quiddam consectatur, ut unum Clitarchum neque praeterea quemquam de Graecis legisse videatur, eum tamen velle dumtaxat imitari: quem si adsequi posset, aliquantum ab optumo tamen abesset.

[503] Brut. 42f. S. o. Kapitel 1. g) über Kleitarch.

[504] De legib. 1. 5: (Atticus:) Abest enim historia litteris nostris, ut et ipse intellego et ex te (i. e. M. Tullio Cicerone) persaepe audio.

lungen.[505]

Wie so viele andere römische und griechische Historiker wird auch Sisenna im ersten Buch De divinatione zitiert. Sein Werk ist dort die Quelle für einen von Quintus Cicero angeführten Traum und für eine Reihe von Wunderzeichen. Diese beziehen sich auf die Zeit unmittelbar vor dem Bundesgenossenkrieg, den Sisenna am Beginn seiner Historien behandelt hatte.[506]

Damals hatte Caecilia Metella, die Tochter des Metellus Baliaricus, geträumt, Iuno Sospita verlange die Wiederherstellung ihres Tempels durch die Römer. Sisenna hatte diesen Traum in seinem Werk wiedergegeben, obwohl er der Überzeugung war, Träume seien nicht als von den Göttern gesandt anzusehen und daher bedeutungslos.[507]

Weniger kritisch war hingegen Sisennas Einstellung, was den Glauben an Vorzeichen anderer Art betraf. In seinem Werk fand sich nämlich eine ganze Reihe solcher ostenta, die seiner Meinung

---

[505] Brut. 228: Inferioris aetatis erat proximus L. Sisenna, doctus vir et studiis optimis deditus, bene Latine loquens, gnarus rei publicae, non sine facetiis, sed neque laboris multi nec satis versatus in causis. ... Huius omnis facultas ex historia ipsius perspici potest, quae cum facile omnis vincat superiores, tum indicat tamen, quantum absit a summo quamque genus hoc scriptionis nondum sit satis Latinis litteris inlustratum.

[506] Sisennas Werk faßte kurz die Geschichte Roms seit den Anfängen im ersten Buch zusammen, um dann im zweiten Buch mit der ausführlichen Darstellung des Bundesgenossenkrieges seit 91 v. Chr. zu beginnen. Peter HRR I CCCXXXIXf. Das Werk dürfte bis zum Tode Sullas gereicht haben: ibid.

[507] De divinat. 1. 99: Caeciliae Q. f. somnio modo Marsico bello templum est a senatu Iunoni Sospitae restitutum. Quod quidem somnium Sisenna, cum disputavisset mirifice ad verbum cum re convenisse, tum insolenter ... disputat somniis credi non oportere.

Diesen Traum hatte Cicero bereits in der Einleitung De divinat. 1. 4 ohne Quellenangabe erwähnt; erneut in der Widerlegung De divinat. 2. 136.

nach das Unheil des Bundesgenossenkrieges angekündigt hatten.[508]
Wie alle im ersten Buch De divinatione aus historischen Werken herangezogenen Vorzeichen und Träume werden auch die Darstellungen Sisennas im zweiten Buch De divinatione zurückgewiesen; Berichte über Träume einerseits seien nicht überprüfbar, und selbst wenn sie es wären, ließen sich Träume nicht als Zeichen der Götter erweisen; die Deutung der ostenta andererseits sei letztlich willkürlich, und daher seien auch solche angeblichen Vorzeichen irrelevant.[509]
Obwohl Cicero also Sisennas Glauben an Vorzeichen nicht teilt, unterstellt er ihm nicht, diese Vorzeichen frei erfunden zu haben. Insofern bleibt die Glaubwürdigkeit Sisennas von Ciceros Kritik unberührt, aber die Urteilskraft Sisennas kann Cicero ebenso wie die des Coelius Antipater, der ebenfalls mehrfach in De divinatione zitiert wird, nicht sehr hoch eingeschätzt haben.[510]
Sicher nicht aus dem Geschichtswerk Sisennas stammt eine von

---

[508] Ibid.: Idem (i. e. Sisenna) contra ostenta nihil disputat exponitque initio belli Marsici et deorum simulacra sudavisse et sanguinem fluxisse et discessisse caelum et ex occulto auditas esse voces, quae pericula belli nuntiarent, et Lanuvii clipeos, quod haruspicibus tristissimum visum esset, a muribus esse derosos.

[509] Gegen Traumdeuterei argumentiert Cicero De divinat. 2. 119-147; seine Schlußfolgerung ibid. 148: Explodatur igitur haec quoque somniorum divinatio pariter cum ceteris.
De divinat. 2. 136 die Zweifel an der Zuverlässigkeit der Überlieferung von Träumen: Multa enim sunt a te ex historiis prolata somnia. ... Sed haec externa ob eamque causam ignota nobis sunt, non nulla etiam ficta fortasse; quis enim auctor istorum?
(Mit "externa somnia" bezeichnet Cicero die Träume anderer im Gegensatz zu seinen eigenen Träumen, die er anschließend bespricht.)
Gegen die ostenta: De divinat. 2. 54-69 mit besonderem Verweis auf die von Sisenna angeführten Vorzeichen (De divinat. 2. 54 und 2. 58f.).

[510] Vgl. oben Kapitel 2. h) über Coelius Antipater.

Cicero im Brutus wiedergegebene Anekdote über einen Prozeß, in dem Sisenna als Verteidiger aufgetreten war und in dessen Verlauf er die gegen seinen Mandanten erhobenen Vorwürfe als "sputatilica crimina" bezeichnet hatte. Das Adjektiv "sputatilicus", das etwa "ausspeienswert" bedeutet, war offensichtlich völlig ungebräuchlich, und seine Verwendung gab dem Prozeßgegner des Sisenna, C. Rusius, die Gelegenheit, sich über Sisennas Ausdrucksweise lustig zu machen.[511] Man wird kaum annehmen wollen, daß Sisenna eine derartige, seiner Reputation als Redner nicht sonderlich zuträgliche Anekdote selbst verbreitet hat; die Quelle für Ciceros Darstellung im Brutus sind also sicher nicht Sisennas Historien gewesen. Die Anekdote geht überhaupt in keiner Weise auf Sisenna zurück, sondern stammt höchstwahrscheinlich aus der Rede des C. Rusius. Dafür spricht zunächst, daß Cicero die Anekdote im Anschluß an eine Frage des Brutus, wer denn C. Rusius gewesen sei, erzählen läßt, und weiterhin, daß er dessen Ausführungen ganz offensichtlich wörtlich zitieren kann.[512]

Insgesamt fällt auf, daß Sisenna bei Cicero recht selten zitiert und wenig beachtet wird, obwohl er doch nach Ciceros Urtei alle seine Vorgänger übertroffen hatte.[513] Mit dieser relativ günstigen Mei-

---

[511] Brut. 259f.: (Atticus:) 'Sisenna autem quasi emendator sermonis usitati cum esse vellet, ne a C. Rusio quidem accusatore deterreri potuit, quo minus inusitatis verbis uteretur.' (260) 'Quidnam istuc est?' inquit Brutus. 'Aut quis est iste C. Rusius?' Et ille (i. e. Atticus): 'Fuit accusator,' inquit, 'vetus, quo accusante C. Hirtilium Sisenna defendens dixit quaedam eius sputatilica esse crimina. Tum C. Rusius: "Circumvenior," inquit, "iudices, nisi subvenitis. Sisenna quid dicat, nescio; metuo insidias. Sputatilica - quid est hoc? Sputa quid sit, scio; tilica nescio." Maximi risus; sed ille tamen familiaris meus recte loqui putabat esse inusitate loqui.'

[512] Gegen Rambaud 26, der Brut. 259 als Beleg für Ciceros Kenntnisse von Sisenna als Historiker anführt.

[513] De legib. l. 7 (s. o. Anm. 502). Brut. 228 (s. o. Anm. 505).

nung über Sisenna stand Cicero nicht allein, wie die Bemerkungen Sallusts zeigen, der Sisenna als den besten und gründlichsten Kenner der sullanischen Zeit bezeichnet, obwohl er sich nach Sallusts Meinung nicht ganz freimütig geäußert hatte.[514]
Über C. Licinius Macer hat Cicero deutlich negativer als über Sisenna geurteilt. Der stark korrupte Text der Bemerkungen Ciceros über ihn in De legibus ist zwar nicht sicher herzustellen, er enthält aber jedenfalls die Vorwürfe der Geschwätzigkeit und der Schamlosigkeit.[515] Daher ist von vornherein nicht mit einem großen Einfluß dieses Historikers auf Cicero zu rechnen: Tatsächlich findet sich bei Cicero nicht ein einziges Zitat aus dem Werk des Macer.[516]
Auch die Versuche, Spuren einer Benutzung der Annalen des Macer in der Archäologie im zweiten Buch De re publica[517] oder in den Ausführungen Ciceros über die Redner der Frühen Römischen Republik im Brutus[518] nachzuweisen, sind als erfolglos anzusehen; mehr als vage Indizien ohne jede Beweiskraft können für solche Vermutungen nicht angführt werden.

---

[514] Sallust, Jugurtha 95. 2: L. Sisenna, optume et diligentissume omnium, qui eas res dixere, persecutus, parum mihi libero ore locutus videtur (sc. de L. Sullae rebus gestis).

[515] De legib. l. 7: Nam quid Macrum numerem? Cuius loquacitas habet aliquid argutiarum, nec id tamen ex illa erudita Graecorum copia, sed ex librariolis Latinis, in orationibus autem multas ineptias, elatio summam inpudentiam.

[516] Die einzige Erwähnung seines Geschichtswerkes durch Cicero findet sich De legib. l. 7 (s. o. Anm. 515). Das Werk des Macer stellte die römische Geschichte ab urbe condita dar: Peter HRR I CCCLIIIf.

[517] Rawson, Cicero the Historian 36 mit Anm. 34.

[518] Ibid. 42. Dieselbe Auffassung wurde bereits von Zingler 14-18, bes. 16-18 ohne schlüssige Argumente vertreten.

Wenn Cicero somit das Werk des Licinius Macer niemals nachweislich benutzt hat, obwohl er es kannte, dann dürfte der Grund dafür in seinem schlechten Urteil über den Autor zu suchen sein. Anders verhält sich die Sache bei Sisenna. Die von Sisenna behandelte Zeit seit 91 v. Chr. hatte Cicero größtenteils bewußt miterlebt, zum Teil war er selbst an dem Geschehen unmittelbar beteiligt gewesen.[519] Ferner war er mit vielen führenden Persönlichkeiten dieser Zeit persönlich bekannt, so daß er sich für Informationen über diese Epoche nicht unbedingt auf ein historisches Werk berufen mußte, sondern auf sein eigenes Wissen und das von ihm selbst Erlebte[520] oder auf mündliche Informationen anderer, vorzugsweise älterer Zeitgenossen zurückgreifen konnte.
Wie enorm Ciceros Möglichkeiten waren, sich über die Jahre seit 91 v. Chr. zu informieren, wird besonders deutlich, wenn man in Betracht zieht, daß Cicero mit fast allen Autoren, die über diese Zeit publiziert hatten, persönlich bekannt war, etwa mit L. Licinius Lucullus, cos. 74 v. Chr., der eine Geschichte des Bundesgenossenkrieges in griechischer Sprache geschrieben hatte,[521] mit dem Redner Q. Hortensius Hortalus, cos. 69 v. Chr., der wie Lucullus am Bundesgenossenkrieg teilgenommen und ein lateinisches Epos über die Ereignisse verfaßt hatte,[522] mit L. Lucceius,

---

[519] Über Ciceros Teilnahme am Bundesgenossenkrieg: Gelzer, Cicero 5f. Der Bundesgenossenkrieg ist die Caesur, mit der für Cicero die Zeitgeschichte beginnt.

[520] Ein instruktives Beispiel liefert De divinat. l. 72, wo Q. Cicero ein Vorzeichen, das sich bei einem Opfer Sullas bei Nola ereignet hatte, beschreibt und sich dafür auf die Memoiren Sullas und auf den Augenzeugen M. Cicero beruft: ... ut in L. Sullae scriptum historia videmus, quod te (i. e. Marco Tullio Cicerone) inspectante factum est.

[521] S. u. Kapitel 3. a) mit Anm. 740 und 741.

[522] S. u. Kapitel 2. l) über Hortensius.

praet. 67 v. Chr., der in den fünfziger Jahren ebenfalls ein historisches Werk über den Bundesgenossenkrieg schrieb und dieses bis in seine eigene Zeit herabzuführen gedachte,[523] und auch mit den beiden Historikern L. Cornelius Sisenna, der im Jahre 70 v. Chr. im Verres-Prozeß auf Seiten der Verteidigung gestanden hatte und außerdem ein Bekannter des Atticus war,[524] und C. Licinius Macer, der unmittelbar nach einem Prozeß verstarb, den Cicero als Praetor des Jahres 66 v. Chr. geleitet hatte.[525] Sein eigenes Erleben, seine Vertrautheit mit den Autoren und ihren Werken dürften Cicero ein so deutliches Bild der Zeit seit 91 v. Chr. vermittelt haben, daß er für entsprechende historische Angaben nicht auf ein bestimmtes Werk zurückgreifen mußte, sondern aus seinen umfassenden Vorkenntnissen schöpfen konnte. So war er auch kaum auf das Werk Sisennas angewiesen, und nur für ominöse Träume und obskure Vorzeichen, an die er selbst nicht glaubte, schien es ihm im ersten Buch De divinatione zweckmäßig, Sisenna zu zitieren, um diesen Angaben wenigstens vorläufig einen Anschein von Glaubwürdigkeit zu verleihen, bis er sie im zweiten Buch De divinatione zurückweisen konnte.[526]

---

523 S. u. Kapitel 2. o) über Lucceius.

524 Sisenna als Verteidiger des Verres: Verr. 2. 2. 110. Sisenna als Bekannter des Atticus: Brut. 260 (s. o. Anm. 511).

525 S. o. Anm. 501.

526 S. o. Anm. 507-509.

k) T. Pomponius Atticus

Da Ciceros Liste der römischen Historiker in De legibus mit L. Cornelius Sisenna und C. Licinius Macer endet,[527] umfaßt sie nur Historiker, die zum Zeitpunkt der Entstehung von De legibus bereits seit mehr als einem Jahrzehnt verstorben waren.[528] Über zeitgenössische Historiker, die nach 66 v. Chr. noch lebten, erhalten wir von Cicero weder in De legibus noch in dem 91 v. Chr. angesiedelten Dialog De oratore irgendwelchen Aufschluß.[529]
Dennoch finden sich in Ciceros Schriften sehr zahlreiche, wenn auch sehr verstreute Hinweise auf seine Kenntnisse von Zeitgenossen, die als Historiker tätig waren.
Unter diesen steht zweifellos Ciceros engster Freund, T. Pomponius Atticus, an erster Stelle, der nicht nur ein historisches Werk, den Liber annalis, verfaßt hatte, sondern mit Cicero auch schriftlich und mündlich Informationen über historische Themen austauschte.
Nach dem Erscheinen von Ciceros sechs Büchern De re publica im Jahre 51 v. Chr. und vor der Publikation des ciceronischen Brutus 46 v. Chr. hatte Atticus seinen Liber annalis publiziert, in dem nach Art eines Nachschlagewerkes die wichtigsten Namen, Daten

---

[527] De legib. 1. 7; zu diesen beiden Historikern: s. o. Kapitel 2. j).

[528] S. o. Kapitel 2. j) mit Anm. 501.
Das Prinzip, nur verstorbene Autoren zu besprechen, befolgt Cicero ausdrücklich im Brutus: Brut. 231, 248, 251, wobei er allerdings einige prominente Ausnahmen zuläßt, nämlich sich selbst (Brut. 305-324), Caesar und M. Marcellus, cos. 51 v. Chr., (Brut. 248-262) sowie den anderen Konsul von 51 v. Chr., Ser. Sulpicius Rufus (Brut. 150). In De legibus wird dieses Prinzip, nur Verstorbene zu besprechen, zwar nicht formuliert, aber de facto strenger befolgt als im Brutus.

[529] De orat. 2. 51-54.

und Ereignisse aus den siebenhundert Jahren der römischen Geschichte zusammengestellt waren.[530]
Cicero spricht diesem Werk oder vielmehr seinem Autor ein hohes Lob aus und nennt ihn "rerum Romanarum auctorem religiosissimum",[531] aber er ist sich auch der Grenzen des Liber annalis

---

[530] Zur Datierung des Liber annalis: Münzer, Atticus 50f. mit Anm. 1.
Den Inhalt des Liber annalis charakterisiert Cicero Orat. 120: Cognoscat (sc. orator) etiam rerum gestarum et memoriae veteris ordinem, maxime scilicet nostrae civitatis, sed etiam imperiosorum populorum et regum inlustrium. Quem laborem nobis Attici nostri levavit labor, qui conservatis notatisque temporibus, nihil cum inlustre praetermitteret, annorum septingentorum memoriam uno libro conligavit. Vgl. Brut. 15 (s. u. Anm. 532).
Vermutlich hat Atticus die nicht-römische Geschichte nur einbezogen, soweit sie unmittelbar mit der römischen zusammenhing. Das völlige Überwiegen der römischen Geschichte im Liber annalis wird sowohl von Ciceros Formulierung Orat. 120 nahegelegt (annorum septingentorum memoriam, was von 46 v. Chr. an gerechnet etwa auf 754/3 v. Chr., das Gründungsjahr Roms nach Atticus, führt) als auch durch seine Würdigung des Atticus als "rerum Romanarum auctorem religiosissimum" (Brut. 44 am Ende eines Abschnittes, in dem durchaus auch griechische Geschichte zur Sprache kommt!). Vgl. die Charakterisierung des Liber annalis bei Cornelius Nepos, Atticus 18. 2: Nulla enim lex neque pax neque res illustris est populi Romani, quae non in eo (sc. libro) suo tempore sit notata.
Dagegen kann Münzers Behauptung, Atticus 84, Atticus habe insbesondere die Geschichte seiner zweiten Heimat Athen einbezogen, worauf Münzer dann Ciceros Ausführungen über athenische Redner Brut. 26-52 zurückführen will, keinen Bestand haben. Überhaupt ist eine Benutzung des Liber annalis für Fragen der griechischen Geschichte durch Cicero nirgends nachweisbar; gegen Münzer, Atticus 77-85.

[531] Das Zitat Brut. 44, nachdem Cicero dort eine zuvor von Atticus vertretene Meinung über den Tod Coriolans akzeptiert hatte.
Zu "religiosus" im Zusammenhang mit Geschichtsschreibung vgl. Plinius, Epist. 8. 5. 5 (Avunculus meus ... historias et quidem religiosissime scripsit.) und die Definition im OLD 1606: scrupulous with regard to accuracy or correctness. Vgl. das Prädikat "perdiligenter" für den Liber annalis (Brut. 14; s. u. Anm. 532).

bewußt: Der geringe Umfang von nur einem Buch hatte zur Folge, daß nur eine sehr knappe Auswahl der Ereignisse geboten werden konnte und daß auf Details sicher verzichtet werden mußte.[532] Der wesentliche Vorteil des Liber annalis des Atticus bestand also nicht darin, daß er eine ausführliche und auf Vollständigkeit zielende Darstellung der römischen Geschichte gegeben hätte, wie es die Werke der Annalisten üblicherweise anstrebten, sondern darin, daß durch die Reduktion des Umfanges auf nur ein Buch und die Konzentration auf die Angabe von Daten die Untersuchung chronologischer Fragen entscheidend erleichtert wurde.[533]
Vielleicht hat Atticus im Liber annalis gelegentlich auf Widersprüche in der Überlieferung hingewiesen, soweit sie die Chronologie betrafen, aber der Auseinandersetzung mit den Quellen und der Darstellung der eigenen Argumentation waren durch den geringen Umfang des Werkes entsprechend enge Grenzen gesetzt.[534]
Cicero hat den Liber annalis des Atticus denn auch nur als Hilfsmittel für eigene, weitergehende Untersuchungen angesehen und benutzt. Das für Cicero maßgebliche Geschichtswerk konnte er bei

---

[532] Der Umfang von nur einem Buch: Orat. 120 (s. o. Anm. 530). Die Kürze des Werkes läßt Cicero Brut. 13f. durch Brutus hervorheben: (Brutus:) Sed scire cupio, quae te Attici litterae delectaverint ... Quodnam tandem genus istuc tam praeclarum litterarum fuit (sc. quas Atticus Ciceroni misit)? ... Nempe eum (sc. librum) dicis, inquit, quo iste omnem rerum memoriam breviter et, ut mihi quidem visum est, perdiligenter complexus est?

[533] Brut. 15 sagt Cicero in eigener Person: Ille (sc. liber) vero et nova (sc. habuit) mihi multa et eam utilitatem, quam requirebam, ut explicatis ordinibus temporum uno in conspectu omnia viderem.
Vgl. Münzer, Atticus 85. Niebuhr, Quellen der römischen Geschichte 36: "Atticus' Annalen scheinen nur Tabellen gewesen zu sein."

[534] So dürfte kaum die gesamte Diskussion Brut. 42-44 über den Tod des Coriolan und des Themistokles auf den Liber annalis des Atticus zurückgehen; so auch Münzer, Atticus 85.

aller Wertschätzung, die Cicero dem Verfasser entgegenbrachte, niemals werden.
Einige Beispiele für die Benutzung des Liber annalis durch Cicero sind - zumeist im Brutus, der nicht lange nach der Publikation des Liber annalis entstanden ist - zweifelsfrei bezeugt. Sie betreffen, dem Charakter dieses Werkes gemäß, in der Regel die Festsetzung von Daten.
So hat Cicero das Geburtsjahr des Ennius[535] und das umstrittene Datum der ersten Aufführung eines Dramas des Livius Andronicus[536] nach Atticus angegeben und in beiden Fällen das Ereignis nicht nur nach den Konsuln datiert, sondern auch die Jahreszahl ab urbe condita nach Atticus angegeben.
Auch das Datum der Athener Philosophengesandtschaft nach Rom war bei Atticus verzeichnet. Cicero hat es dort nachgeschlagen und feststellen müssen, daß zwar das Datum, nicht aber - wohl typisch für die Kürze des Liber annalis - der Zweck der Gesandtschaft angegeben war. Daraufhin bat er Atticus brieflich um Auskunft, ob seine eigene Vermutung zutreffe, die Gesandtschaft sei nach Rom gekommen, um über die Stadt Oropos zu verhandeln.[537] Der Liber annalis allein war also nicht geeignet, mehr als das Datum (und vielleicht die Zusammensetzung, die Cicero allerdings schon lange bekannt war[538]) der Gesandtschaft zu klären.

---

[535] Brut. 72f.

[536] Brut. 72: ... Livius (sc. Andronicus) ... primus fabulam C. Claudio Caeci filio et M. Tuditano consulibus docuit, anno ipso, antequam natus est Ennius, post Romam conditam autem quartodecimo et quingentesimo, ut hic (i. e. Atticus) ait, quem nos sequimur.

[537] Ad Attic. 12. 23. 2 aus dem März 45 v. Chr.

[538] Cicero nennt alle drei Gesandten, Karneades, Kritolaos und Diogenes von Babylon, bereits Jahre vor dem Brief Ad Attic. 12. 23 in De orat. 2. 155, worauf er 2. 157-160 noch Bemerkungen über diese drei Philosophen folgen läßt. In dem

Auch das Gründungsdatum Roms, wie es Atticus im Liber annalis festgesetzt hatte, wird von Cicero im Brutus zugrundegelegt,[539] nachdem er in De re publica noch das polybianische Datum vorausgesetzt hatte.[540]
Ebenfalls im Liber annalis hatte sich Atticus über den Tod Coriolans geäußert und die Tradition über dessen Selbstmord abgelehnt.[541] Nachdem Cicero zuvor die entgegengesetzte Version im Brutus dargelegt hatte, läßt er diese von Atticus als Fiktion zurückweisen, um sich schließlich selbst von ihr zu distanzieren und sich der Auffassung des Atticus anzuschließen.[542]
Weitere Stellen im Brutus lassen sich nicht zweifelsfrei auf den Liber annalis des Atticus zurückführen.
Insbesondere stammen Ciceros Informationen über die griechischen Redner im Zeitalter des Themistokles und der folgenden Epoche[543] nicht "ex Attici monumentis", also dem Liber annalis des Atticus, wie die meisten Codices fälschlich überliefern, sondern "ex Atticis monumentis", also aus der attischen Überliefe-

---

Brief Ad Attic. 12. 23 spricht Cicero ferner von "ea legatio" als etwas Bekanntem.

[539] Brut. 72; s. o. Anm. 536.

[540] De re pub. 2. 18, vgl. 2. 27.

[541] Brut. 42: (Cicero:) ... uterque (i. e. Themistocles et Coriolanus) ... se ad hostis contulit conatumque iracundiae suae morte sedavit. Nam etsi aliter apud te est, Attice, de Coriolano, concede tamen, ut huic generi mortis potius adsentiar.

[542] Brut. 42: (Atticus:) Ut enim tu de Coriolano, sic Clitarchus, sic Stratocles de Themistocle finxit. Brut. 44 lenkt Cicero dann ein: Sit sane ..., ut libet, de isto (i. e. Coriolano).

[543] Brut. 28.

rung, wie bereits Lambinus gesehen hat.[544] Zunächst kann, wenn nicht alles, was uns über den Inhalt des Liber annalis sonst überliefert ist, in die Irre führt, die Behandlung griechischer Geschichte dort keinen oder nur ganz geringen Raum eingenommen haben.[545] Atticus war also kaum die gegebene Quelle für Ausführungen über athenische Redner. Entscheidend gegen die Überlieferung "ex Attici monumentis" ist aber ein anderer Gesichtspunkt; denn der Ausdruck "Attici monumenta" zur Bezeichnung des Liber annalis ist nicht nur seltsam, zumal es für ihn keine einzige Parallele gibt,[546] er wird vollends dadurch unmöglich, daß Cicero an der betreffenden Stelle im Brutus zu Atticus selbst spricht und deshalb dessen Werk als "monumenta tua" (eine Formulierung übrigens, für die es gute Parallelen bei Cicero gibt) hätte bezeichnen müssen.[547]

---

[544] Pace Münzer, Atticus 80f. Auch Douglas ad loc. zieht im Anschluß an "most recent edd." die in den Codices überwiegende Lesart vor. Tatsächlich sind nach Münzers Atticus-Aufsatz aus dem Jahre 1905 mehrere Herausgeber seiner Konstituierung des Textes Brut. 28 gefolgt: bereits 1908 Jahn-Kroll (mit Münzers Argumenten, aber ohne Münzer zu zitieren); 1949 Barwick; 1960 Martha; 1965 Malcovati unter Berufung auf Münzer.

[545] S. o. Anm. 530.

[546] Münzer, Atticus 81 nennt als angeblich Parallelen Brut. 181 (monumenta ... nec aliorum nec ipsorum), Ad familiar. 5. 12. 1 (monumentis ... tuis) und Phil. 2. 20 (monumentorum meorum).
An keiner dieser Stellen wird aber monumentum mit dem Genitiv eines Autorennamens verbunden, wie es Münzer für Brut. 28 will. Eine solche Junktur findet sich bei Cicero überhaupt nicht; auch TLL 8.2, 1464f. führt keine derartige Junktur an - außer eben Brut. 28 unter Berufung auf Münzer.

[547] Die Parallen s. o. Anm. 546.
Münzer, Atticus 81 will in Brut. 72 (Atticus scribit) einen Beleg sehen, daß im Brutus von Atticus trotz seiner Anwesenheit in der dritten Person gesprochen werden konnte. Dabei übersieht er den entscheidenden Unterschied, daß Atticus

Infolgedessen darf keinesfalls daran gedacht werden, den schon lange als falsch erkannten Ausdruck "ex Atticis monumentis", der nicht nur ohne jede Parallele ist und zu Widersprüchen mit unseren übrigen Kenntnissen vom Inhalt des Liber annalis führt, sondern der an der betreffenden Stelle auch sprachlich völlig unmöglich ist, wieder in den Text zu setzen.[548]
Daneben ist auch der Versuch, aus dem Vorhandensein von chronologischen Angaben im Brutus und in späteren Schriften Ciceros, die für das Verständnis der entsprechenden Stellen nicht unbedingt notwendig sind, jeweils auf die Benutzung des Liber annalis durch Cicero zu schließen, als mißlungen anzusehen.[549] Auf chronologische Einzelheiten, die der Zusammenhang seiner Argumentation nicht unbedingt erforderte, pflegte Cicero nämlich bereits Wert zu legen, lange bevor der Liber annalis erschienen war. Schon in seinem Exkurs über die letzten Tage des L. Licinius Crassus, cos. 95 v. Chr., im dritten Buch De oratore[550] oder bei seinen Bemerkungen in De re publica über Numa Pompilius und Pythago-

---

Brut. 28 direkt angesprochen wird (vgl. Brut. 26), so daß Cicero von ihm unmöglich wie von einer dritten Person sprechen kann, während Cicero Brut. 72 nicht mit Atticus, sondern mit Brutus spricht, also von Atticus notwendig in der dritten Person sprechen muß. Brut. 72 beweist daher gar nichts für Brut. 28.

[548] Bereits Peter HRR II XXVII Anm. 4 hat Münzers Thesen abgelehnt und die Lesart "ex Atticis monumentis" für Brut. 28 verteidigt.

[549] Pace Münzer, Atticus passim, bes. 92f.
Erst recht hat Cicero das Werk des Atticus nicht für seine Reden der fünfziger Jahre benutzt, wie von Albrecht, RE Suppl. 13 (1973) 1307 unter Berufung auf die allerdings mißverständlichen Äußerungen Schoenbergers, Reden 47-49 meint, wo dies so nicht behauptet wird. Der Liber annalis entstand erst nach 51 v. Chr., vermutlich erst 47/46 v. Chr.: Münzer, Atticus 50f. mit Anm. 1.

[550] De orat. 3. 1-3, 6.

ras sowie über die Gründungsdaten Roms und Karthagos[551] geht Cicero in seinem Bemühen um chronologische Genauigkeit weit über das notwendige Maß hinaus.
Größere Bedeutung als die Benutzung des Liber annalis hatte für Cicero seine Korrespondenz mit Atticus über historische Fragen, die sich ihm bei der Abfassung seiner zahlreichen philosophischen Schriften stellten.
Diese Korrespondenz mit Atticus über Geschichte stammt zwar hauptsächlich aus den vierziger Jahren, setzt allerdings schon in den fünfziger Jahren ein, als Cicero an De re publica arbeitet und Atticus zunächst brieflich darum bittet, dessen Bibliothek benutzen zu dürfen, um dort die Werke Varros einzusehen.[552]
Nach der Publikation von De re publica im Jahre 51 v. Chr. reiste Cicero zur Übernahme seiner Statthalterschaft nach Kilikien ab,[553] wohin ihm Atticus nach Monaten einen Brief schrieb, in dem er das Werk Ciceros zwar rühmt, aber an einer historischen Angabe Anstoß nimmt und Cicero fragt, weshalb er die Aedilität des Cn. Flavius nach dem Jahre 450 v. Chr. angesetzt habe.[554]

---

[551] De re pub. 2. 28f. sowie 2. 18 und 42.

[552] Ad Attic 4. 14. 1 aus dem Mai 54 v. Chr.: Velim domum ad te scribas, ut mihi tui libri pateant non secus ac si ipse adesses, cum ceteri tum Varronis; est enim mihi utendum quibusdam rebus ex his libris ad eos, quos in manibus habeo.
In dieser Zeit arbeitete Cicero an De re publica, wie aus dem etwa gleichzeitigen Brief Ad Quint. frat. 2. 13. 1 und dem etwas späteren Ad Attic. 4. 16. 2 hervorgeht.

[553] Im Mai 51 v. Chr. schreibt Caelius an Cicero (Ad familiar. 8. 1. 4): Tui politici libri omnibus vigent.

[554] Ad Attic. 6. 1. 8 zeigt sich Cicero befriedigt, daß Atticus an De re publica Gefallen finde: quos (sc. sex de re publica libros) tibi tam valde probari gaudeo. Er fährt ibid. fort: E quibus unum ἱστορικὸν requiris de Cn. Flavio

Cicero antwortet in einem langen Brief aus Laodikeia,[555] in dem er unter anderem auf verschiedene historische Fragen zu sprechen kommt.[556] Zu Cn. Flavius wiederholt er seine in De re publica dargelegte Auffassung, dessen politische Tätigkeit sei nach 450 v. Chr. anzusetzen, da seine kurulische Aedilität bezeugt und dieses Amt erst lange nach 450 v. Chr. eingeführt worden sei.[557] Dem Einwand des Atticus, nach 450 v. Chr., also nach der Publikation der Zwölf-Tafel-Gesetze, hätte es wenig Sinn gehabt, die Fasten zu publizieren (was die Überlieferung dem Cn. Flavius zuschrieb), da diese auch in den Zwölf Tafeln enthalten gewesen seien, begegnet Cicero mit dem Hinweis auf die verbreitete Meinung, wonach die betreffende der Zwölf Tafeln mit den Fasten der Öffentlichkeit vorenthalten worden sei, so daß deren Publikation durch Cn. Flavius doch ihren Sinn gehabt habe. Cicero schließt mit der Bemerkung, nicht er oder der in De re publica sprechende Scipio hätten den Bericht über Cn. Flavius erfunden (was Atticus auch kaum angenommen haben dürfte), sondern zahlreiche Autoren hätten es so überliefert.[558]

Anni filio.
Die folgenden Ausführungen Ciceros zeigen dann, daß Atticus nach der Chronologie gefragt hatte; s. u. Anm. 557.

[555] Ad Attic. 6. 1.

[556] Ad Attic. 6. 1. 8, 17, 18.

[557] Ad Attic. 6. 1. 8: Ille (i. e. Cn. Flavius) vero ante decemviros non fuit, quippe qui aedilis curulis fuerit, qui magistratus multis annis post decemviros institutus est.

[558] Der Einwand ibid.: Quid ergo profecit, quod protulit fastos?
Ciceros Antwort ibid.: Occultatam putant quodam tempore istam tabulam, ut dies agendi peterentur a paucis; nec vero pauci sunt auctores Cn. Flavium scribam fastos protulisse actionesque composuisse, ne me hoc vel potius Africa-

Später kommt Cicero in demselben Brief nochmals auf Cn. Flavius zurück,[559] nachdem er sich über die historischen Bildungslücken des Metellus Scipio, cos. 52 v. Chr., lustig gemacht hat.[560] Diesem seien nicht einmal die Ämterlaufbahnen seiner berühmten Vorfahren bekannt, was ganz unverzeihlich sei, während seine eigenen Ausführungen über Cn. Flavius in De re publica zwar vielleicht falsch, aber doch in Übereinstimmung mit der "publica opinio" seien. Atticus hatte jedenfalls den Gegenbeweis gegen die auch von Cicero geteilte herrschende Meinung nicht antreten können und die Unlösbarkeit des Problems einräumen müssen.
Zu einem anderen historischen Komplex sind gleich drei Briefe Ciceros aus dem März 45 v. Chr. erhalten, als Cicero nach dem Tode seiner Tochter Tullia an der Consolatio ad se ipsum arbeitete.[561] In diesen Schreiben[562] hat Cicero sich bei Atticus nach Personen erkundigt, die er eventuell als tröstende Beispiele in der Consolatio erwähnen wollte; dazu mußte er wissen, ob die Betreffenden wie er selbst den Verlust eines Kindes erlitten hatten oder ob sie vor ihren Kindern verstorben waren. In diesem Zusammenhang erkundigt Cicero sich bei Atticus zunächst nach einem Servilius Caepio, entweder dem Konsul von 141 v. Chr. oder demje-

---

num (is enim loquitur) commentum putes.

[559] Ad Attic. 6. 1. 18: Nam illud de Flavio et fastis, si secus est, commune erratum est (et tu belle ἠπόρησας et nos publicam prope opinionem secuti sumus) ...

[560] Ad Attic. 6. 1. 17, erneut 6. 1. 18.

[561] Zum Tod der Tullia: Gelzer, Cicero 290f.

[562] Ad Attic. 12. 20, 22, 24.

nigen von 140 v. Chr.,[563] und Rutilia, der Mutter des C. Aurelius Cotta, des Konsuls von 75 v. Chr.,[564] dann erneut nach Rutilia[565] und zusätzlich nach Clodia, der Mutter des D. Brutus, des Konsuls von 77 v. Chr.,[566] und schließlich nach P. Licinius

---

[563] Ad Attic. 12. 20. 2: Velim me facias certiorem proximis litteris, Cn. Caepio, Serviliae Claudi pater, vivone patre suo naufragio perierit an mortuo. Nach Münzer, Adelsparteien 253-255 (vgl. den Stammbaum I, ibid. 224) handelt es sich bei dem Vater des Ertrunkenen um Cn. Servilius Caepio, cos. 141 v. Chr., cens. 125 v. Chr.; angezweifelt von Shackleton Bailey, Ad Attic. 5, 315; Sumner, Orators in Cicero' s Brutus 162f. zieht Q. Servilius Caepio, cos. 140 v. Chr., vor.
Münzer, Ciceros Consolatio 393 schließt aus dem Fehlen der Servilii bei Hieronymus, Epist. 60. 5 (s. u. Anm. 569), Cicero habe sie in der Consolatio nicht genannt; dagegen allgemein s. u. Anm. 571; besonders für die beiden Servilii gilt, daß Hieronymus sie, auch wenn sie in Ciceros Consolatio erwähnt worden sein sollten, schlecht unter denjenigen, "quorum virtutibus quasi quibusdam stellis Latinae micant historiae" und "quorum ... in bellis virtus" hervorragte, hätte anführen können; denn von Cn. Caepio wissen wir hinsichtlich militärischer Leistungen nichts, und sein Bruder Q. Caepio ist als Statthalter der Hispania ulterior besonders dadurch hervorgetreten, daß er den Anführer der Spanier, Viriathus, heimtückisch ermorden ließ: Liv. Per. 54. Beide Brüder waren als Beispiele bei Hieronymus ungeeignet, auch wenn Cicero sie erwähnt hätte.

[564] Ad Attic. 12. 20. 2: Velim me facias certiorem proximis litteris ... Rutilia vivone C. Cotta filio suo mortua sit an mortuo.
Atticus konnte die Frage nicht sofort klären, woraufhin Cicero, Ad Attic. 12. 22. 2 ungeduldig zurückschreibt: De Rutilia quoniam videris dubitare, scribes ad me cum scies, sed quam primum.

[565] Ad Attic. 12. 22. 2; s. o. Anm. 564.

[566] Ad Attic. 12. 22. 2: (Sc. Scribes ad me) num Clodia D. Bruto consulari, filio suo, mortuo vixerit. Über Clodia s. Münzer, Ciceros Consolatio 404-408.

Crassus, cos. 97 v. Chr.,[567] und einem gewissen Lepidus.[568] Von diesen Persönlichkeiten hat Cicero dann sicher P. Licinius Crassus[569] und höchstwahrscheinlich Rutilia[570] in der Conso-

---

[567] Ad Attic. 12. 24. 2: Et ut ad meas ineptias redeam, velim me certiorem facias, P. Crassus Venuleiae filius vivone P. Crasso consulari, patre suo, mortuus sit, ut ego meminisse videor, an postea.
Mit dem Konsular P. Crassus ist der Konsul des Jahres 97 v. Chr. und Censor des Jahres 89 v. Chr. gemeint; er beging 87 v. Chr. Selbstmord. Über ihn und den Tod seiner Söhne s. Münzer, Ciceros Consolatio 393 (mißverstanden von Sumner, Orators in Cicero' s Brutus 164: Münzer nimmt loc. cit. keineswegs an, Cicero habe P. Crassus in der Consolatio nicht erwähnt; vgl. unten Anm. 569).

[568] Ad Attic. 12. 24. 2: Item quaero de Regillo Lepidi filio, rectene meminerim patre vivo mortuum.
Vielleicht ist mit Lepidus der Konsul von 77 v. Chr., Mam. Aemilius Lepidus, gemeint, wie Münzer, Adelsparteien 313f. und id., Ciceros Consolatio 393 glaubt. Sumner, Orators in Cicero' s Brutus 164 zieht M. Aemilius Lepidus Porcina, cos. 137 v. Chr., vor, den Cicero auch Brut. 295, 333 nur mit dem Cognomen "Lepidus" bezeichnet.

[569] Cicero hat jedenfalls einen Crassus in der Consolatio genannt (und dieser dürfte der Ad Attic. 12. 24. 2 erwähnte P. Licinius Crassus sein; s. o. Anm. 567), wie aus Hieronymus, Epist. 60. 5 hervorgeht: Quid memorem Romanos duces, quorum virtutibus quasi quibusdam stellis Latinae micant historiae. Pulvillus Capitolium dedicans mortuum, ut nuntiabatur, subito filium se iussit absente sepeliri. Lucius Paulus septem diebus inter duorum exequias filiorum triumphans Urbem ingressus est. Praetermitto Maximos, Catones, Gallos, Pisones, Brutos, Scaevolas, Metellos, Scauros, Marios, Crassos, Marcellos atque Aufidios, quorum non minor in luctu quam in bellis virtus fuit, et quorum orbitates in Consolationis libro Tullius explicavit.
Unklar Sumner, Orators in Cicero' s Brutus 164: "Neither P. Crassus nor Lepidus figures in Jerome' s list." Aemilii (Lepidi) werden tatsächlich nicht bei Hieronymus genannt, sehr wohl aber (Licinii) Crassi.

[570] Aus Seneca, Consolatio ad Helviam 16. 7 folgt, daß Cotta tatsächlich vor seiner Mutter Rutilia starb; also dürfte Cicero den Fall auch in seiner Consolatio erwähnt haben. (Hieronymus nennt sie selbstverständlich nicht! S. u. Anm. 571.)

latio erwähnt, während das Ergebnis der Nachforschungen des Atticus in den anderen Fällen unsicher bleibt; womöglich waren die Betreffenden vor ihren Kindern gestorben und kamen daher für eine Erwähnung in der Consolatio nicht in Betracht.[571]
Ebenfalls im März 45 v. Chr. erkundigt sich Cicero bei Atticus nach Details über die Athener Philosophengesandtschaft des Jahres 155 v. Chr. Zwar war das Datum der Gesandtschaft im Liber annalis des Atticus verzeichnet, Cicero kannte auch die Namen der drei Gesandten, und er meinte darüberhinaus zu wissen, bei den Verhandlungen der Gesandtschaft in Rom sei es um die Stadt Oropos gegangen, aber er interessierte sich für den genauen Gegenstand der Kontroverse um diese Stadt und außerdem für die Namen der damals führenden Politiker Athens sowie des bekanntesten Epikureers dieser Zeit.[572] Was Cicero auf diese Anfrage

---

So auch Münzer, Ciceros Consolatio 401-403, bes. 402.

[571] Hieronymus, Epist. 60. 5 (s. o. Anm. 569) hat offensichtlich nur römische Heerführer genannt, die Trauerfälle tapfer ertragen haben. Er behauptet nicht, alle von Cicero in der Consolatio gegebenen Beispiele aufzuzählen. Insbesondere die Frauen, die Cicero erwähnt hat, fehlen bei Hieronymus (s. o. Anm. 570); vgl. Münzer, Ciceros Consolatio 404. Da Hieronymus, wie er selbst sagt, nur Männer erwähnt, die sich durch Kriegsruhm ausgezeichnet hatten, während es möglich ist, daß bei Cicero auch Beispiele von Personen genannt wurden, die nicht unter diese Rubrik der "duces" fielen und die Hieronymus daher weggelassen hat, ist es nicht möglich, aus dem Fehlen von Namen in der Liste des Hieronymus auf das Fehlen dieser Personen in Ciceros Consolatio zu schließen, wie Münzer, Ciceros Consolatio 393 (über Lepidus, s. o. Anm. 568), 398 (über Servilius Caepio, s. o. Anm. 563) und erneut 404 (grundsätzlich) will.

[572] Ad Attic. 12. 23. 2: Quibus consulibus Carneades et ea legatio Romam venerit, scriptum est in tuo annali. Haec nunc quaero, quae causa fuerit - de Oropo, opinor, sed certum nescio; et si ita est, quae controversiae. Praeterea, qui eo tempore nobilis Epicureus fuerit Athenisque praefuerit hortis, qui etiam Athenis πολιτικοὶ fuerint inlustres. Quae te etiam ex Apollodori puto posse

von Atticus erfuhr, ist nicht überliefert.
Auf die Tatsache, daß er historische Auskünfte von Atticus erhielt, weist Cicero auch in einer seiner - im Gegensatz zu den Briefen - von vornherein für die Publikation bestimmten Schriften hin. Als er nämlich im zweiten Buch De finibus gegen die von den Epikureern vertretene Lehre polemisiert, alles menschliche Handeln sei vom Streben nach dem eigenen Nutzen bestimmt, kündigt er an, Atticus werde ihm "e thesauris suis" Informationen über historische Persönlichkeiten zur Verfügung stellen, deren selbstloser Einsatz für das Gemeinwohl die epikureische These widerlege.[573] Mit diesen "thesauri" des Atticus kann Cicero nicht den Liber annalis gemeint haben, der nicht geeignet war, die erforderlichen Einzelheiten zu vermitteln.[574] Vielmehr dürfte Cicero hier an den Kenntnisschatz des Atticus gedacht habe, wie dieser ihn in seinen Werken über die Familien der Iunii, Marcelli, Fabii und Aemilii dargeboten hat.[575]

---

invenire.
Der Sinn der Anfrage besteht offensichtlich darin, daß Cicero besonders erwähnen wollte, daß das Haupt der von ihm verachteten Epikureer im Gegensatz zu den Stoikern, Akademikern und Peripatetikern nicht für würdig gehalten wurde, an der Gesandtschaft teilzunehmen.
Vgl. oben Anm. 538. Zu Ciceros Hinweis auf Apollodor vgl. Shackleton Bailey (comment.), ad loc. und Sumner, Orators in Cicero' s Brutus 163f.

[573] De finib. 2. 67: Nunc vero, quoniam haec tractare coepimus, suppeditabit nobis Atticus noster e thesauris suis quos et quantos viros!

[574] Zur Kürze des Werkes: s. o. Anm. 532. Auch das Futur "suppeditabit" De finib. 2. 67 (s. o. Anm. 573) spricht dagegen, daß Cicero hier ein bereits vorliegendes Werk des Atticus wie den Liber annalis gemeint haben könnte.

[575] Cornelius Nepos, Atticus 18. 3f.: Fecit hoc idem separatim in aliis libris, ut M. Bruti rogatu Iuniam familiam a stirpe ad hanc aetatem ordine enumeravit, notans, qui a quo ortus quos honores quibusque temporibus cepisset; (4) pari modo Marcelli Claudii de Marcellorum, Scipionis Cornelii et Fabii Maximi

Aus der Korrespondenz Ciceros mit Atticus über historische Fragen sind ferner sechs Briefe aus der Zeit von Ende Mai bis Anfang Juni 45 v. Chr. erhalten, die sich mit den Gesandten des Senats beschäftigen, die 146 v. Chr. zu L. Mummius nach Korinth gesandt worden waren[576] und die Cicero als Teilnehmer in einem politisch-philosophischen Dialog auftreten lassen wollte.[577] Obwohl es gelang, die Namen der zehn Legaten zu ermitteln und ihre Identität zu klären,[578] hat Cicero den ursprünglich geplanten Dialog aus unbekannten Gründen wohl niemals verfaßt.[579]
Etwa in dieselbe Zeit wie die Korrespondenz über die zehn Legaten von 146 v. Chr. gehört ein Brief Ciceros an Atticus, in dem er um Auskunft über die Tribunatsjahre des späteren pontifex maximus und Konsuls von 133 v. Chr., P. Mucius Scaevola, der den korrupten Praetor von 142 v. Chr., L. Hostilius Tubulus, angeklagt hatte, und des L. Scribonius Libo bittet, der gegen den ehemaligen Statthalter der Hispania ulterior, Ser. Sulpicius Galba, vorgegangen war.[580]
Was Scaevola betrifft, so teilt Cicero Atticus zusammen mit seiner Anfrage die Vermutung mit, dieser sei im Jahre nach der Praetur des Tubulus Volkstribun gewesen. Neben einer Bestätigung dieser

---

Fabiorum et Aemiliorum. Quibus libris nihil potest esse dulcius iis, qui aliquam cupiditatem habent notitiae clarorum virorum.

[576] Zu dieser Korrespondenz (Ad Attic. 13. 30. 2, 32. 3, 33. 3, 5. 1, 6. 4 und 4. 1) s. u. Teil III, Kapitel 1.

[577] Ad Attic. 13. 30. 2.

[578] Ad Attic. 13. 4. 1: Habeo munus a te elaboratum decem legatorum.

[579] So die communis opinio: Gelzer, Cicero 316; Shackleton Bailey (comment.) ad Ad Attic. 13. 30. 2.

[580] Ad Attic. 12. 5 b.

Annahme bittet er Atticus darum, zu eruieren, aufgrund welcher strafrechtlichen Bestimmung Tubulus von Scaevola zur Rechenschaft gezogen worden war. Auch über das Tribunatsjahr des Libo hatte Cicero bereits eine ziemlich genaue Vorstellung, als er an Atticus schrieb. Er fragt nämlich ganz präzise danach, ob Libo 150 oder 149 v. Chr. Volkstribun gewesen sei.

Abschließend äußert sich Cicero in demselben Brief noch über eine weitere historische Frage, nämlich das Problem der Identität der beiden Gai Fannii, Marci et Gai filii,[581] über die aufgrund der anscheinend widersprüchlichen, jedenfalls aber unklaren Angaben in den Quellen zwischen ihm und Atticus Differenzen bestanden.[582]

Cicero sah seine eigene Auffassung, der Historiker C. Fannius sei mit dem Schwiegersohn des C. Laelius identisch, durch die Epitome, die M. Brutus vom Werk des Fannius angefertigt hatte, gegen die Einwände des Atticus bestätigt und erhoffte von diesem eine endgültige Klärung des Problems. Dieser Wunsch Ciceros ist bis heute nicht in Erfüllung gegangen: Da das Resultat der Untersuchungen des Atticus - wie so oft - verloren ist, besteht nach wie vor eine gewisse Unklarheit über die beiden Gai Fannii und ihre Identität.[583]

Naturgemäß können Ciceros Briefe keinen repräsentativen, geschweige denn einen vollständigen Eindruck von seinen Erkundigungen über historische Fragen bei Atticus vermitteln; denn solche Erkundigungen werden sehr häufig, nämlich immer dann, wenn

---

[581] Dazu s. u. Teil III, Kapitel 2.

[582] Ad Attic. 12. 5 b.

[583] Der Optimismus Badians, Early Historians 32 Anm. 60, die Identität des Historikers könne nach Münzer, Fanniusfrage 427f. als geklärt angesehen werden, ist unberechtigt; vgl. Shackleton Bailey (comment.) Ad Attic. 5, 400-403. S. u. Teil III, Kapitel 2.

sich Cicero und Atticus am selben Ort aufhielten und daher keine Notwendigkeit für einen Briefwechsel bestand, in mündlicher Form stattgefunden haben, ohne eine Spur in unserer literarischen Überlieferung hinterlassen zu haben.[584]
Die Bedeutung des Liber annalis des Atticus für Ciceros Beschäftigung mit der Geschichte, dessen Benutzung außer an einer Briefstelle[585] nur im Brutus[586] nachweisbar ist, tritt hinter die Bedeutung des mündlichen und schriftlichen Gedankenaustausches zwischen Cicero und Atticus ganz zurück.[587]

l) Q. Hortensius Hortalus

Mündliche Auskünfte über historische Fragen hat Cicero nicht nur von Atticus, sondern auch von dem berühmten Redner Q. Hortensius Hortalus, cos. 69 v. Chr., erhalten,[588] mit dem er durch eine jahrelange gemeinsame Tätigkeit als Redner und die gemein-

---

[584] Ad Attic. 16. 13 a. 2: Ardeo studio historiae, ... quae quidem nec institui nec effici potest sine tua ope. Coram igitur hoc quidem conferemus.

[585] S. o. Anm. 572.

[586] S. o. den Text mit Anm. 533-551.

[587] So bereits Rambaud 57f.: "La correspondance montre donc, qu' il ne faut pas exagérer sa dépendance par rapport au Liber annalis d' Atticus."

[588] Bei Rambaud 27 ist Hortensius in der Liste der Lehrer und Freunde, von denen Cicero Historisches erfahren konnte, zu ergänzen.

same Mitgliedschaft im Kollegium der Auguren verbunden war.[589]
Fünf Jahre nach dem Tod des Hortensius[590] beruft sich Cicero im Jahre 45 v. Chr., als er mit Atticus über die Senatsgesandtschaft des Jahres 146 v. Chr. zu L. Mummius nach Korinth[591] und über die Identität der beiden Gai Fannii, Gai et Marci filii,[592] korrespondiert, mehrmals auf Äußerungen des Hortensius, dem er in diesem Zusammenhang eine hohe Glaubwürdigkeit bescheinigt.[593]
Auf Hortensius geht Ciceros Information zurück, daß an der Senatsgesandtschaft von 146 v. Chr. ein C. Sempronius Tuditanus teilgenommen hatte; diese Information bestätigte sich im Laufe der Korrespondenz Ciceros mit Atticus über diese Gesandtschaft.[594]
Auch die Auffassung des Hortensius, der Historiker C. Fannius sei mit dem Schwiegersohn des C. Laelius, C. Fannius M. f., identisch, sah Cicero trotz der Einwände des Atticus zunächst als nicht widerlegt an.[595] Das Endergebnis der Untersuchungen Ciceros und des Atticus zu dieser Frage ist allerdings nicht mehr erhalten

---

[589] Brut. 1-3.

[590] Hortensius war im Jahre 50 v. Chr. verstorben: Ad familiar. 8. 13. 2, Ad Attic. 6. 6. 2, Brut. 1.

[591] Ad Attic. 13. 30. 2, 32. 3, 33. 3; s. u. Teil III, Kapitel 1.

[592] Ad Attic. 12. 5 b; s. u. Teil III, Kapitel 2.

[593] Ad Attic. 12. 5 b: Ego tamen de bono auctore Hortensio sic acceperam, ut apud Brutum est.

[594] Ad Attic. 13. 6. 4, 4. 1; s. u. Teil III, Kapitel 1.

[595] Ad Attic. 12. 5 b.

und nur noch schwer zu erschließen.[596]
Ein vermeintliches historiographisches Werk des Hortensius, dessen Existenz gelegentlich aus diesen historischen Informationen Ciceros von Hortensius in Verbindung mit einer vereinzelten Äußerung des Velleius Paterculus über "Annales" des Hortensius erschlossen worden ist,[597] hat bei Cicero keinerlei Spuren hinterlassen. Vermutlich handelt es sich bei den von Velleius erwähnten "Annales" des Hortensius auch gar nicht um ein Geschichtswerk, sondern - wie eine Bemerkung Plutarchs in der Lucullus-Vita zeigt - um ein historisches Epos in lateinischer Sprache über den Bundesgenossenkrieg.[598]
Q. Hortensius Hortalus gehört somit zwar nicht in die Reihe der römischen Historiker,[599] aber durch seine mündlichen Informa-

---

[596] S. u. Teil III, Kapitel 2.

[597] Vell. Pat. 12. 16. 3: (Sc. Minatius Magius), cuius de virtutibus ... Q. Hortensius in Annalibus suis rettulit.
Das Notwendige gegen Kornemann, Zur Geschichte der Gracchenzeit 39, der diese Äußerung auf ein historisches Werk des Hortensius bezieht, hat Münzer, Cicero und Hortensius 197-204 gesagt. Zuvor hatte bereits Peter HRR II XXX die Versuche Kornemanns zurückgewiesen, u. a. die Bemerkung Ciceros Ad Attic. 12. 5 b (s. o. Anm. 593) auf die von Velleius erwähnten Annalen des Hortensius zurückzuführen.

[598] Nach Plutarch, Luc. 1. 5 hatten L. Licinius Lucullus, L. Cornelius Sisenna und Hortensius beschlossen, den Bundesgenossenkrieg in griechischer Prosa, in lateinischer Prosa und in lateinischen Versen zu behandeln. Nun war nach Plutarch dem Lucullus die Behandlung des Themas in griechischer Prosa zugefallen und Sisenna hat es bekanntlich in lateinischer Prosa dargestellt; für Hortensius bleibt daher nur das lateinische Epos. In einem solchen Werk können auch, wie Vell. Pat. 12. 16. 3 sagt (s. o. Anm. 597), die virtutes des Minatius Magius, eines campanischen Führers im Bundesgenossenkrieg, gewürdigt worden sein.

[599] Münzer, Cicero und Hortensius 204.

tionen war auch er eine der Quellen Ciceros für die römische Geschichte.

m) Cornelius Nepos

Unbestritten war Ciceros Zeitgenosse Cornelius Nepos als Historiker tätig. Er hat eine Reihe von Biographien, von denen ein Teil erhalten ist, und ein chronographisches Werk unter dem Titel "Chronica" verfaßt, von dem jedoch nur Fragmente überliefert sind. Während die Biographien des Nepos vielleicht erst aus der Zeit nach Ciceros Tod 43 v. Chr. stammen,[600] dürften die Chronica bereits vor dem Jahre 54 v. Chr. erschienen sein und hätten somit von Cicero benutzt werden können.[601]

---

[600] Die Anhaltspunkte für eine Datierung der Biographien sind jedoch schwach: Peter HRR II LVf. Sie gelten zunächst nur für die Atticus-Vita, für das ganze Werk nur unter der zusätzlichen Voraussetzung, daß Nepos alle sechzehn Bücher De viris illustribus gleichzeitig oder wenigstens ungefähr gleichzeitig publiziert hat. Wenn Nepos aber die sechzehn Bücher De viris illustribus einzeln oder über Jahre in Gruppen publiziert haben sollte, dann folgt aus den in der Atticus-Vita enthaltenen Indizien für eine Publikation nach Ciceros Tod nichts mehr für die übrigen Bücher. Es ist daher nicht sicher auszuschließen, daß einzelne Bücher De viris illustribus Cicero schon vorgelegen haben.

[601] Zum Datum der Chronica: Peter HRR II XXXXI und L aufgrund von Catull 1, wo der Dichter auf die Chronica des Nepos anspielt; da Catull etwa 54 v. Chr. verstorben ist (Schuster, RE 7 A 2 (1948) 2355f.), ergibt sich dieses Jahr als terminus ante quem für die Chronica des Nepos.
Die Benutzung der Chronica des Cornelius Nepos durch Cicero wird häufig unter Verweis auf einen Aufsatz von Rhode über die Chronologie der griechischen Literaturgeschichte aus dem Jahre 1881 (bes. 527 Anm. 1 und 533 mit

Obwohl Cicero das Werk des Cornelius Nepos niemals erwähnt, existiert doch eine ganze Reihe von Übereinstimmungen zwischen chronologischen Angaben Ciceros und solchen des Cornelius Nepos.
So berichtet Cicero im zweiten Buch De re publica, die Lebenszeit Homers werde von den Chronographen spätestens in die Jahre um 914 v. Chr. datiert.[602] Diese Angabe kongruiert durchaus mit dem Ansatz im ersten Buch der Chronica des Cornelius Nepos, wonach Homer etwa 160 Jahre vor der Gründung Roms gelebt

---

Anm. 2) behauptet. Rhodes eher knappe und nicht schlüssige Bemerkungen haben ein beachtliches Eigenleben entfaltet: So folgte ihnen Schoenberger, Briefe 23, der sogar die Benutzung der Biographien des Nepos durch Cicero annimmt (dagegen s. u. Anm. 627). Schoenberger, Reden 49 hatte bereits unter Verweis auf Brut. 72 behauptet, Cicero habe neben dem Werk des Atticus auch Nepos benutzt. Brut. 72 bezeugt zwar die Benutzung von Werken des Accius, des Atticus und von "antiqui commentarii" durch Cicero, ergibt aber gar nichts für eine Benutzung des Cornelius Nepos.
Ebenfalls unter Verweis auf Rhode behaupten die Benutzung der Chronica des Nepos durch Cicero: Peter HRR II LIf., Zingler 37, Laurand 319 mit Anm. 4 sowie Hallward 228 mit Anm. 32. Rambaud 27 mit Anm. 4 erwähnt unkommentiert die haltlose Behauptung Schoenbergers, Briefe 23 über die Benutzung der Biographien des Nepos durch Cicero in verallgemeinerter Form ("Schoenberger ... tient après Rhode ... que Cicéron a utilisé ses travaux."), bestreitet aber mit Recht 58-63, daß die Chronologie von De re publica, wo die einzigen einigermaßen präzisen Anhaltspunkte für eine Benutzung des Nepos durch Cicero vorliegen, abhängig von den Chronica des Nepos sei.
Zutreffend hält Rambaud 61 Anm. 4 die Möglichkeit einer Benutzung der Chronica des Nepos durch Cicero fest. Nachzuweisen ist sie freilich nicht; dazu unten der Text mit Anm. 602-623.

[602] De re pub. 2. 18: Nam centum et octo annis postquam Lycurgus leges scribere instituit, prima posita est olympias ...; Homerum autem, qui minimum dicunt, Lycurgi aetati triginta annis anteponunt fere.
Die Jahreszahl für Homers Lebenszeit ergibt sich damit aus dem Datum der ersten Olympiade (776 v. Chr.) und den beiden Angaben von 108 und 30 Jahren: 776 + 108 + 30 = 914.

habe.[603]
Cicero unterscheidet sich allerdings von Cornelius Nepos dadurch, daß er noch andere Angaben über die Lebenszeit Homers kennt; denn er merkt an, die Datierung in die Jahre um 914 v. Chr. sei der Ansatz derjenigen, die Homer besonders spät datierten;[604] von Cornelius Nepos wissen wir hingegen nur, daß er eben diese Spätdatierung angegeben hat. Alternative Datierungen kommen bei ihm in dem erhaltenen Fragment jedenfalls nicht zur Sprache.[605]
Allein aus dem, was für die Chronica des Cornelius Nepos bezeugt ist, können Ciceros Kenntnisse demnach nicht stammen, und tatsächlich beruft Cicero sich nicht etwa auf Nepos als Quelle für seine Datierung Homers (was in De re publica als krasser Anachronismus ohnehin völlig unmöglich wäre), sondern auf "Graecorum annales."[606]
Zusammen mit dieser Quellenangabe macht die Tatsache, daß Cicero auch Datierungen der Lebenszeit Homers kannte, von

---

[603] Corn. Nepos, Chronica frag. 2 Peter = Gellius 17. 21. 3: Inter omnes fere scriptores constitit ... utrumque (i. e. Homerum et Hesiodum) ... ante Romam conditam vixisse Silviis Albae regnantibus; ... ante Romam autem conditam, ut Cornelius Nepos in primo Chronicorum de Homero dixit, annis circiter centum et sexaginta.
Mit dem Gründungsdatum Roms 751/0 v. Chr., wie es Nepos, Chronica frag. 3 Peter = Solin 1. 27 ansetzt, ergeben sich als Lebenszeit Homers die Jahre um 911/0 v. Chr.

[604] De re pub. 2. 18 (s. o. Anm. 602) heißt es ausdrücklich, dieser Ansatz stamme von denjenigen, "qui minimum dicunt", die also den geringsten zeitlichen Abstand zwischen Homer und Lykurg ansetzten.

[605] Gellius 17. 21. 3; s. o. Anm. 603.

[606] Ohne überzeugenden Grund postuliert Peter HRR II LII mit Anm. 1: "(Sc. Cicero) ex more illius aetatis pro Nepote huius auctores, Graecos annales substituit, i. e. Apollodorum, quocum Polybius eius aequalis consentiebat." So auch Zingler 37f. Richtig dagegen Rambaud 62.

denen nicht bezeugt ist, daß sie auch bei Cornelius Nepos angegeben waren, eine Abhängigkeit Ciceros von den Chronica des Nepos in dieser Frage nicht gerade wahrscheinlich.
Weiterhin stimmt die von Cicero im zweiten Buch De re publica gegebene Datierung der Ankunft des Pythagoras in Italien zwar nicht unmittelbar mit Cornelius Nepos, aber doch mit einer Angabe in den Noctes Atticae des Aulus Gellius überein, die ihrerseits vielleicht auf die Chronica des Cornelius Nepos zurückgeht.[607] Aulus Gellius gibt an, Pythagoras sei unter der Regierung des Tarquinius Superbus in Italien eingetroffen, ohne aber seine Quelle für diese Erkenntnis zu nennen.[608] Ebenso hat

[607] Peter HRR II LII über Gellius 17. 21. 6. Der Grund für die Annahme, die Angabe des Gellius stamme aus Nepos, ist die Tatsache, daß Gellius sowohl kurz vor (17. 21. 3) als auch kurz nach (17. 21. 8) seiner Bemerkung über Pythagoras (17. 21. 6) die Chronica des Nepos zitiert, und zwar für griechisch-römische Synchronismen, die demjenigen in 17. 21. 6 sehr stark ähneln. Allerdings zitiert Gellius im Kapitel 17. 21 nicht nur Nepos, sondern auch "libri, qui chronici appellantur" (17. 21. 1 ohne Bezug auf einen bestimmten Autor), Cassius Hemina (17. 21. 3), die Überlieferung im allgemeinen (memoriae traditum est: 17. 21. 9; memoriae mandatum est: 17. 21. 25; accepimus: 17. 21. 4 und 33), Varro (17. 21. 24 für eine von Nepos abweichende Darstellung des Todes des M. Manlius; 17. 21. 43 und 45 Varros Werk De poetis) sowie einen Ausspruch des Demosthenes (17. 21. 31) und zwei Verse des Porcius Licinus (17. 21. 45), so daß Nepos als Quelle des Gellius in 17. 21. 6 zwar möglich, aber nicht sicher ist. Nepos wird in Kapitel 17. 21 außer 17. 21. 3 und 6 nur noch 17. 21. 24 von Gellius genannt, allerdings nicht für einen griechisch-römischen Synchronismus. Vermutet wird Nepos auch als Quelle für den Synchronismus Themistokles - Coriolan bei Gellius 17. 21. 11f.; dazu s. u. den Text mit Anm. 620-622.

[608] Gellius 17. 21. 6: Postea Pythagoras Samius in Italiam venit Tarquini filio regnum optinente, cui cognomentum Superbus fuit, isdemque temporibus occisus est Athenis ab Harmodio et Aristogitone Hipparchus, Pisistrati filius, Hippiae tyranni frater.
Der Stelle ist nicht mit Rhode 533 Anm. 2 zu entnehmen, daß Pythagoras unter der Regierung des Tarquinius Priscus nach Italien kam.

Cicero im zweiten Buch De re publica die Ankunft des Pythagoras datiert,[609] aber wie bei der Datierung der Lebenszeit Homers gehen die Angaben Ciceros über die des Cornelius Nepos (vorausgesetzt, dieser war hier die Quelle des Aulus Gellius) hinaus, indem Cicero nämlich präzisiert, Pythagoras sei im vierten Jahr der Herrschaft des Tarquinius Superbus in Italien eingetroffen, und indem er zusätzlich den Herrschaftsantritt des Superbus und die Ankunft des Pythagoras in die zweiundsechzigste Olympiade datiert, wovon bei Aulus Gellius nichts zu finden ist.

Ob dergleichen auch in der Quelle des Aulus Gellius stand, ist nicht zu ermitteln; eine Abhängigkeit Ciceros von den Chronica des Cornelius Nepos ist also auch bei der Datierung der Ankunft des Pythagoras in Italien nicht nachweisbar, selbst wenn die entsprechende Angabe des Aulus Gellius tatsächlich auf Cornelius Nepos zurückgehen sollte.

Seine Auffassung über die Chronologie des Pythagoras hat Cicero im ersten Buch der Tusculanen in verkürzter Form wiederholt. Dort gibt er lediglich an, Pythagoras sei unter der Regierung des Tarquinius Superbus in Italien eingetroffen, ohne genau das Jahr zu bestimmen.[610] Diese Angabe geht nun sicher nicht auf die Chronica des Cornelius Nepos zurück, sondern hier hat Cicero seine eigenen, bereits früher in De re publica vorgetragenen Erkenntnisse, mit denen die Ausführungen in den Tusculanen ja

---

[609] De re pub. 2. 28: Nam quartum iam annum regnante Lucio Tarquinio Superbo Sybarim et Crotonem et in eas partis Pythagoras venisse reperitur; olympias enim secunda et sexagesima eadem Superbi regni initum et Pythagorae declarat adventum.

[610] Tusc. 1. 38: Pythagoras ... cum Superbo regnante in Italiam venisset, tenuit Magnam illam Graeciam cum ... disciplina, tum etiam auctoritate. Vgl. Tusc. 4. 3.

durchaus vereinbar sind, erneut verwertet.[611]
Schließlich ist Cicero nicht von den Chronica des Cornelius Nepos abhängig, wenn er im zweiten Buch De re publica die Gründung Roms auf das Jahr 751/0 v. Chr. datiert,[612] sondern gemäß seiner eigenen unmißverständlichen Angabe von den "Graecorum annales".[613] Da Cicero im selben Buch die Zuverlässigkeit des Polybios für chronologische Fragen im allgemeinen rühmt[614] und insbesondere dessen zeitlichen Ansatz der Regierungszeit des Numa Pompilius übernimmt, der ja mit dem Gründungsdatum

---

[611] Pace Rhode 533 Anm. 2, der sich auf Krische, De soc. Pythag. 10 (non vidi) beruft, aber wie Peter HRR II LI die Ausführungen Ciceros über die Chronologie des Pythagoras De re pub. 2. 28 (s. o. Anm. 609) ignoriert. Zu Wiederholungen früherer Ergebnisse Ciceros in den Tusculanen vgl. Rambaud 65f., der allerdings nur Tusc. 4. 3, nicht aber die eigentlich relevante Stelle Tusc. 1. 38 zum Vergleich mit De re pub. 2. 28 heranzieht.

[612] Pace Peter HRR II LII mit Anm. 1 (s. o. Anm. 606).

[613] De re pub. 2. 18: Nam si, id quod Graecorum investigatur annalibus, Roma condita est secundo anno olympiadis septumae, ...
Bei den "Graecorum annales" ist neben Polybios an Apollodor zu denken; Rambaud 62; vgl. Peter HRR II LII mit Anm. 1 (s. o. Anm. 606). Cicero erwähnt Apollodor Ad Attic. 12. 23. 2.
Nach Rhode 533 hat Cicero hier "wie oft" die Chronica des Nepos ausgeschrieben; dies habe noch niemand bezweifelt. Dieses Argumentieren mit dem - angeblichen - consensus omnium ist ebenso bedenklich als Beleg dafür, daß Cicero De re pub. 2. 18 Nepos benutzt habe, wie das Anführen nur der einen Stelle Tusc. 1. 38 als Beleg dafür, daß Cicero "oft" Nepos ausgeschrieben habe, zumal Tusc. 1. 38 nicht einmal die einmalige Benutzung der Chronica des Nepos durch Cicero belegt: s. o. den Text mit Anm. 610 und 611.

[614] De re pub. 2. 27: Sequamur enim potissimum Polybium nostrum, quo nemo fuit in exquirendis temporibus diligentior. Vgl. Rambaud 60.

Roms zusammenhängt,[615] dürfte er auch das Gründungsdatum 751/0 v. Chr. von Polybios und nicht aus den Chronica des Cornelius Nepos haben.[616]
Die von Cicero zitierten Quellen für die Chronologie in De re publica sind Polybios und die Graecorum annales,[617] und da das Werk des Polybios Cicero unbestreitbar bekannt war,[618] ist auch eine indirekte Benutzung seiner Angaben via Cornelius Nepos bei Cicero nicht anzunehmen.[619]
Eine weitere Übereinstimmung mit einer Angabe des Aulus Gellius, die ihrerseits wahrscheinlich auf die Chronica des Cornelius Nepos zurückgeht, findet sich in Ciceros Brutus.[620]

---

[615] Ibid.: Sic ille (i. e. Numa Pompilius), cum undequadraginta annos ... regnavisset, ... excessit e vita.
Livius 1. 21. 6 läßt Numa Pompilius vier Jahre länger regieren: Numa (sc. regnavit annos) tres et quadraginta. Ebenso Dionys. Halik., Arch. 2. 76. 5. Den Zusammenhang mit dem Gründungsdatum Roms sieht auch Rambaud 63.

[616] Pace Peter HRR II LII Anm. 1 (s. o. Anm. 606). Dagegen richtig Rambaud 62: "Il faut reconnaître, enfin, que la chronologie du De re publica est cohérente et indépendante de Cornélius Népos." Vgl. id. 63 (s. u. Anm. 619).

[617] De re pub. 2. 18 (s. o. Anm. 613) und 2. 27 (s. o. Anm. 614). Rambaud 62f.

[618] S. o. Kapitel 1. i).

[619] Rambaud 63: "Tout ce système est donc bien antérieur à Cornélius Népos, puisqu' il remonte à Polybe et à ses sources." Vgl. id. 62 (s. o. Anm. 616).

[620] Gellius 17. 21. 11f.: ... ac non diu post Cn. Marcius Coriolanus exagitatus vexatusque a tribunis plebi ad Vulscos, qui tum hostes erant, a re p. descivit bellumque populo Romano fecit. (12) Post deinde paucis annis Xerxes rex ab Atheniensibus et pleraque Graecia Themistocle duce navali proelio ... victus fugatusque est.
Nach Münzer, Atticus 84 gehen die Ausführungen des Gellius an dieser Stelle

Cicero erläutert dort, daß Coriolan und Themistokles etwa gleichzeitig ein vergleichbares Schicksal erlitten hätten. Die Tatsache, daß beide beinahe Zeitgenossen waren, ist auch Aulus Gellius bekannt, aber auf die von Cicero entwickelte Parallelität der Schicksale des Coriolan und des Themistokles geht er mit keinem Wort ein; auch ihr Tod kommt bei ihm nicht zur Sprache.
Selbst wenn also die Chronica des Cornelius Nepos hier die Quelle des Aulus Gellius waren, bleibt doch immer noch zweifelhaft, ob die Gleichartigkeit der Schicksale des Coriolan und des Themistokles von Cornelius Nepos in den Chronica überhaupt behandelt wurde; Gellius gibt darauf jedenfalls keinen Hinweis. Was diesen inhaltlichen Aspekt der Ausführungen Ciceros betrifft, kann daher seine Abhängigkeit von Cornelius Nepos nicht behauptet werden. Dann ist es allerdings auch unwahrscheinlich, daß die Behauptung der ungefähren Gleichzeitigkeit von beider Tod auf die Chronica des Cornelius Nepos zurückgeht, will man nicht annehmen, Cicero habe für die chronologischen und für die sachlichen Aspekte ein und desselben Themas zwei verschiedene Quellen benutzt.
Die Annahme einer Abhängigkeit Ciceros von den Chronica des Cornelius Nepos in dieser Frage wäre aufgrund dieser Überlegungen schon unwahrscheinlich genug; sie wird noch unwahrscheinlicher durch den Kontext der Ausführungen Ciceros über Coriolan und Themistokles im Brutus. Dort beruft sich Cicero nämlich auf

---

"ohne Zweifel" auf Nepos zurück. Dies ist zumindest möglich, da Nepos eine von Gellius in dem Kapitel 17. 21 mehrfach genannte Quelle ist: s. o. Anm. 607. Cicero erwähnt den Synchronismus Coriolan - Themistokles Brut. 41: Denique hunc (i. e. Pisistratum) proximo saeculo Themistocles insecutus est, ut apud nos, perantiquus, ut apud Atheniensis, non ita sane vetus. Fuit enim regnante iam Graecia, nostra autem civitate non ita pridem dominatu regio liberata. Nam bellum Volscorum illud gravissimum, cui Coriolanus exsul interfuit, eodem fere tempore quo Persarum bellum fuit, similisque fortuna clarorum virorum.
Den Gedanken der "similis fortuna" führt Cicero Brut. 42 aus: Si quidem uterque, cum civis egregius fuisset, populi ingrati pulsus iniuria se ad hostis contulit conatumque iracundiae suae morte sedavit.

eine Quelle für seine Ausführungen, und diese Quelle ist nicht Cornelius Nepos, sondern der Liber annalis des Atticus, dessen Darstellung vom Tode Coriolans Cicero erwähnt und der er schließlich auch folgt.[621] Wenn man eine Quelle für den chronologischen Aspekt der Darlegungen Ciceros über Coriolan und des Themistokles namhaft machen will, sollte man daher eher an Atticus als an Cornelius Nepos denken.[622]

Es wäre nun voreilig, aus der Tatsache, daß Cicero die Chronica des Cornelius Nepos an den erwähnten Stellen jedenfalls nicht nachweislich benutzt hat, zu schließen, er habe dessen Werk tatsächlich niemals benutzt oder es überhaupt nicht gekannt.

Da nämlich Cicero und Cornelius Nepos gut miteinander bekannt waren, wenn auch nicht so gut, wie Aulus Gellius meint, der Nepos als "M. Ciceronis ut qui maxime amicus familiaris" bezeichnet,[623] und da sie miteinander eine umfassende Korrespondenz geführt haben, von der zwar wenig erhalten ist, die aber in

---

[621] Brut. 42: Nam etsi aliter apud te est, Attice, de Coriolano concede tamen, ut huic generi mortis potius adsentiar.

Brut. 44 gibt Cicero nach: Sit sane ..., ut libet, de isto (i. e. Coriolano).

[622] Zu dezidiert für Atticus als Quelle: Münzer, Atticus 84. Die entgegengesetzte Auffassung, Nepos sei die zugrundeliegende Quelle, von Alfonsi, Nepote fonte di Cicerone? beruht auf dem Argument, Cicero erwähne Brut. 41-43 nicht ausdrücklich, daß Atticus sich über Themistokles geäußert habe (was als entscheidender Vorbehalt gegen Münzer (s. o.) festzuhalten bleibt!); folglich habe Atticus den Synchronismus Coriolan - Themistokles nicht geboten; daher müsse Cicero ihn aus Nepos haben.

Da aber Cicero Brut. 41-43 auch nicht erwähnt, daß Nepos sich über Themistokles geäußert hat, würde mit dem von Alfonsi auf Atticus angewandten argumentum e silentio folgen, daß Cicero den Synchronismus auch nicht aus Nepos haben kann.

[623] Gellius 15. 28. 1. Diese Einschätzung relativiert Peter HRR II XXXXI unter Hinweis auf Ad Attic. 16. 14. 4: Male narras de Nepotis filio. Valde enim me hercule moveor et moleste fero. Nescieram omnino esse istum puerum.

der Antike in mindestens zwei Bänden vorlag,[624] ist es außerordentlich unwahrscheinlich, daß Cicero eine historische Schrift des Nepos wie die Chronica nicht gekannt haben sollte. Dennoch bleibt die Tatsache bestehen, daß in Ciceros erhaltenen Schriften die Chronica niemals erwähnt werden und daß ihre Benutzung in Ciceros Werk nirgends nachweisbar ist.
Auch die übrigen historischen Schriften des Cornelius Nepos hat Cicero niemals erwähnt und niemals nachweislich benutzt. Die ursprünglich sechzehn Bücher De viris illustribus des Cornelius Nepos sind allerdings - im Gegensatz zu den Chronica - vielleicht erst nach Ciceros Tod erschienen.[625] Daher ist es, besonders angesichts der hohen Meinung, die Nepos von Cicero hatte,[626] zwar denkbar, daß dessen Schriften einen gewissen Einfluß auf die Biographien des Nepos hatten, aber ein Einfluß der Biographien des Nepos auf Cicero ist nicht von vornherein anzunehmen, wenn auch nicht völlig auszuschließen.[627]

---

[624] Macrob., Saturn. 2. 1. 14 erwähnt den "liber epistularum ad Cornelium Nepotem secundus." Nur sechs Fragmente dieser Briefe Ciceros an Nepos sind erhalten.
Einen Brief des Nepos erwartet Cicero Ad Attic. 16. 55. Ein Fragment des Nepos, das aus einem Brief an Cicero (oder aus einer Cicero gewidmeten Schrift des Nepos) stammt, findet sich bei Lactanz, Divina instit. 3. 15. 10.

[625] S. o. Anm. 600.

[626] Corn. Nepos frag. 58 Marshall; s. o. Anm. 1.

[627] Schoenberger, Briefe 23 nimmt unter Berufung auf Rhode 527 und 533 an, Cicero habe die Biographien seines Freundes Nepos sehr gut gekannt und sich aus ihnen des öfteren Rat geholt.
Dies behauptet jedoch Rhode, loc. cit. nicht für die Biographien, sondern für die Chronica des Nepos (dagegen s. o. den Text mit Anm. 602-622). Kein Beispiel einer solchen angeblichen Benutzung der Biographien des Nepos durch Cicero ist belegbar: siehe den folgenden Text mit Anm. 628-636.
Vage gibt Rambaud 27 Anm. 4 die - ganz offenbar irrige - Meinung Schoenber-

Die auffallende Parallele zwischen einer Übersetzung aus Thukydides in der Themistokles-Vita des Nepos[628] und einem Thukydides-Zitat in einem Brief Ciceros an Atticus[629] ließe sich also, wenn die Themistokles-Vita des Nepos tatsächlich erst nach Ciceros Tod erschienen ist, allenfalls damit erklären, daß Nepos, der ja ein guter Kenner der Korrespondenz Ciceros mit Atticus war,[630] sich dieser von Cicero wiedergegebenen Charakterisierung des Themistokles durch Thukydides erinnerte, als er seine eigene Themistokles-Vita verfaßte. Notwendig ist aber auch diese Konstruktion sicher nicht, und am ehesten sollte man voraussetzen, daß Nepos ebenso wie Cicero Thukydides gelesen hat, womit sich die Ähnlichkeit ihrer Ausführungen zwanglos erklärt.
In diesem besonderen Fall kann übrigens die umgekehrte Abhän-

---

gers, loc. cit. unkommentiert und verallgemeinert wieder (s. o. Anm. 601).

[628] Corn. Nepos, Themist. 1. 4: neque minus in rebus gerendis promptus quam excogitandis erat (sc. Themistocles), quod et de instantibus, ut ait Thucydides, verissime iudicabat et de futuris callidissime coniciebat.
Thukydides 1. 138. 3 hatte formuliert: *τῶν τε παραχρῆμα δι' ἐλαχίστης βουλῆς κράτιστος γνώμων καὶ τῶν μελλόντων ἐπὶ πλεῖστον τοῦ γενησομένου ἄριστος εἰκαστής*.

[629] Ad Attic. 10. 8. 7: Qui (i. e. Themistocles) cum fuisset, ut ait Thucydides, *τῶν μὲν παρόντων δι' ἐλαχίστης βουλῆς κράτιστος γνώμων, τῶν δὲ μελλόντων ἐσ πλεῖστον τοῦ γενησομένου ἄριστος εἰκαστής*, ...
Die Formulierung des Thukydides s. o. Anm. 628.

[630] Corn. Nepos, Attic. 16. 3f. erwähnt "undecim volumina epistularum ab consulatu eius (i. e. M. Tulli Ciceronis) usque ad extremum tempus ad Atticum missarum: quae qui legat, non multum desideret historiam contextam eorum temporum. (4) Sic enim omnia de studiis principum, vitiis ducum, mutationibus rei publicae perscripta sunt, ut nihil in eis non appareat et facile existimari possit prudentiam quodam modo esse divinationem. Non enim Cicero ea solum, quae vivo se acciderunt, futura praedixit, sed etiam, quae nunc usu veniunt, cecinit ut vates."

gigkeit der Äußerung Ciceros über Themistokles von der Themistokles-Vita des Cornelius Nepos sogar unabhängig von dem ja nicht völlig sicheren Erscheinungsdatum der Biographien des Nepos eindeutig ausgeschlossen werden, da Cicero die entsprechende Bemerkung des Thukydides auf Griechisch zitiert und sie ausführlicher als Nepos in seiner gekürzten lateinischen Version wiedergibt. Diese lateinische Kurzfassung bei Nepos kann selbstverständlich nicht die Quelle für das ausführlichere griechische Thukydides-Zitat bei Cicero sein.
In einem weiteren Punkt berühren sich der erwähnte Brief Ciceros an Atticus und die Themistokles-Vita des Cornelius Nepos. Cicero bemerkt, Themistokles habe bei all seiner Klugheit doch den Fehler begangen, dem persischen Großkönig unhaltbare Versprechungen zu machen,[631] und diese auf Thukydides zurückgehende Formulierung[632] findet sich - wiederum ins Lateinische übersetzt - auch in der Schlußbemerkung der Themistokles-Vita des Cornelius Nepos.[633] Da Nepos an dieser Stelle aber inhaltlich mehr bietet

---

[631] Im Anschluß an den oben Anm. 629 zitierten Nebensatz fährt Cicero Ad Attic. 10. 8. 7 fort: ..., tamen incidit in eos casus, quos vitasset, si eum nihil fefellisset. Etsi is erat, ut ait idem, qui *τὸ ἄμεινον καὶ τὸ χεῖρον ἐν τῷ ἀφανεῖ ἔτι ἑώρα μάλιστα*, tamen non vidit, nec quo modo Ladedaemoniorum nec quo modo suorum civium invidiam effugeret nec quid Artaxerxi polliceretur.
Cicero bringt diese Bemerkung nicht wie Thukydides (s. u. Anm. 632) in Zusammenhang mit Gerüchten über den Selbstmord des Themistokles, da der Zusammenhang seines Briefes dies nicht erfordert. Brut. 41-43 kommt Cicero aber auch auf diese Gerüchte zu sprechen.

[632] Thukydides l. 138. 3f.: *τό τε ἄμεινον ἢ χεῖρον ἐν τῷ ἀφανεῖ ἔτι προεώρα μάλιστα.* ... (4) *νοσήσας δὲ τελευτᾷ τὸν βίον· λέγουσιν δέ τινες καὶ ἑκούσιον φαρμάκῳ ἀποθανεῖν αὐτόν, ἀδύνατον νομίσαντα εἶναι ἐπιτελέσαι βασιλεῖ, ἃ ὑπέσχετο.*

[633] Corn. Nepos, Themist. 10f.: ... neque negat (sc. Thucydides) fuisse famam venenum sua sponte sumpsisse, cum se, quae regi de Graecia opprimenda pollicitus esset, praestare posse desperaret.

als Ciceros kurze Anspielung auf die Stelle in seinem Brief an Atticus, ist Nepos hier keinesfalls von Cicero abhängig.
Zusammenfassend ergibt die Betrachtung dieses Cicero-Briefes, daß weder Nepos von Cicero - dessen Briefe auch für einen Kenner wie Nepos von vornherein sicher nicht die gegebene Quelle für eine Biographie des Themistokles gewesen sein dürften - noch Cicero von Nepos abhängig war, was Informationen über Themistokles betraf. Die Übereinstimmungen der beiden Autoren erklären sich ganz selbstverständlich dadurch, daß sie beide direkt Thukydides benutzt haben, den Cicero, wie sein Brief an Atticus zeigt, sogar aus dem Gedächtnis zitieren konnte und den Cornelius Nepos für seine Schrift über Themistokles benutzt haben muß.[634]
Letztlich bleibt über die Benutzung der Werke des Cornelius Nepos durch Cicero wenig Greifbares. Die Benutzung der Biographien des Nepos war Cicero vielleicht schon aus chronologischen Gründen unmöglich,[635] und die inhaltlichen Berührungen zwischen der Themistokles-Vita des Nepos und dem erwähnten Brief Ciceros an Atticus lassen sich weder auf eine Abhängigkeit Ciceros von Nepos noch umgekehrt auf eine Abhängigkeit des Nepos von Cicero zurückführen, da - unabhängig vom Erscheinungsdatum der Biographien des Nepos - die inhaltlichen Unterschiede zwischen beiden Autoren jede Abhängigkeit ausschließen.[636]
Die Benutzung der Chronica des Nepos durch Cicero hingegen ist zwar vorstellbar, hat sich aber in keinem einzigen Fall als sicher

---

[634] Durch das Zitieren aus dem Gedächtnis dürften die leichten Abweichungen des Wortlautes bei Cicero, Ad Attic. 10. 8. 7 von Thukydides 1. 138. 3f. entstanden sein. Schoenberger, Briefe 19.
Nepos beruft sich übrigens Themist. 1. 4, 9. 1-4 und 10. 4f. auf Thukydides.

[635] S. o. Anm. 600.

[636] S. o. den Text mit Anm. 628-634.

oder sehr wahrscheinlich erwiesen,[637] auch wenn Ciceros Kenntnis von diesem Werk des Cornelius Nepos schon aufgrund seiner Bekanntschaft mit dem Verfasser durchaus wahrscheinlich ist.[638]

n) M. Terentius Varro

Der Universalgelehrte M. Terentius Varro hatte in einigen seiner Schriften wie den monumentalen Antiquitates und in seinem Werk De poetis historische Fragen angesprochen.[639]
Die persönliche Bekanntschaft Ciceros mit Varro ist gut bezeugt. Beide Schriftsteller haben miteinander korrespondiert,[640] und Cicero hat Varro mehrfach in seiner Korrespondenz mit Atticus erwähnt.[641]

---

[637] S. o. den Text mit Anm. 601-622.

[638] S. o. den Text mit Anm. 623 und 624.

[639] Peter HRR II XXXIIff. führt als im engeren Sinne historische Werke Varros an: De familiis Troianis, De gente populi Romani, Annales, Legationes, De Pompeio und De sua vita. Für Cicero dürften jedoch De poetis (s. u. den Text mit Anm. 644 und 645) und die Antiquitates (s. u. den Text mit Anm. 648 und 649) von besonderem Interesse gewesen sein.

[640] Ad familiar. 9. 1-8 sind acht Briefe Ciceros an Varro aus den Jahren 47/46 v. Chr. bis 45 v. Chr. erhalten.

[641] Die Erwähnungen des Varro in den Briefen an Atticus setzen bereits Mitte des Jahres 59 v. Chr. ein; Ad Attic. 2. 20. 1: Varro satis facit nobis; 2. 21. 6: Varro mihi satis facit; 2. 22. 4: multa per Varronem nostrum agi possunt. Diese freundlich wirkenden Äußerungen Ciceros erscheinen in einem etwas anderen Licht, wenn man Ad Attic. 2. 25. 1 aus dem November desselben Jahres 59 v. Chr. hinzunimmt: Cum aliquem apud te laudaro tuorum familia-

Außerdem hat sich diese Bekanntschaft in beider literarischer Hinterlassenschaft niedergeschlagen. So hat Varro zumindest einen Teil seines Werkes De lingua Latina Cicero gewidmet,[642] während Cicero seine Academici posteriores Varro zueignete.[643] In der Einleitung dieser Varro gewidmeten Abhandlung hat Cicero auch dessen Gesamtwerk charakterisiert und seine Leistung gewürdigt: Erst Varro habe es durch seine Beschäftigung mit der Vergangenheit ermöglicht, das Wesen des römischen Staates zu verste-

---

rium, volam illum scire ex te me id fecisse, ut nuper me scis scripsisse ad te de Varronis erga me officio, te ad me rescripsisse eam rem tibi voluptati esse. Sed ego mallem ad illum scripsisses mihi illum satis facere, non quo faceret, sed ut faceret. Mirabiliter enim moratus est, sicut nosti.

Varros Rolle bei den Bemühungen um Ciceros Rückberufung aus dem Exil spiegelt sich Ad Attic. 3. 8. 3; 3. 15. 1, 3; 3. 18. 1.

Auch nach Ciceros Rückkehr wird Varro mehrfach erwähnt: Ad Attic. 4. 2. 5 (Varro tuus nosterque), 14. 1 (Benutzung seiner Schriften für De re publica), 16. 2 (Erwähnung Varros in De re publica erwogen); 5. 11. 3; 12. 6. 1.

Eine ganze Reihe von Bemerkungen über Varro steht im Zusammenhang mit den diesem gewidmeten Academici posteriores: Ad Attic. 13. 12. 3; 13. 13. 1; 13. 14. 1; 13. 16. 1; 13. 19. 3, 5; 13. 21. 3; 13. 21 a. 1; 13. 22. 1, 3; 13. 23. 2; 13. 24. 1; 13. 25. 3. Daneben: Ad Attic. 13. 33 a. 1; 13. 35. 2; 13. 44. 2; 15. 5. 3; 15. 13. 3; 15. 13 a. 2; 15. 26. 5; 16. 9; 16. 11. 3; 16. 12.

Außer in den an ihn gerichteten Briefen Ad familiar. 9. 1-8 wird Varro Ad familiar. 9. 1. 13 und vielleicht 11. 10. 5 erwähnt. Diese beiden Stellen erlauben jedoch keine Rückschlüsse auf Ciceros Verhältnis zu Varro.

[642] Varro hatte die Bücher 2 bis 5 seinem ehemaligen Quaestor P. Septumius gewidmet: De ling. Lat. 7. 109. Der Rest des Werkes dürfte Cicero gewidmet worden sein: Dahlmann, RE Suppl. 6 (1935) 1204.

[643] Acad. post. 1. 1-12. Dazu der Brief Ad familiar. 9.8, mit dem Cicero die Academici posteriores an Varro übersandte.

hen.[644]
Im Brutus hat Cicero die Angabe Varros über das Todesdatum des Dichters Naevius herangezogen.[645] Varro hatte - anscheinend abweichend von der herrschenden Meinung - geglaubt, Naevius habe noch nach 204 v. Chr. gelebt, wohingegen Cicero unter Berufung auf die "veteres commentarii" an 204 v. Chr. als dem Todesjahr des Naevius festhält. Cicero weist die abweichende Meinung Varros jedoch nicht in einer polemischen oder abfälligen Weise zurück, wie er es einige Paragraphen später mit einer seiner Meinung nach irrigen Angabe des Accius tun wird;[646] vielmehr wird Varro unmittelbar, nachdem Cicero seine Datierung des Todes des Naevius zurückgewiesen hat, als ein besonders gründlicher Er-

---

[644] Acad. post. l. 9: Tum ego (i. e. M. Cicero): "Sunt," inquam, "ista, Varro. Nam nos in nostra urbe peregrinantis errantisque tamquam hospites tui libri quasi domum deduxerunt, ut possemus aliquando, qui et ubi essemus, agnoscere. Tu aetatem patriae, tu descriptiones temporum, tu sacrorum iura, tu sacerdotum, tu domesticam, tu bellicam disciplinam, tu sedum, regionum, locorum, tu omnium divinarum humanarumque rerum nomina, genera, officia, causas aperuisti. Plurimum quidem poetis nostris omninoque Latinis et litteris luminis et verbis attulisti atque ipse varium et elegans omni fere numero poema fecisti, philosophiam multis locis inchoasti, ad impellendum satis, ad edocendum parum."

[645] Brut. 60: At hic Cethegus consul cum P. Tuditano fuit bello Punico secundo ... His enim consulibus, ut in veteribus commentariis scriptum est, Naevius est mortuus; quamquam Varro noster, diligentissimus investigator antiquitatis, putat in hoc erratum vitamque Naevi producit longius.
Zu den "veteres commentarii", denen Cicero auch Brut. 72 (dort gegen Accius) folgt: Douglas (edit., comment.) ad loc.; vgl. unten Kapitel 3. d) mit Anm. 789-798.

[646] Brut. 72 hebt Cicero die Absurdität der Datierung des Livius Andronicus durch Accius besonders hervor; er selbst folgt gegen Accius der Meinung des Atticus und wiederum den "veteres commentarii".

forscher des römischen Altertums gepriesen.[647]
Während Cicero im Brutus ausdrücklich Varro als eine seiner Quellen nennt, fehlt ein solcher Hinweis in der einige Jahre früher verfaßten Schrift De re publica, obwohl feststeht, daß Cicero bereits für dieses Werk Varro benutzt hat. Als er nämlich im Jahre 54 v. Chr. an De re publica arbeitete, bat er Atticus brieflich darum, dessen Bibliothek auch in seiner Abwesenheit benutzen zu dürfen, um dort unter anderem die Werke Varros einzusehen, aus denen er einige Angaben für seine eigene Schrift benötige.[648] Es ist wahrscheinlich, daß Cicero im besonderen daran dachte, die Antiquitates Varros zu konsultieren,[649] die ihm etwa als Quelle für die Darstellung der alten Sitten und Gebräuche im vierten Buch De re publica hätten dienen können.
Außerdem erwog Cicero auf Anregung des Atticus, Varro in De re publica zu erwähnen.[650] Dieser Gedanke lag schon deswegen nahe, weil Cicero das Werk Varros ja für De re publica benutzt

---

[647] Brut. 60; s. o. Anm. 645.

[648] Ad Attic. 4. 14. 1: Velim domum ad te scribas, ut mihi tui libri pateant non secus, ac si ipse adesses, cum ceteri, tum Varronis; est enim mihi utendum quibusdam rebus ex his libris ad eos, quos in manibus habeo; quos, ut spero, tibi valde probabo.

[649] So Gelzer, Cicero 224 Anm. 525 im Anschluß an Dahlmann, RE Suppl. 6 (1935) 1221ff.

[650] Ad Attic. 4. 16. 2: Nunc pergam ad cetera. Varro, de quo ad me scribis, includetur in aliquem locum, si modo erit locus. Sed nosti genus dialogorum meorum: ut in oratoriis, quos tu in caelum fers, non potuit mentio fieri cuiusquam ab iis, qui disputant, nisi eius, qui illis notus aut auditus esset. Hanc ego de re publica, quam institui, disputationem in Africani personam et Phili et Laeli et Manili contuli; adiunxi adulescentis Q. Tuberonem, P. Rutilium, duo Laeli generos Scaevolam et Fannium. Itaque cogitabam, quoniam in singulis libris utor prohoemiis, ut Aristoteles in iis, quos ἐξωτερικοὺς vocat, aliquid efficere, ut non sine causa istum appellarem; id quod intellego tibi placere.

hatte; die Realisierung stieß aber auf Schwierigkeiten, denn da der fiktive Dialog in De re publica im Jahre 129 v. Chr. angesiedelt ist,[651] konnte Cicero nur außerhalb dieses Dialoges den Namen eines seiner eigenen Zeitgenossen erwähnen, ohne einen Anachronismus zu begehen. Der gegebene Ort für die Erwähnung Varros wäre also eines der Prooemien in De re publica gewesen.[652] Diese Prooemien sind jedoch nicht vollständig erhalten, so daß nicht mehr nachzuweisen ist, ob Cicero der Anregung des Atticus gefolgt ist und Varro tatsächlich in De re publica erwähnt hat oder nicht. Die Tatsache, daß er diesen Vorschlag offenbar ernsthaft erwogen und Atticus seine diesbezüglichen Überlegungen mitgeteilt hat, spricht aber wohl dafür, daß er Varro in einem der Prooemien an einer uns verlorenen Stelle genannt hat.

Eine solche Erwähnung des Varro hätte vielleicht näheren Aufschluß über Ciceros Benutzung von Varros Schriften für De re publica gegeben. Ihr Fehlen oder möglicherweise ihr Verlust erschweren eine genaue Einschätzung von Varros Einfluß auf dieses Werk Ciceros erheblich. Immerhin läßt sich über den Einfluß des Varro auf Ciceros Schriften mehr sagen als über den des Cornelius Nepos:[653] Ciceros Kenntnis von Varros Werken ist nicht nur wahrscheinlich, sondern eindeutig bezeugt, und Cicero hatte jedenfalls die Absicht, sie auch zu benutzen, eine Absicht, die er mit Sicherheit auch realisiert hat, wie seine Überlegungen erkennen lassen, Varro in De re publica zu erwähnen.

---

[651] De re pub. 1. 14 die Konsuldatierung "Tuditano cons. et Aquilio" für 129 v. Chr.: Broughton MRR I 504.

[652] Cicero hat schließlich wohl - anders als noch Ad Attic. 4. 16. 2 (s. o. Anm. 651) beabsichtigt - nicht jedem, sondern nur jedem zweiten Buch von De re publica ein Prooemium vorangestellt: Philippson RE 7 A 2 (1948) 1110.

[653] S. o. Abschnitt m).

o) L. Lucceius

Zu den zahlreichen Historikern der ciceronischen Zeit, deren Werke nur noch sehr schwache Spuren hinterlassen haben, gehört L. Lucceius, praet. 67 v. Chr., von dessen historiographischer Tätigkeit wir überhaupt nur durch Cicero wissen.[654]
Wie Atticus, Cornelius Nepos und Varro war auch L. Lucceius mit Cicero persönlich bekannt.[655] Erst durch diese Bekanntschaft mit Cicero ist Lucceius in die Geschichte eingegangen, denn wohl im Jahre 55 v. Chr. erreichte ihn Ciceros berühmte briefliche Bitte, die Catilinarische Verschwörung des Jahres 63 v. Chr. und besonders die hervorragende Rolle des damaligen Konsuls M. Tullius Cicero bei ihrer Zerschlagung in einem historischen Werk so

---

[654] Die Praetur: Broughton MRR II 143 aufgrund von Dio 36. 41. 1f., wo ein "Λούκουλλος" als Praetor im Jahre 67 v. Chr. erwähnt wird, mit der Berichtigung durch Hölzl, Fasti praetorii 29 (non vidi), der für das unmögliche "Λούκουλλος" der Codices (L. und M. Luculli waren bereits 74 und 73 v. Chr. Konsuln gewesen und scheiden daher für eine Praetur 67 v. Chr. aus) das richtige "Λουκκήιος" einsetzt.

[655] Bereits Ad Attic. 1. 3. 3, 5. 5, 8. 1, 10. 2, 11. 1 (aus den Jahren 68/67 v. Chr.), 14. 1 (aus dem Jahre 61 v. Chr.) wird das Verhältnis Ciceros zu Lucceius angesprochen, den Cicero ferner Ad Attic. 2. 1. 9; 4. 5. 4, 9. 2, 11. 2; 5. 20. 8; 6. 1. 23; 7. 3. 6; 9. 1. 3, 11. 3 erwähnt.
Auch Ad familiar. 5. 12. 1 (an L. Lucceius selbst) setzt eine frühere Bekanntschaft Ciceros mit Lucceius voraus: Coram me tecum eadem haec agere saepe conantem deterruit pudor. Neben diesem berühmten Brief Ad familiar. 5. 12 existieren zwei spätere Schreiben Ciceros an L. Lucceius (Ad familiar. 5. 13 und 15), ein Brief des Lucceius an Cicero (ibid. 5. 14) und zwei Briefe, in denen Cicero sich vor dem Jahre 58 v. Chr. (Watt, edit.; Münzer RE 13. 2 (1927) 1556; Shackleton Bailey, edit.) bei dem in Illyrien oder Makedonien amtierenden (Broughton MRR II 183) Prokonsul L. Culleolus für die Interessen des Lucceius einsetzt (Ad familiar. 13. 42 und 41). Im Jahre 56 v. Chr. läßt Cicero Lucceius als Zeugen der Verteidigung für M. Caelius auftreten: Pro Cael. 51-55.

bald wie möglich darzustellen.[656] Zu dieser Aufgabe schien Lucceius nicht nur aufgrund seiner Tätigkeit als Historiker und seiner Bekanntschaft mit Cicero berufen zu sein, sondern auch deshalb, weil er selbst seinerzeit in die Auseinandersetzung mit Catilina eingegriffen und dabei auf der Seite Ciceros gestanden hatte.[657] L. Lucceius war also nicht nur Zeitgenosse der Ereignisse, die er auf Ciceros Wunsch darstellen sollte, sondern er hatte als unmittelbar Beteiligter auch persönlich Kenntnis von dem damaligen Geschehen.

Ciceros Brief an Lucceius enthält einige Angaben über dessen Tätigkeit als Historiker und Ciceros Kenntnis von dieser. Im einzelnen ergibt sich, daß Lucceius im Jahre 55 v. Chr. an einem zeitgeschichtlichen Werk arbeitete, das vom Beginn des Bundesgenossenkrieges 91 v. Chr. wohl bis in die Gegenwart reichen sollte.[658] Den Bundesgenossenkrieg und den anschließenden Bürgerkrieg zwischen Marius und Sulla hatte Lucceius schon fast abgeschlossen, als ihn Ciceros Brief erreichte, und daher schlägt

---

[656] Ad familiar. 5. 12 wird seit Taylor, On the Chronology of Cicero' s Letters of 56-55 B. C. allgemein statt in den Juni 56 v. Chr. in den April 55 v. Chr. gesetzt.

[657] Ascon., In toga candida 91 Clark: Post effecta enim comitia consularia et Catilinae repulsam fecit eum reum inter siccarios L. Lucceius paratus eruditusque, qui postea consulatum quoque petiit.

[658] Ad familiar. 5. 12. 2: Neque tamen, haec cum scribebam, eram nescius, quantis oneribus premerere susceptarum rerum et iam institutarum; sed quia videbam Italici belli et civilis historiam iam a te paene esse perfectam, dixeras autem mihi te reliquias res ordiri, deesse mihi nolui, quin te admonerem, ut cogitares, coniunctene malles cum reliquis tuis rebus nostra contexere an ... civilem coniurationem ab hostilibus externisque bellis seiungeres. Equidem ad nostram laudem non multum video interesse, sed ad properationem meam quiddam interest non te exspectare, dum ad locum venias, ac statim causam illam totam et tempus adripere.

dieser ihm vor, die Zwischenzeit bis 63 v. Chr. zu übergehen, um sogleich mit einer Monographie über die Catilinarische Verschwörung zu beginnen.
Anfänglich scheint Lucceius zwar in Ciceros Sinne aktiv geworden zu sein und die Beschäftigung mit dem Thema aufgenommen zu haben,[659] aber wie weit er damit vorangekommen ist und ob er das Werk je vollendet hat, ist vollständig unbekannt.[660]
Fragmente einer solchen Schrift des Lucceius oder Zeugnisse für ihre Existenz sind nicht erhalten, woraus aber nicht folgt, daß sie nicht geschrieben oder nie publiziert wurde, denn auch von dem Werk des Lucceius über den Bundesgenossenkrieg gibt es - von den Bemerkungen Ciceros abgesehen - weder Testimonien noch

---

[659] Dies ergibt sich aus Ad Attic. 4. 6. 4: Epistulam, Lucceio quam misi, qua meas res ut scribat, rogo, fac, ut ab eo sumas (valde bella est) eumque, ut adproperet, adhorteris et, quod mihi se ita facturum rescripsit, agas gratiam. Vgl. Ad Attic. 4. 9. 2: Quod Lucceio scribis te nostram gloriam commendaturum, ... gratum.
Ferner läßt Cicero Lucceius durch Atticus einen liber überstellen (Ad Attic. 4. 11. 2), bei dem es sich wohl um die Ad familiar. 5. 12. 10 im Brief an Lucceius in Aussicht gestellten "commentarii omnium rerum" handelt, die Lucceius als Grundlage für sein Werk über Cicero und die Catilinarische Verschwörung dienen sollten.

[660] Die Annahme, Lucceius habe das von Cicero vorgeschlagene Werk nie publiziert, ist ohne Grundlage in den Quellen. Peter HRR II XXXI will dies e silentio aus Ciceros Briefen an Lucceius aus dem Jahre 45 v. Chr. (Ad familiar. 5. 13-15) schließen, wo Cicero ein solches Werk nicht erwähnt. Dagegen ist einzuwenden, daß Cicero in diesen Briefen keinerlei Grund hatte, ein solches Werk zu erwähnen, auch wenn es zu diesem Zeitpunkt bereits publiziert war. Das Fehlen einer solchen Erwähnung besagt also nichts. Pace Gelzer, Cicero 173. Noch weiter geht Münzer, RE 13. 2 (1927) 1557, der nicht nur die Publikation der Schrift des Lucceius über Cicero bestreitet, sondern überhaupt leugnet, daß Lucceius dieses Werk je verfaßt hat. Ähnlich haltlos Schanz-Hosius 531f., wonach Lucceius sich nach anfänglicher Zusage wieder von dem Projekt zurückgezogen habe.

irgendwelche Fragmente, obwohl aus Ciceros Äußerungen klar hervorgeht, daß Lucceius dieses Werk im Jahre 55 v. Chr. zumindest teilweise fertiggestellt hatte.[661]
In seiner einige Jahre nach dem Brief an L. Lucceius verfaßten Liste der römischen Historiker im ersten Buch De legibus hat Cicero L. Lucceius nicht erwähnt. Da diese Liste nur verstorbene Historiker umfaßt,[662] fehlt Lucceius offensichtlich deshalb, weil er damals noch lebte,[663] und nicht etwa, weil er Cicero nicht oder nicht ausreichend in dem von ihm erbetenen Werk über die Catilinarische Verschwörung verherrlicht hatte.

---

[661] Ad familiar. 5. 12. 2 (s. o. Anm. 658). Auch ibid. 3 (quodam in prohoemio scripsisti) weist Ciceros Formulierung darauf hin, daß ihm ein bereits fertiggestellter Teil eines Werkes des Lucceius vorlag, der wahrscheinlich aus der Schrift über den Bundesgenossenkrieg oder (weniger wahrscheinlich) aus einer anderen, sonst nicht bekannten Schrift des Lucceius stammte.
Dennoch bestreitet Münzer, RE 13. 2 (1927) 1157, daß die nach Ciceros Bemerkung Ad familiar. 5. 12. 2 (s. o. Anm. 658) spätestens 55 v. Chr. fast vollendete Schrift des Lucceius über den Bundesgenossenkrieg jemals erschienen sei.

[662] Zu diesem Gesichtspunkt: s. o. Anm. 528 zu T. Pomponius Atticus.

[663] Mit Lucceius korrespondiert Cicero noch 45 v. Chr. (s. o. Anm. 660), während De legibus wohl bereits Ende der fünfziger Jahre verfaßt wurde (G. A. Lehmann 3-7 im Anschluß an O. E. Schmidt).

p) Weitere zeitgenössische Historiker: Procilius, L. Aelius Tubero und L. Scribonius Libo

Neben L. Cornelius Sisenna, C. Licinius Macer, T. Pomponius Atticus, Cornelius Nepos, M. Terentius Varro und L. Lucceius sowie einigen Persönlichkeiten, die ihre Memoiren geschrieben oder über ein historisches Thema gedichtet hatten,[664] kannte Cicero weitere Zeitgenossen, die als Historiker tätig waren und von denen uns fast nichts mehr bekannt ist.
Zu diesen Historikern wird vielfach der Schriftsteller Procilius gerechnet,[665] den Cicero persönlich kannte und gegen den er in einem Prozeß des Jahres 54 v. Chr. als Zeuge aufzutreten erwog.[666] Diese Zeugenaussage Ciceros gegen Procilius unterblieb

---

[664] Zu diesen Autoren s. o. Kapitel 2. k) bis o). Zu Memoiren s. u. Kapitel 3. a).

[665] Peter HRR I CCCLXXIVf. (Durch ein Versehen ist in der zweiten Ausgabe von HRR an Stelle von Seite CCCLXXV der Text von Seite CCCXXV geraten. Zu Procilius ist daher weiter die erste Ausgabe von HRR zu benutzen.) Schoenberger, Briefe 25 mit der zutreffenden Einschränkung: "Seine (i. e. des Procilius) Werke sind uns nicht recht bekannt." Zingler 14 übertreibt: "Sed hic (i. e. Procilius) omnino ignotus." Rambaud 26 mit falscher Stellenangabe. Henze, Laurand und Badian, Early Historians übergehen Procilius.

[666] Schon 56 v. Chr. erwähnt Cicero Procilius Ad Quint. frat. 2. 7. 1: Id. Mai. senatus frequens divinus fuit in supplicatione Gabinio deneganda. Adiurat Procilius hoc nemini accidisse.
Über den Prozeß des Jahres 54 v. Chr. äußert sich Cicero Ad Attic. 4. 16. 5 in einem Abschnitt über anstehende Prozesse: De Procilio rumores non boni, sed iudicia nosti. Das Ergebnis des Verfahrens und Ciceros Kommentar Ad Attic. 4. 15. 4: A. d. IIII Non. Quint. Sufenas et Cato absoluti, Procilius condemnatus. Ex quo intellectum est *τρισαρεοπαγίτας* ambitum, comitia, interregnum, maiestatem, totamque denique rem publicam flocci non facere, patrem familias domi suae occidi nolle, neque tamen id abunde: nam absolverunt XXII, condem-

zwar, aber dennoch zeigt die Episode, daß Cicero von der Person des Procilius keine gute Meinung hatte.

Auch über eine Schrift des Procilius hat Cicero sich negativ geäußert, als er sie im Jahre 60 v. Chr. nachteilig mit dem Werk Dikaiarchs verglich.[667] Dieser Vergleich der Schrift des Procilius mit dem Werk eines Philosophen läßt nicht vermuten, daß Cicero sich hier auf ein im engeren Sinne historisches Werk des Procilius bezieht; eher wäre an eine mehr philosophisch ausgerichtete Abhandlung zu denken.[668]

Nicht genannt wird Procilius in Ciceros Liste der römischen Historiker in De legibus.[669] Dies beweist allerdings nicht, daß Procilius kein Historiker war oder daß er Cicero als solcher unbekannt gewesen wäre, denn auch Lucceius, der Historiker war und den

---

narunt XXVIII. Publius (sc. Clodius Pulcher) sane diserto epilogo lacrimans mentis iudicum moverat. Hortalus in ea causa fuit, cuius modi solet. Nos verbum nullum; verita est enim pusilla, quae nunc laborat, ne animum Publi offenderet.

(Den richtigen Text der Stelle bietet Shackleton Bailey, Ad Atticum 2, 208 mit der Berichtigung des überlieferten, aber widersinnigen "criminans" zu "lacrimans".)

Die Auffassung, aus diesen Stellen folge, Procilius sei wie Cato und vielleicht Sufenas Volkstribun des Jahres 56 v. Chr. gewesen, ist offenkundig falsch: Gruen, Last Generation 316 Anm. 25; Linderski, Three Trials in 54 B. C., 290-295, bes. 293; pace Peter HRR I CCCLXXV und Gelzer, Cicero 194 sowie Shackleton Bailey, Ad Atticum 2, 208.

[667] Ad Attic. 2. 2. 2: Πελλη*ναίων* in manibus tenebam et hercule magnum acervum Dicaearchi mihi ante pedes exstruxeram. O magnum hominem et unde multo plura didiceris quam de Procilio!

[668] Der Charakter des Werkes des Procilius ist aus den Testimonien nicht genauer zu bestimmen.

[669] De legib. 1. 6f.

Cicero auch als solchen kannte, als er De legibus verfaßte,[670] wird ja in dieser Liste nicht genannt. Vermutlich fehlt Procilius in der Liste in De legibus, weil er überhaupt kein Historiker war oder weil er wie Lucceius Ende der fünfziger Jahre noch lebte, als Cicero De legibus verfaßte.[671]
In demselben Jahr 60 v. Chr., in dem Cicero in dem erwähnten Brief an Atticus seinen Vergleich zwischen dem Werk des Procilius und demjenigen Dikaiarchs anstellt,[672] äußert er sich in dem berühmten ersten Brief an seinen Bruder Quintus, der gerade Statthalter von Asia geworden war, über dessen Legaten und erwähnt dabei L. Aelius Tubero als durch Alter und Rang hervorragend. Cicero fügt hinzu, Tubero dürften "ex suis annalibus" viele Beispiele vorbildlichen Verhaltens bei der Verwaltung einer Provinz bekannt sein, da er ja selbst an einem Geschichtswerk arbeite.[673]

---

[670] Zu Lucceius s. o. Kapitel 2. o). Der berühmte Brief Ad familiar. 5. 12, den Cicero an Lucceius in dessen Eigenschaft als Historiker richtete, stammt aus dem Jahre 55 v. Chr., also sicher aus der Zeit vor der Ausarbeitung von De legibus am Ende der fünfziger Jahre.

[671] S. o. Anm. 528. Die beiden letzten De legib. 1. 6f. genannten Autoren sind die in den Jahren 67 v. Chr. und 66 v. Chr. verstorbenen Historiker L. Cornelius Sisenna und C. Licinius Macer; zu diesen s. o. Kapitel 2. j).

[672] Ad Attic. 2. 2. 2; s. o. Anm. 665.

[673] Ad Quint. frat. 1. 1. 10: Quamquam legatos habes eos, qui ipsi per se habituri sint rationem dignitatis suae. De quibus honore et dignitate et aetate praestat Tubero, quem ego arbitror, praesertim cum scribat historiam, multos ex suis annalibus posse deligere, quos velit et possit imitari.
Pro Planc. 100: ..., cum ad me L. Tubero, meus necessarius, qui fratri meo legatus fuisset, decedens ex Asia venisset, ...
Auch der Sohn des L. Aelius Tubero, Q. Aelius L. f. Tubero, war als Historiker tätig: Sueton, Caesar 83. 1 und vielleicht Livius 4. 23. 1, wenn dort "et Q. Tubero" und nicht "atque Tubero" zu lesen ist. Zu den Aktivitäten auch des Q. Tubero L. f. als Historiker: Peter HRR I CCCLXIXf. Vgl. die korrupte

Aus dieser Bemerkung Ciceros geht zwar wenig über Inhalt und Charakter des Geschichtswerkes des L. Aelius Tubero hervor,[674] aber sie gibt einen Hinweis darauf, daß Cicero nicht nur von bereits publizierten Werken wußte, sondern auch von solchen historischen Arbeiten, die gerade entstanden, zumal wenn der Autor wie L. Aelius Tubero mit Cicero seit langem persönlich bekannt war: Seit ihrer Jugendzeit waren L. Tubero und Cicero durch gemeinsamen Militärdienst, gemeinsame Studien und später auch durch adfinitas verbunden.[675]

Stelle Sueton, Caesar 56. 7.

[674] Cicero verwendet in seinen Äußerungen über das Werk, an dem L. Tubero arbeitete, sowohl den Terminus "annales" als auch "historia". Es wäre also auch unter der Vorausssetzung, daß die Termini "annales" und "historia" klar voneinander zu scheiden sind (dagegen aber mit guten Gründen Verbrugghe, On the Meaning of Annales), völlig unklar, ob L. Aelius Tubero ab urbe condita geschrieben oder ob er ein mehr zeitgeschichtliches Werk verfaßt hat. In den meisten Fällen ist außerdem unklar, ob die unter dem Namen eines "Tubero" bezeugten Fragmente dem Vater L. Tubero oder dem Sohn Q. Tubero L. f. zuzuweisen sind; eindeutig den Sohn Q. Tubero zitiert nur Sueton, Caesar 83. 1.

[675] Zu Q. Tubero L. f., dem Ankläger des Q. Ligarius, sagt Cicero Pro Ligario 12: Novi enim te, novi patrem, novi domum nomenque vestrum; studia generis ac familiae vestrae virtutis, humanitatis, doctrinae, plurimarum artium atque optimarum nota mihi sunt.
Genaueres über Ciceros Verbindung mit L. Tubero dann ibid. 21: Haec ego novi propter omnis necessitudines, quae mihi sunt cum L. Tuberone: domi una eruditi, militiae contubernales, post adfines, in omni vita familiares; magnum etiam vinculum, quod isdem studiis semper usi sumus.
Vgl. Pro Plancio 100 (s. o. Anm. 673) über den Besuch des L. Tubero bei Cicero, als dieser sich in der Verbannung befand.
Über die Pro Ligario 21 von Cicero erwähnte adfinitas, die ihn mit L. Tubero verbinde, wissen wir über das hier Angeführte hinaus nichts; die Schol. Gronov. 415, 417 Stangl behauptete Verschwägerung durch eine Ehe L. Tuberos mit einer sonst nicht bekannten Schwester Ciceros ist offenbar Erfindung des Scholiasten:

Ob Cicero das Werk des L. Aelius Tubero jemals benutzt und wie er es gegebenenfalls beurteilt hat, läßt sich angesichts der spärlichen Zeugnisse nicht ermitteln.[676] Da L. Aelius Tubero noch lebte, als Cicero an De legibus schrieb, fehlt auch er in der dortigen Liste der römischen Historiker.[677]
Nur durch Cicero wissen wir von dem Liber annalis des L. Scribonius Libo.[678] Dieses Werk hat Cicero benutzt, als er mit Atticus im Jahre 45 v. Chr. über die Senatsgesandtschaft des Jahres 146 v. Chr. zu L. Mummius korrespondierte.[679] Die Angabe des Libo im Liber annalis, C. Sempronius Tuditanus, cos. 129 v. Chr., sei erst im Jahre 132 v. Chr. Praetor gewesen, schloß nämlich nach Ciceros Meinung die Möglichkeit aus, daß derselbe Tuditanus bereits 146 v. Chr. Mitglied einer Senatsgesandtschaft gewesen sei,

---

Klebs RE 1. 1 (1893) 534.

[676] Pace Schoenberger, Briefe 25: "Seine (i. e. des Tubero) Geschichte ist ganz nach dem Geschmacke Ciceros." Aus der von Schoenberger dafür zitierten Stelle Ad Quint. frat. 1. 1. 10 (s. o. Anm. 673) folgt dies nicht. Zutreffend Henze 67: "de cuius (i. e. Tuberonis) historia iudicium Cicero memoriae non prodidit."

[677] L. Tubero lebte noch, als Cicero im Jahre 46 v. Chr. seine Rede Pro Ligario hielt: Pro Ligario 12f. e. a.

[678] Er ist wahrscheinlich identisch mit dem Schwiegervater des Sex. Pompeius, Magni filius: Peter HRR I CCCLXXVI. Einen Libo als familiaris des Cn. Pompeius Magnus nennt Cicero Ad familiar. 1. 1. 3.
Die Tatsache, daß nur Cicero Libo als Historiker nennt, berechtigt nicht zu dem gewaltsamen Eingriff Soltaus, Der Annalist Piso 122f. in den Text von Ad Attic. 13. 30. 2 und 13. 32. 3 (s. u. Anm. 680 und 681), der dort für den überlieferten Namen des Libo denjenigen des L. Calpurnius Piso Frugi einsetzen will: vgl. oben Kapitel 2. f) über Piso.

[679] Ad Attic. 13. 30. 2, 32. 3, 33. 3, 5. 1, 6. 4, 4. 1. Zu dieser Korrespondenz s. u. Teil III, Kapitel 1.

was sich aber aus anderen Quellen zu ergeben schien.[680] Auf diesen Widerspruch weist Cicero bereits in dem ersten der sechs Briefe an Atticus über die Senatsgesandtschaft von 146 v. Chr. hin, und er wiederholt diesen Hinweis unter erneutem Verweis auf den Liber annalis des Libo in seinem folgenden Schreiben zum selben Thema.[681]

Wie mit Procilius und L. Aelius Tubero war Cicero auch mit dem Historiker L. Scribonius Libo persönlich bekannt, wenn dieser mit dem Libo identisch ist, der in einem Brief Ciceros an M. Marius[682] aus dem Jahre 46 v. Chr., in den im folgenden Jahr verfaßten Academici posteriores[683] sowie in einem Brief Ciceros an D. Brutus aus dem Jahre 44 v.Chr.[684] erwähnt wird. Möglicherweise bezieht sich auch die Bemerkung Ciceros in einem Brief an Atticus aus dem Jahre 45 v. Chr., er habe den Libo bei sich, auf

---

680 Ad Attic. 13. 30. 2: Mi sicunde potes, erues, qui decem legati Mummio fuerint. Polybius non nominat. Ego memini Albinum consularem et Sp. Mummium; videor audisse ex Hortensio Tuditanum. Sed in Libonis annali XIIII annis post praetor est factus Tuditanus quam consul Mummius. Non sane quadrat.

681 Ad Attic. 13. 32. 3: Et quod ad te de decem legatis scripsi, parum intellexisti, credo quia *διὰ σημείων* scripseram. De C. Tuditano enim quaerebam, quem ex Hortensio audieram fuisse in decem. Eum video in Libonis praetorem P. Popilio P. Rupilio consulibus. Annis XIIII ante quam praetor factus est, legatus esse potuisset? Zum Text: s. u. Anm. 857.

682 Ad familiar. 7. 4. 1: ... in Cumanum veni cum Libone tuo, vel nostro potius.

683 Acad. post. 1. 3: Et ego (i. e. M. Tullius Cicero): "Ista quidem," inquam, "Varro, iam diu expectans non audeo tamen flagitare; audivi enim e Libone nostro, cuius nosti studium."

684 Ad familiar. 11. 7. 1: Cum adhibuisset domi meae Lupus me et Libonem et Servium, ...

den Verfasser des Liber annalis oder dessen Werk.[685]

q) Die späten Annalisten: Q. Claudius Quadrigarius und Valerius Antias

Cicero hat weder Q. Claudius Quadrigarius noch Valerius Antias jemals erwähnt. Dies hat zusammen mit Unsicherheiten über die Lebenszeit der beiden Autoren zu Kontroversen über die Frage geführt, ob ein Einfluß ihrer Werke auf Cicero nachweisbar ist und ob er überhaupt möglich war.[686]

Die Annahme, Cicero habe das Werk des Valerius Antias benutzt, geht sogar auf die Antike zurück. Q. Asconius Pedianus hat nämlich in seinem Kommentar zur ersten Corneliana vermutet, Cicero sei in dieser Rede Valerius Antias gefolgt, als er behauptete, der ältere Scipio habe es nachträglich bedauert, geduldet zu haben, daß den Senatoren unter seinem zweiten Konsulat im Jahre 194 v. Chr. abgetrennte Sitzplätze bei den ludi Romani eingeräumt worden waren.[687]

---

[685] Ad Attic. 13. 44. 3: Cottam mi velim mittas; Libonem mecum habeo et habueram ante Cascam.
Was genau Cicero hier mit den Namen Cotta, Libo und Casca meint, ist nicht klar: Peter HRR I CCCLXXVII Anm. 1. Shackleton Bailey ad loc.

[686] S. u. Anm. 697-702 über die chronologischen Fragen.

[687] Pro Cornelio 1 frag. 26 Schoell = 69 Clark sagt Cicero: P. Africanus ille superior, ut dicitur, non solum a sapientissimis hominibus, qui tum erant, verum etiam a se ipso saepe accusatus est, quod, cum consul esset cum Ti. Longo, passus esset tum primum a populari consessu senatoria subsellia separari.
Asconius 69f. Clark bemerkt dazu: Hoc factum est secundo consulatu Scipionis post septimum annum, quam Carthaginiensibus bello secundo data est pax.

Woraus Asconius allerdings erschließt, daß Cicero hierin Valerius Antias gefolgt ist, bleibt unklar. Eine bloße Übereinstimmung Ciceros mit dessen Darstellung würde noch nicht seine Abhängigkeit von ihm beweisen, da ja beide Autoren ihre Darstellung unabhängig voneinander einer dritten Quelle entnommen haben könnten. Asconius deutet auch nicht etwa an, Valerius Antias sei der einzige Autor, der die Episode ebenso wie Cicero in der ersten Corneliana dargestellt habe, wodurch dessen Abhängigkeit von Valerius Antias wahrscheinlicher würde.

Gänzlich hinfällig wird die Vermutung des Asconius, Cicero sei an dieser Stelle Valerius Antias gefolgt, aber dadurch, daß sich dieser - nach dem Referat zu schließen, das Asconius selbst von dessen Ausführungen gibt - gerade über den bei Cicero zentralen Gesichtspunkt, nämlich die Rolle Scipios bei der Zuweisung der gesonderten Sitze an die Senatoren, überhaupt nicht geäußert hat.[688] Valerius Antias hat nach Asconius das Ereignis nämlich so dargestellt, daß die Censoren des Jahres 195/4 v. Chr. den Aedilen eine entsprechende Anweisung erteilt hätten, ohne darauf einzugehen, ob dies nun patiente Scipione oder Scipione auctore geschah. Ciceros Formulierung, Scipio habe diese Regelung "geduldet", findet bei Valerius Antias jedenfalls keine Entsprechung. Folglich ist die Vermutung des Asconius, Cicero sei in der ersten Corneliana Valerius Antias gefolgt, verfehlt, da gerade in dem entscheidenden Detail zwischen den beiden Autoren nicht die

---

Factum id esse autem Antias tradidit ludis Romanis, quos fecerunt aediles curules <A.> Atilius Serranus, L. Scribonius Libo, et id eos fecisse iussu censorum Sex. Aeli Paeti, C. Corneli Cethegi. Et videtur in hac quidem oratione hunc auctorem secutus Cicero dixisse passum esse Scipionem secerni a cetero consessu spectacula senatorum.
Das ergänzte praenomen des Atilius Serranus nach Broughton MRR I 343 und 346 Anm. 2; vgl. Ungern-Sternberg 158 mit Anm. 3.

[688] So auch Ungern-Sternberg 161f.

mindeste Übereinstimmung besteht.[689]
Asconius hat sich an dieser Stelle als Quellenforscher versucht, weil er festgestellt hatte, daß Cicero die Episode von der Vergabe der Sitze an die Senatoren und besonders die Rolle Scipios dabei in der Rede De haruspicum responso aus dem Jahre 56 v. Chr. anders darstellte, als er es in der ersten Corneliana getan hatte. Abweichend von seiner früheren Darstellung in der Corneliana, Scipio habe die Zuweisung der Sitze nur "geduldet" heißt es nämlich in De haruspicum responso, Scipio selbst habe die Maßnahme durchgeführt oder doch veranlaßt.[690]
Entgegen der Vermutung des Asconius müssen aber für diese beiden gegensätzlichen, zumindest nicht identischen Darstellungen ein und desselben Ereignisses durch Cicero keineswegs zwei verschiedene Quellen postuliert werden. Vielmehr genügt zur Erklärung der Unterschiede die Annahme, daß Cicero dasselbe Ereignis in verschiedenen Situationen jeweils so interpretiert hat, wie es seiner Sache diente und wie es seinem Publikum vermutlich zusagen würde. Schon aus diesem Grund kann er es für angezeigt gehalten haben, Scipios Rolle bei der Vergabe der gesonderten Sitze für die Senatoren in seiner Verteidigungsrede für den ehema-

---

[689] Ungern-Sternberg 162.

[690] De harusp. resp. 24: ... quibus ludis (i. e. Megalesibus) primum ante populi consessum senatui locum P. Africanus iterum consul ille maior dedit.
Zu dieser Stelle bemerkt Asconius 70 Clark im Anschluß an den oben Anm. 687 zitierten Text: In ea autem, quam post aliquot annos habuit de haruspicum responso, non passum esse Scipionem, sed ipsum auctorem fuisse dandi eum locum senatoribus videtur significare. Verba eius haec sunt: "Nam quid ego de illis ludis loquar, quos in Palatio nostri maiores ante templum Matris Magnae fieri celebrarique voluerunt? ... quibus primum ludis ante populi consessum senatui locum P. Africanus II cos. ille maior dedit."
**** et collega eius Sempronio Longo hoc tributum esse senatui scribit, sed sine mentione Megalesium - aediles enim eos ludos facere soliti erant - votivis ludis factum tradit, quos Scipio et Longus coss. fecerint.

ligen Volkstribunen C. Cornelius vor einem Geschworenengericht anders darzustellen als in seiner Interpretation des Gutachtens der haruspices vor dem Senat.[691]
Auch Asconius hat diese Ursache für die Unterschiede zwischen den beiden Darstellungen Ciceros durchaus nicht verkannt, wie seine Ausführungen zur Corneliana klar ergeben.[692] Um so mehr überrascht seine nicht nur mangels Übereinstimmung zwischen Cicero und Valerius Antias verfehlte, sondern auch gänzlich überflüssige Spekulation über eine Abhängigkeit Ciceros von Valerius Antias.
Wenn auch Asconius mit seiner Vermutung einer Abhängigkeit Ciceros von Valerius Antias in diesem Fall sicher unrecht hat, muß er doch angenommen haben, daß Cicero das Werk des Valerius Antias benutzen konnte, womit er unausgesprochen voraussetzt, daß dieses Werk (oder wenigstens das Buch, in dem Valerius

---

[691] Vgl. die folgende Anmerkung 692.

[692] Asconius 70 Clark im Anschluß an den Anm. 690 zitierten Text: Non praeterire autem vos volo esse oratoriae calliditatis ius, ut, cum opus est, eisdem rebus ab utraque parte vel a contrariis utantur. Nam cum secundum Ciceronis opinionem auctore Scipione consule aediles secretum ante omnis locum spectandi senatoribus dederint, de eodem illo facto Scipionis in hac quidem oratione, quia causa popularis erat premebaturque senatus auctoritate atque ob id dignitatem eius ordinis, quam posset maxime, elevari causae expediebat, paenituisse ait Scipionem, quod passus esset id fieri; in ea vero de haruspicum responso, quia in senatu habebatur, cuius auribus erat blandiendum, et magnopere illum laudat et non auctorem fuisse dandi - nam id erat levius - sed ipsum etiam dedisse dicit.
Damit hat Asconius selbst die Unterschiede zwischen Ciceros Corneliana und De haruspicum responso unabhängig von irgendwelchen Spekulationen über Ciceros Quellen erklärt.
Im übrigen ist nicht zu erkennen, inwiefern die Formulierung Ciceros "senatui locum P. Africanus ... dedit" stärker sein soll als eine mögliche Wendung wie "auctor loci dandi P. Africanus fuit". Beides würde bedeuten, daß Scipio die Zuweisung veranlaßt hat.

Antias die Ereignisse des Jahres 194 v. Chr. geschildert hat) bereits 65 v. Chr. vorlag, als Cicero die beiden Reden Pro Cornelio hielt. Ob Asconius damit im Gegensatz zu seinen übrigen Ausführungen in diesem Zusammenhang recht hat, ist angesichts seiner eklatanten Fehlinterpretation in der Abhängigkeitsfrage zweifelhaft, wenn auch nicht unmöglich.

Im Falle des Q. Claudius Quadrigarius liegt die Sache ähnlich: Obwohl Cicero ihn niemals erwähnt hat, sind Einflüsse seines Werkes auf Cicero vermutet worden, allerdings nicht schon in der Antike. Als Belege für solche Einflüsse sind einige Stellen im dritten Buch De officiis angesehen worden,[693] die jedoch mit den

---

[693] Soltau, Eine annalistische Quelle in Cicero, De offic. III; zu Recht abgelehnt bereits von Peter HRR I CCXCII; dennoch unglücklicherweise wiederholt von Rambaud 69f.

Zum Nachweis einer Abhängigkeit Ciceros von Claudius Quadrigarius zieht Soltau folgende Stellen heran:

1. Claudius Quadrigarius frag. 40 Peter (aus Buch 3) = Gellius 3. 8: Cum Pyrrus rex in terra Italia esset et unam atque alteram pugnas prospere pugnasset satisque agerent Romani et pleraque Italia ad regem descivisset, tum Ambraciensis quispiam Timochares, regis Pyrri amicus, ad C. Fabricium consulem furtim venit ac praemium petivit et, si de praemio conveniret, promisit regem venenis necare; ... eam rem Fabricius ad senatum scripsit. Senatus ad regem legatos misit mandavitque, ut de Timochare nihil proderent, sed monerent, uti rex circumspectius ageret atque a proximorum insidiis salutem tutaretur. Hoc ita, uti diximus, in Valeri Antiatis historia scriptum est. Quadrigarius autem in libro tertio non Timocharem, sed Niciam adisse ad consulem scripsit, neque legatos a senatu missos, sed a consulibus, et <Pyrrum> populo Romano laudes atque gratias scripsisse captivosque omnes, quos tum habuit, vestivisse et reddidisse. Bei Gellius folgt dann der fingierte Brief, den Pyrrhos nach Claudius Quadrigarius von den Konsuln erhielt.

Zum selben Thema bemerkt Cicero De offic. 3. 86: Cum enim Pyrrhus populo Romano bellum ultro intulisset ..., perfuga ab eo venit in castra Fabricii eique est pollicitus, si praemium sibi proposuisset, se, ut clam venisset, sic clam in Pyrrhi castra rediturum et eum veneno necaturum. Hunc Fabricius reducendum curavit ad Pyrrhum idque eius factum laudatum a senatu est.

Keines der Charakteristika des claudischen Berichtes (der Name des Überläu-

entsprechenden Fragmenten des Claudius Quadrigarius ebensowenig spezifische Ähnlichkeiten aufweisen wie Ciceros Bemerkungen in der ersten Corneliana und die Ausführungen des Valerius Antias über die besonderen Sitze der Senatoren. Daher spricht auch hier nichts dagegen, die Ausführungen beider Autoren auf eine gemeinsame dritte Quelle zurückzuführen oder sie als voneinander ganz unabhängig anzusehen.

Mit der Frage nach der Benutzung der Werke des Q. Claudius Quadrigarius und des Valerius Antias durch Cicero ist ein chronologisches Problem eng verbunden: Über die Lebenszeit der beiden

---

fers, die von den Konsuln zu Pyrrhos gesandten Legaten, der Brief der Konsuln an Pyrrhos) findet sich bei Cicero wieder; die Angabe Ciceros, daß Fabricius den Überläufer zu Pyrrhos zurückbringen ließ, ist sowohl mit dem von Gellius zitierten Bericht des Valerius Antias als auch mit demjenigen des Claudius Quadrigarius vereinbar, spricht also auch nicht für eine Abhängigkeit Ciceros von Claudius Quadrigarius. Dennoch meint Rambaud 70 über Claudius Quadrigarius im Anschluß an Soltau: "Dans l' épisode de Fabricius ..., Cicéron l' a sûrement utilisé, car c' est cet historien qui rapportait que le consul s' adressa directement à Pyrrhus." Davon, daß Fabricius sich direkt an Pyrrhos wandte, ist aber bei Cicero De offic. 3. 86 gar keine Rede.

2. Claudius Quadrigarius frag. 18 Peter = Livius 9. 5. 1 und Cicero De offic. 3. 109f. Da die Darstellung des Claudius Quadrigarius nach Livius, ibid. der communis opinio ("ut vulgo credunt") entsprach, könnte selbst dann, wenn eine Ähnlichkeit zwischen den beiden Stellen bestehen würde, nicht auf eine Abhängigkeit Ciceros von Claudius Quadrigarius geschlossen werden; vielmehr wäre anzunehmen, daß beide Autoren diese communis opinio wiedergegeben haben.

3. Claudius Quadrigarius frag. 10 a/b Peter = Livius 6. 42. 3 / Gellius 9. 13. 7-19 und Cicero De offic. 3. 112 (Authentizität jedoch zweifelhaft!). Zwar existiert eine - wenn auch geringe - Übereinstimmung zwischen den kurzen Zusammenfassungen bei Cicero und Livius, denn beide Autoren benutzen das Wort "provocatus"; dies beweist aber nicht, daß Cicero von Claudius Quadrigarius abhängt, zumal dieser den Ausdruck nicht benutzt hat, wie wir durch das ausführliche Claudius-Zitat bei Gellius wissen.

4. Die Fragmente 73-76 Peter des Claudius Quadrigarius sind so dürftig, daß sie keinerlei Schlüsse erlauben.

späten Annalisten und den Zeitpunkt der Veröffentlichung ihrer Werke wissen wir nämlich außer einem terminus ante quem und einem terminus post quem wenig oder nichts. Der terminus ante quem ist für beide Autoren derselbe und ergibt sich daraus, daß Livius ihre Schriften benutzt hat, so daß diese ungefähr im Jahre 27 v. Chr. vorgelegen haben müssen;[694] die termini post quos sind hingegen unterschiedlich und ergeben sich aus den Fragmenten, in denen Q. Claudius Quadrigarius Ereignisse des Jahres 82 v. Chr. und Valerius Antias solche des Jahres 91 v. Chr. erwähnt.[695] Diese termini ante quem und post quos allein sind also weder geeignet, das Erscheinen der Werke des Q. Claudius Quadrigarius und des Valerius Antias vor Ciceros Tod zu erweisen noch es auszuschließen.

Abgesehen von Asconius,[696] der vorausgesetzt hatte, Valerius Antias habe vor Ciceros Tod publiziert, ist das Werk des Velleius Paterculus die einzige Quelle, die weitere Informationen zur Datierung des Q. Claudius Quadrigarius und des Valerius Antias verspricht. Velleius gibt nämlich in seinem zweiten Buch einen Überblick über die Chronologie der römischen Historiker der Späten Republik und äußert in diesem Zusammenhang die Meinung, Claudius Quadrigarius und Valerius Antias seien "Zeitgenossen" des Historikers L. Cornelius Sisenna gewesen, der 78 v. Chr. die

---

[694] Vgl. Ogilvie (comment.) 2: "Internal evidence from the first five books indicates that they were completed between 27 B.C. and 25 B.C. ... and there is nothing in them to suggest that Livy had undertaken his history before 29 B.C." Ähnlich Flach 138.

[695] Zu Claudius Quadrigarius: Peter HRR I CCLXXXV sowie 235 mit dem Fragment 84, das sich auf die Schlacht bei Sacriportus im Jahre 82 v. Chr. bezieht. Zu Valerius Antias: Peter HRR I CCC sowie 275 mit dem Fragment 64, das den Tod des L. Crassus im Jahre 91 v. Chr. voraussetzt.

[696] Asconius 69f. Clark; s. o. Anm. 687.

Praetur bekleidet hatte und im Jahre 67 v. Chr. verstorben war.[697]
Zusammen mit den erwähnten termini post quos von 91 v. Chr. bzw. 82 v. Chr. legt diese Angabe des Velleius Paterculus scheinbar eine Datierung des Claudius Quadrigarius und des Valerius Antias in die Zeit von den achtziger bis zu den sechziger Jahren des letzten vorchristlichen Jahrhunderts nahe.[698]
Die Aussagekraft der Angabe des Velleius Paterculus hängt jedoch entscheidend davon ab, was Velleius unter "Zeitgenossen" versteht und wie zuverlässig seine anderen, durch weitere Quellen überprüfbaren Angaben zur Chronologie der römischen Historiker an dieser Stelle sind.
Wie großzügig Velleius Paterculus mit dem Begriff "Zeitgenossen" umgegangen ist, zeigt er genau an der Stelle, an der er sich über Claudius Quadrigarius und Valerius Antias äußert, indem er auch P. Rutilius Rufus, cos. 105 v. Chr., als "Zeitgenossen" Sisennas bezeichnet, obwohl Rutilius Rufus spätestens 118 v. Chr., also immerhin vierzig Jahre vor Sisenna, die Praetur bekleidet hatte und somit reichlich eine Generation älter gewesen sein dürfte als sein angeblicher "Zeitgenosse" Sisenna.[699] Ein ähnlicher Altersunterschied zwischen Sisenna und seinen "Zeitgenossen" Q. Claudius Quadrigarius und Valerius Antias ist also nicht auszuschließen; vielmehr ist es Velleius Paterculus zuzutrauen, daß er sie

---

[697] Velleius Paterculus 2. 9. 6: Vetustior Sisenna fuit Coelius, aequalis Sisennae Rutilius Claudiusque Quadrigarius et Valerius Antias.
Die Praetur Sisennas: Broughton MRR II 86; sein Tod: Dio 36. 19. 1. S. o. Kapitel 2. j).

[698] So etwa mit leichten Varianten: Peter HRR I CCLXXXV; Ogilvie (comment.) 12f.

[699] Nach Cicero (De orat. 2. 280, Brut. 113; vgl. Tacitus, Ann. 3. 66. 1) bewarb sich P. Rutilius Rufus vergeblich um das Konsulat für 115 v. Chr., so daß er spätestens 118 v. Chr. Praetor gewesen sein muß: Broughton MRR II 527.

auch dann als "Zeitgenossen" Sisennas bezeichnet hätte, wenn sie - wie Rutilius Rufus - vierzig Jahre älter oder wenn sie vierzig Jahre jünger als Sisenna gewesen wären.
Schon dieser ungenaue Umgang des Velleius Paterculus mit dem Begriff des "Zeitgenossen" schränkt die Aussagekraft seiner Äußerungen über die Lebenszeit des Q. Claudius Quadrigarius und des Valerius Antias nicht unerheblich ein.[700] Zusätzlich werden seine Kommentare über die Chronologie dieser Zeit dadurch insgesamt entwertet, daß Velleius sich offenbar über das Alter der von ihm erwähnten Autoren der Späten Republik überhaupt nicht im klaren war, wie seine irreführenden Angaben über L. Coelius Antipater und P. Rutilius Rufus zeigen. Velleius Paterculus nennt nämlich den Historiker Coelius Antipater mit Recht <u>älter</u> als Sisenna, bezeichnet aber P. Rutilius Rufus, der etwa genauso alt wie Coelius Antipater war,[701] als <u>Zeitgenossen</u> des etwa vierzig Jahre jünge-

---

[700] Zu Recht skeptisch Badian, Early Historians 35 Anm. 102: "Velleius appears to mention them (i. e. Q. Claudius Quadrigarius and Valerius Antias) as aequales of Sisenna ..." Trotz seiner durchaus berechtigten Zweifel an Velleius hält Badian, ibid. vorsichtig an einer Datierung beider Annalisten bis spätestens 52 v. Chr. fest: "But a publication date after 52 for both Claudius and Valerius, though it cannot be wholly rejected, is perhaps rather unlikely."
Schärfer hatte sich Badian noch Where was Sisenna 428 Anm. 14 geäußert: "It is a pity that ... this (i. e. Velleius Paterculus 2. 9. 6) tells us nothing useful about the date of Claudius and Valerius, which we would like to know."
Völlig bestreitet Cloud die Aussagekraft von Vell. Pat. 2. 9. 6, indem er erneut, allerdings ohne Hinweis auf frühere Vertreter dieser These wie Holzapfel und Zohren, für eine Spätdatierung des Valerius Antias eintritt (die sich aber auch nicht erweisen läßt).

[701] Peter HRR I CCXII setzt die Geburt des Coelius Antipater in die zweite Hälfte der siebziger Jahre des zweiten Jahrhunderts vor Christi Geburt. Da Cicero, Brut. 110 Coelius Antipater zusammen mit Q. Mucius Scaevola augur, cos. 117 v. Chr., behandelt, ist ein Geburtsdatum um 160 v. Chr. jedoch wahrscheinlicher; Douglas (comment.) ad Brut. 110. Als Praetor des Jahres 118 v. Chr. dürfte auch Rutilius Rufus um 160 v. Chr. geboren sein.

ren Sisenna. Wenn Velleius die Chronologie der von ihm erwähnten Historiker auch nur einigermaßen bekannt gewesen wäre, hätte er L. Coelius Antipater und P. Rutilius Rufus als Zeitgenossen bezeichnen müssen und sie beide einer älteren Generation als derjenigen des Sisenna zuordnen müssen; L. Coelius Antipater und P. Rutilius Rufus aber chronologisch unterschiedlich einzuordnen, wie es Velleius tatsächlich tut, ist jedenfalls verkehrt und entwertet seine Äußerungen über die "Zeitgenossen" des Sisenna, also auch über Q. Claudius Quadrigarius und Valerius Antias, noch stärker als seine beachtlichen Freiheiten im Umgang mit dem Wort "Zeitgenossen".

Sowohl die Ungenauigkeit des Velleius Paterculus, wenn er von "Zeitgenossen" spricht, als auch seine offenkundige Ignoranz der Chronologie der römischen Historiker der Späten Republik verbieten es, gestützt auf seine Bemerkungen, Q. Claudius Quadrigarius und Valerius Antias chronologisch genauer als zwischen die erwähnten termini ante quem und post quos einordnen zu wollen, geschweige denn, sie etwa in die achtziger oder siebziger Jahre des letzten vorchristlichen Jahrhunderts zu datieren.[702] Mehr als der erwähnte terminus ante quem 27 v. Chr., der sich aus der Benutzung ihrer Werke durch Livius ergibt, und die termini post quos, die sich aus dem Inhalt ihrer Fragmente ergeben, läßt sich für die beiden späten Annalisten Q. Claudius Quadrigarius und Valerius Antias also auch mit Hilfe der Angaben des Velleius Paterculus nicht ermitteln.[703] Nicht einmal über die relative Chronologie des Claudius Quadrigarius und des Valerius Antias, also über die Frage, welcher von beiden Autoren der ältere und welcher der

---

[702] So aber Peter HRR I CCLXXXV und CCCV. Auch die Spätdatierung nach Holzapfel, Zohren (abgelehnt von Ogilvie (comment.) 13, wo Zohren jedoch "Zahlen" genannt wird) und Cloud ist mit Hilfe unserer vagen Zeugnisse nicht zu erweisen.

[703] S. o. Anm. 694 und 695.

jüngere ist, läßt sich etwas Gesichertes aussagen.[704]
Was nun Cicero betrifft, so erlauben die chronologischen Angaben, die uns über Q. Claudius Quadrigarius und Valerius Antias vorliegen, wegen ihrer Ungenauigkeit keine Entscheidung über die zentrale Frage, ob die Werke dieser Autoren bereits vor Ciceros Tod vorlagen oder nicht. Mit chronologischen Argumenten läßt sich also zur Klärung der Frage nach ihrem möglichen Einfluß auf Cicero wenig oder nichts ausrichten. So läßt sich die Tatsache, daß Cicero weder Claudius Quadrigarius noch Valerius Antias jemals erwähnt hat,[705] nicht einfach damit erklären, daß ihre Werke erst zu einem sehr späten Zeitpunkt, also erst kurz vor oder sogar erst nach Ciceros Tod erschienen wären, denn ein solches spätes Erscheinungsdatum ist nicht erweisbar. Andererseit kann das Fehlen dieser Autoren bei Cicero auch nicht für sonderlich anstößig erklärt werden, denn es ist eben nicht sicher, ob ihre Schriften so früh erschienen sind, daß sie Cicero bekannt sein konnten.

---

[704] Die Vermutung, Q. Claudius Quadrigarius sei älter als Valerius Antias, weil Vell. Pat. 2. 9. 6 (s. o. Anm. 697) beide Autoren in dieser Reihenfolge nennt, ist rein willkürlich, da überhaupt nicht zu ersehen ist, wieso die Reihenfolge der Namen bei Velleius eine chronologische Reihenfolge implizieren sollte. Auch die bisweilen in diesem Zusammenhang verkürzt zitierte Stelle Fronto, epist. 1. 1: "Historiam quoque scribsere ... Pictor incondite, Claudius lepide, Antias invenuste," ergibt nichts für die Chronologie, denn der Satz Frontos lautet vollständig: "Historiam quoque scribsere Sallustius structe, Pictor incondite, Claudius lepide, Antias invenuste, Seisenna longinque, verbis Cato multiiugis, Coelius singulis." Diese Liste ist im wesentlichen nach Gegensatzpaaren geordnet und bar jeder Rücksicht auf die Chronologie. Dennoch sehen Peter HRR I CCLXXXV und Zimmerer 1, 4 in Vell. Pat. 2. 9. 6 und Fronto, Epist. 1. 1 (von Zimmerer - offensichtlich nach Peter - in der um das Unerwünschte verkürzten Form zitiert) eine Basis für ihre Behauptung, Claudius Quadrigarius sei älter als Valerius Antias.

[705] Beide Autoren erscheinen insbesondere nicht in der Historiker-Liste De legib. 1. 6f. Zingler 14, Laurand 318, Rambaud 26. Henze 66f. übergeht Claudius Quadrigarius und Valerius Antias völlig.

Es sind daher andere als chronologische Gründe gesucht worden, um das Fehlen dieser Autoren bei Cicero, der so viele zeitgenössische Historiker gekannt und auch in seinen Schriften erwähnt hat, plausibel zu erklären. So sollen es soziale Gründe gewesen sein, die Cicero dazu bewogen hätten, die beiden aus wahrscheinlich nicht senatorischen Familien stammenden Historiker zu ignorieren,[706] oder es wird angenommen, die geringe Qualität ihrer Werke habe bei Cicero den Ausschlag gegeben, sie zu übergehen.[707]

Beide Erklärungen können schwerlich überzeugen, denn einerseits nennt Cicero ja auch die Historiker Vennonius,[708] L. Coelius Antipater[709] und Paulus Clodius,[710] die ebenfalls kaum sena-

---

[706] Badian, Early Historians 20f. Ähnlich Rawson, Cicero the Historian 42 und Ogilvie (comment.) 13.
Die Vermutungen über die Herkunft des Q. Claudius Quadrigarius und des Valerius Antias sind - wie die meisten diese Autoren betreffenden Vermutungen - hoch spekulativ: die ältere Literatur bei Zimmerer 4 Anm. 13-17. Ferner Peter HRR I CCLXXXVf. (über Claudius Quadrigarius), CCCVf. (über Valerius Antias) sowie Timpe, Erwägungen zur jüngeren Annalistik 107f., 109f. mit eigenen Vermutungen.
Das Notwendige und Mögliche hat bereits Zimmerer 4 konstatiert: "Ob Claudius dem Haus der patrizischen Claudier oder der plebeischen Marceller angehörte oder ob er Freigelassener war, wird aus den erhaltenen Fragmenten nie zu entscheiden sein." Mutatis mutandis gilt dies auch für Valerius Antias.

[707] Rawson, Cicero the Historian 42 sowie Timpe, Erwägungen zur jüngeren Annalistik 117: wegen der mangelnden literarischen Qualität. Klotz, Livius und seine Vorgänger 92f.: wegen der Fälschungen dieser Autoren.

[708] S. o. Kapitel 2. i); zu unserer Unkenntnis über Vennonius: Peter HRR I CC.

[709] Peter HRR I CCXIII. Sicher folgt aus dem griechischen Beinamen des Coelius nicht, daß er Freigelassener war.

torischer Herkunft gewesen sein dürften.[711] Wenn Cicero die von ihm erwähnten Historiker tatsächlich nach sozialen Kriterien ausgewählt hätte, dann wären nicht nur Q. Claudius Quadrigarius und Valerius Antias, sondern auch diese drei Autoren wohl kaum von ihm erwähnt worden.
Was andererseits die angeblich geringe Qualität der Werke des Q. Claudius Quadrigarius und des Valerius Antias betrifft, so kann auch diese nicht erklären, weshalb Cicero die beiden Autoren niemals genannt hat, insbesondere nicht in seinem Überblick über die römische Geschichtsschreibung in De legibus. Im Gegenteil: Ciceros Argumentation wäre gerade dort durch das Anführen besonders mißlungener Produkte der späten Annalistik bereichert worden, da diese seine These gestützt hätten, daß die römische Geschichtsschreibung noch kein befriedigendes Niveau erreicht habe.[712] Wenn Cicero die Werke des Q. Claudius Quadrigarius

---

[710] Über die Herkunft des Paulus Clodius wissen wir nichts, das etwa für seine senatorische Herkunft sprechen würde. Peter HRR I CCXXXVIIIf. Unbegründet Badian, Early Historians 35 Anm. 102: "He was perhaps a senator." Perhaps!

[711] Die Idee, in senatorischer Herkunft überhaupt ein Kriterium zu sehen, geht wohl auf Cornelius Nepos frag. 57 Marshall = Sueton, De rhetor. 27 zurück: (Sc. L. Voltacilius Pitholaus) Cn. Pompeium Magnum docuit, patrisque eius res gestas nec minus ipsius compluribus libris exposuit; primus omnium libertinorum, ut Cornelius Nepos opinatur, scribere historiam orsus, nonnisi ab honestissimo quoque scribi solitam ad id tempus.
Nepos schließt hier ausdrücklich nur Freigelassene als Historiker aus; weitergehende Schlüsse - etwa, daß vor L. Voltacilius Pitholaus nur Senatoren Geschichte geschrieben hätten - verbieten sich.

[712] De legib. 1. 5: (Atticus:) Abest enim historia litteris nostris, ut et ipse intellego et ex te (i. e. M. Tullio Cicerone) persaepe audio.
So bereits der Tenor von De orat. 2. 51-54, explizit De orat. 2. 55: (M. Antonius:) Minime mirum ..., si ista res (i. e. historia) adhuc nostra lingua inlustrata non est.

und des Valerius Antias gekannt und sie als mißlungen angesehen hätte, wäre dies für ihn ein Grund mehr gewesen, sie in De legibus zu nennen und zu rügen, nicht aber, sie zu übergehen. Auch Clodius und Sempronius Asellio, deren "inscitia" Cicero tadelt, und C. Licinius Macer, als dessen hervorstechendste Eigenschaft er "loquacitas" erwähnt, werden ja nicht wegen dieser Schwächen übergangen, sondern trotzdem - oder gerade deswegen - erwähnt und kritisiert.

Überhaupt lassen solche Versuche, das Fehlen des Claudius Quadrigarius und des Valerius Antias in De legibus zu erklären, außer Acht, daß alle dort erwähnten Autoren bereits verstorben waren, als Cicero De legibus verfaßte.[713] Da Q. Claudius Quadrigarius und Valerius Antias möglicherweise zu diesem Zeitpunkt noch lebten, ist anzunehmen, daß Cicero sie deshalb und nicht aus sozialen Gründen oder aufgrund seines Qualitätsurteils über ihre Schriften übergangen hat. Es ist übrigens auch nicht auszuschließen, daß Q. Claudius Quadrigarius und Valerius Antias sich hinter den von Cicero in De legibus erwähnten Historikern verbergen, über die ihm ein Urteil unmöglich sei, da sie ihre Werke noch nicht publiziert hätten.[714]

Wie gesagt, hat Cicero weder Q. Claudius Quadrigarius noch Valerius Antias jemals erwähnt. Was Claudius Quadrigarius betrifft, so hat man aber gelegentlich vermutet, er verberge sich

---

[713] S. o. Anm. 528.

[714] De legib. l. 7: (Atticus:) Sisenna, eius (i. e. C. Licini Macri) amicus, omnis adhuc nostros scriptores - nisi qui forte non ediderunt, de quibus iudicare non possumus - facile superavit.
Der Zusatz, es könne nur über publizierte Werke geurteilt werden, wäre recht trivial, wenn nicht an bestimmte Autoren gedacht ist, von deren Werken man zwar weiß, daß sie in Arbeit sind, die aber noch nicht erschienen sind. Freilich kommen dafür nicht nur Claudius Quadrigarius und Valerius Antias in Betracht, sondern vielleicht auch L. Tubero (s. o. Kapitel 2. p), L. Lucceius (s. o. Kapitel 2. o) oder andere zeitgenössische Autoren, von denen wir nichts mehr wissen.

hinter dem in De legibus erwähnten Historiker Clodius.[715] Aufgrund des Aufbaues des betreffenden Kapitels in De legibus kann dies jedoch ausgeschlossen werden: Cicero hätte Claudius Quadrigarius, der frühestens in sullanischer Zeit geschrieben haben kann, nicht in einem Atemzug mit Sempronius Asellio als Nachfolger des Coelius Antipater nennen können, ohne seine Darlegungen chronologisch vollkommen zu verwirren.[716]
Ebenfalls wurde versucht, in eine sehr wahrscheinlich korrupte Stelle in De legibus eine Erwähnung des Valerius Antias hineinzulesen, indem für ein überliefertes, aber verdächtiges "belli" der Name des Valerius Antias konjiziert wurde. Dies ist jedoch aus den gleichen Gründen als völlig haltlos abzulehnen wie die Identifizierung des an derselben Stelle erwähnten Clodius mit Claudius Quadrigarius: eine völlige chronologische Konfusion in Ciceros Darlegungen wäre die Folge einer solchen Konjektur.[717]

---

715 Die Identität des Clodius mit Claudius Quadrigarius nehmen an: Niese, RE 3. 2 (1899) 2859; Zimmerer 4.

716 Ähnlich Peter HRR I CCXXXVIII. Gegen die Identifizierung des Clodius mit Claudius Quadrigarius wendet sich auch Badian, Early Historians 20, allerdings mit dem unzutreffenden Argument, Cicero hätte Clodius nicht "languor", also stilistische Schwäche, vorwerfen können, wenn es sich bei ihm um Claudius Quadrigarius gehandelt hätte, denn spätere Kritiker hätten dessen Stil gelobt. Da es sich aber bei diesen späten, wohlwollenden Kritikern des Q. Claudius Quadrigarius um die notorischen Archaisten Fronto und Gellius handelt, folgt genau umgekehrt, daß Cicero sehr wohl auch Claudius Quadrigarius "languor" hätte vorwerfen können, da er derartigen archaistischen Tendenzen gänzlich fernstand.

717 De legib. l. 6: Successere huic (i. e. Coelio Antipatro) † belli † Clodius, Asellio.
Jordan, Die Einleitung des ciceronischen Brutus 209 will hier "Valeri" für "belli" lesen. Diese haltlose Konjektur wurde bereits von Peter HRR I CCCXXI Anm. 1 ohne weitere Diskussion zurückgewiesen und scheint danach nicht wieder aufgenommen worden zu sein.

Zusammenfassend ist also festzustellen, daß Cicero die beiden späten Annalisten Q. Claudius Quadrigarius und Valerius Antias niemals genannt und niemals nachweislich benutzt hat. Angesichts der offenen chronologischen Fragen sind Spekulationen über die Gründe dafür müßig, denn es läßt sich einerseits nicht ausschließen, daß beide Historiker noch lebten, als Cicero De legibus verfaßte, so daß sie als noch lebende Autoren dort nicht erwähnt wurden; andererseits kann aber auch nicht ausgeschlossen werden, daß beide Annalisten erst so spät publiziert haben, daß Cicero sie nicht kennen konnte.

Gegen die von Jordan als einzige Alternative zu seiner These angesehene Konjektur, hier den Namen des Historikers Cn. Gellius einzusetzen, was aus chronologischen Gründen völlig unmöglich ist: s. o. Kapitel 2. i) mit Anm. 475 und 476.

Der Text von De legib. 1. 6f., namentlich das "belli", ist wohl unheilbar korrupt.

3. Die Primärquellen und die Fachliteratur

Neben den Werken der griechischen und römischen Historiker kannte Cicero eine ganze Reihe weiterer Quellengattungen, aus denen er Informationen über die Vergangenheit gewinnen konnte und auf die er in seinen Werken gelegentlich verweist.

Den historiographischen Werken, die ja in der Regel bis in die Lebenszeit ihrer Verfasser hinabreichten,[718] stehen dabei die Memoiren bedeutender römischer Politiker am nächsten.[719]

Auch deren Reden waren häufig publiziert worden, zum Teil innerhalb historiographischer Werke oder innerhalb von Memoiren.[720] Ciceros Kenntnisse von dieser Quellengattung waren übrigens nicht nur infolge seines gewissermaßen professionellen Interesses als Redner besonders detailliert, sondern zusätzlich deswegen, weil er sich für die Ausarbeitung des Brutus, seiner Monographie über die Geschichte der römischen Redekunst, intensiv mit der Materie befaßt hat. Durch den Brutus sind Ciceros Kenntnisse von den römischen Rednern und ihren Werken für uns auch besonders gut greifbar.[721]

Zur Ausarbeitung des Brutus zog Cicero neben den Reden und anderen Quellen über die Beredsamkeit auch literaturgeschichtliche Fachliteratur heran.[722]

---

[718] Eine Ausnahme bildet das Bellum Punicum des L. Coelius Antipater. Über ihn s. o. Kapitel 2. h).

[719] S. u. Kapitel 3. a).

[720] Etwa die Reden Catos in den Origines: s. o. Kapitel 2. d).

[721] S. u. Kapitel 3. b).

[722] S. u. Kapitel 3. d).

Von besonderer Bedeutung für den Redner war nach Ciceros Auffassung neben der Geschichtskenntnis die Kenntnis der Philosophie und des Rechtes. Daher kamen für ihn die Werke der griechischen Philosophen und die römischen Rechtsquellen sowie die juristische Literatur als historische Quellen in Betracht.[723] Cicero kannte selbstverständlich die Zwölf-Tafel-Gesetze, zahlreiche einzelne Gesetze, die Regelungen für die Verwaltung der Provinzen und die Sammlungen der senatus consulta.[724] Solche Quellen vermittelten ihm nicht nur die notwendigen juristischen Kenntnisse, um erfolgreich vor Gericht auftreten zu können, sondern gewährten auch Einblick in die Welt der Vorfahren.
Auch Inschriften und die mit ihrer Interpretation verbundenen Probleme entgingen Cicero nicht. Unter anderem hatte er in seiner Zeit als Quaestor in Sizilien das vergessene Grabmal des Archimedes bei Syrakus wiederentdeckt, was ihm durch seine Kenntnisse von der Gestalt des Grabmals und vom Wortlaut der Grabinschrift erleichtert worden war.[725]
Schließlich hat Cicero gelegentlich auch die Werke der Dichter für historische Fragen ausgewertet, ohne dabei aber die Grenzen zwischen den Gattungen der Historiographie und der Dichtung zu übersehen.[726]

---

[723] Zur Bedeutung der Rechtskenntnis: s. o. Teil I passim. Die griechischen Philosophen: s. o. Kapitel 1. k).

[724] Zur Kenntnis Ciceros von den Rechtsquellen: s. u. Kapitel 3. e).

[725] S. u. Kapitel 3. f).

[726] S. u. Kapitel 3. g).

a) Memoiren

Schon Gaius Gracchus, trib. pleb. 123 und 122 v. Chr., hatte ein Werk verfaßt, das möglicherweise Memoirencharakter hatte.[727] Cicero erwähnt in De divinatione, daß diese Schrift dem Freund des C. Gracchus, M. Pomponius, gewidmet war[728] und daß C. Gracchus darin einen reichlich abwegigen Spruch der haruspices erwähnt hatte, der den Tod seiner Eltern betraf.[729] Die völlige Unschlüssigkeit dieser Darstellung des C. Gracchus bewegt Cicero dazu, sie als nicht beweiskräftig abzulehnen und ein wenig ins Lächerliche zu ziehen, obwohl sie ja auf einen scheinbar guten, zeitgenössischen Zeugen zurückging.[730]

Von dem berühmten princeps senatus M. Aemilius Scaurus, cos. 115 v. Chr., kannte Cicero ein Memoirenwerk im Umfang von

---

[727] Die beiden erhaltenen Fragmente des Werkes (Cicero, De divinat. 1. 36 = 2. 62 sowie Plutarch, Ti. Gracchus 8) betreffen die Familie des C. Gracchus: Peter HRR I 119.

[728] De divinat. 2. 62: C. Gracchus ad M. Pomponium scripsit duobus anguibus domi comprehensis haruspices a patre convocatos ...

[729] De divinat. 1. 36: Quid? Tib. Gracchus P. filius, qui bis consul et censor fuit idemque et summus augur et vir sapiens civisque praestans, nonne, ut C. Gracchus, filius eius, scriptum reliquit, duobus anguibus domi comprehensis haruspices convocavit? Qui cum respondissent, si marem emisisset, uxori brevi tempore esse moriendum, si feminam, ipsi, aequius esse censuit se maturam oppetere mortem quam P. Africani filiam adulescentem: feminam emisit, ipse paucis post diebus est mortuus.

[730] De divinat. 2. 62: Ego tamen miror, si emissio feminae anguis mortem adferebat Ti. Graccho, emissio autem maris anguis erat mortifera Corneliae, cur alteram utram emiserit. Nihil enim scribit (sc. C. Gracchus) respondisse haruspices, si neuter anguis emissus esset, quid esset futurum.

drei Büchern, das einem gewissen L. Fufidius gewidmet war.[731] Cicero bedauert im Brutus ausdrücklich, daß dieses Werk kaum noch gelesen werde, obwohl es überaus nützlich sei. Ergänzend läßt er seinen Gesprächspartner M. Brutus äußern, die Memoiren des Scaurus seien auch ihm völlig unbekannt.[732]

In ähnlicher Weise wie die Memoiren des Scaurus war das dem Dichter A. Furius gewidmete Buch des Q. Lutatius Catulus, cos. 102 v. Chr., über sein Konsulat und seine Taten in Vergessenheit geraten. Dennoch war auch dieses Werk Cicero bekannt, nicht aber M. Brutus.[733]

---

[731] Brut. 112: Huius (i. e. Scauri) et orationes sunt et tres ad L. Fufidium libri scripti de vita ipsius acta sane utiles, quos nemo legit; at Cyri vitam et disciplinam legunt, praeclaram illam quidem, sed neque tam nostris rebus aptam nec tamen Scauri laudibus anteponendam.
Erneut erwähnt Brut. 132: illi tres, de quibus ante dixi, Scauri libri.

[732] Das Bedauern Ciceros: Brut. 112; s. o. Anm. 731. Die Unkenntnis des Brutus: Brut. 133; s. u. Anm. 733.

[733] Brut. 132f.: Iam Q. Catulus ... eruditus. Multae litterae, summa ... comitas, incorrupta quaedam Latini sermonis integritas, quae perspici cum ex orationibus eius potest tum facillime ex eo libro, quem de consulatu et de rebus gestis suis conscriptum molli et Xenophontio genere sermonis misit ad A. Furium poetam, familiarem suum; qui liber nihilo notior est quam illi tres, de quibus ante dixi, Scauri libri. (133) Tum Brutus: Mihi quidem, inquit, nec iste notus est nec illi - nec haec mea culpa est, numquam enim in manus inciderunt; nunc autem et a te sumam et conquiram ista posthac curiosius.
(Die Codices haben Brut. 133 "sed haec mea culpa est"; der Sinn verlangt jedoch, mit Rivius "nec" zu lesen, da von schuldhafter Unkenntnis des Brutus nur dann die Rede sein könnte, wenn er diese Schriften zwar in der Hand gehabt, sie aber trotzdem nicht gelesen hätte; pace Wilkins, Malcovati (editt.), Douglas (edit., comment.) sowie Badian, Rez. zu Malcovati und Douglas 225, die "sed" halten.)
Bei Rambaud 26 ist Catulus in der Liste der Cicero bekannten Historiker, zu denen Rambaud auch die Autoren von Memoirenwerken wie Scaurus rechnet, zu ergänzen.

Niemals erwähnt hat Cicero hingegen die Erinnerungen des P. Rutilius Rufus, cos. 105 v. Chr. Im Brutus, wo die in Vergessenheit geratenen Memoiren der beiden Zeitgenossen des P. Rutilius Rufus, M. Aemilius Scaurus und Q. Lutatius Catulus, behandelt werden, bespricht Cicero zwar ausführlich die Reden des P. Rutilius Rufus und hebt auch dessen Bildung hervor, verliert aber kein Wort über dessen Schrift De vita sua.[734] Selbst wenn diese Schrift noch stärker in Vergessenheit geraten sein sollte als die Memoiren des M. Aemilius Scaurus und des Q. Lutatius Catulus, ist es kaum zu glauben, daß ein Rutilius-Kenner wie Cicero nichts mehr von ihr wußte.[735] Weshalb er die Memoiren des Rutilius Rufus trotzdem nicht im Brutus genannt hat, muß daher offen bleiben.[736]

Keinen Anlaß gab es andererseits für Cicero die Memoiren des Diktators L. Cornelius Sulla Felix im Brutus zu erwähnen, da Sulla kein bedeutender Redner gewesen war und daher keinen

---

[734] Brut. 110 und 113-115 die Ausführungen Ciceros über Rutilius Rufus. Seine Schrift De vita sua ist durch Tacitus, Agricola 1 klar bezeugt; die Fragmente bei Peter HRR I 189f.; vgl. ibid. 187f. die Fragmente der Historiae des Rutilius Rufus, die vielleicht mit De vita sua identisch sind.

[735] Bereits De orat. 1. 227-231 äußert sich Cicero ausführlich über den Prozeß des Rutilius Rufus 92 v. Chr., erneut Brut. 115f.; De orat. 2. 280 über den ambitus-Prozeß des Rutilius Rufus, erneut Brut. 113; über seine Bildung und seine Qualitäten als Redner Brut. 110 und 113f. Den Bericht Brut. 85-89 über den Prozeß im Jahre 138 v. Chr. wegen der Morde in der silva Sila trägt Cicero unter Berufung auf ein Gespräch vor, das er mit Rutilius Rufus in dessen Verbannungsort Smyrna geführt hatte. Auf dieses Gespräch in Smyrna beruft sich Cicero auch für den - allerdings im Unterschied zu dem Bericht über den Prozeß von 138 v. Chr. fiktiven - Dialog in De re publica: De re pub. 1. 13, 17.

[736] Vielleicht meinte Cicero, er könne Rutilius Rufus als Redner auch zufriedenstellend besprechen, ohne auf die Memoiren einzugehen. Für einen ganz anderen Grund, ein ihm bekanntes Memoirenwerk nicht im Brutus zu erwähnen: vgl. unten den Text zu Sulla.

Platz in dieser Geschichte der römischen Beredsamkeit hatte.[737] Allerdings hat Cicero die Memoiren Sullas gekannt, wie eine Bemerkung in De divinatione zeigt.[738] Dort wird darauf verwiesen, daß Sulla in seinen Memoiren ein bestimmtes siegverheißendes Vorzeichen erwähnt hat. Da jedoch Cicero selbst anwesend war, als sich dieses Vorzeichen ereignete, ist nicht das Werk Sullas die Quelle für seine Angabe in De divinatione, sondern sein eigenes Erleben. Ähnlich wie die Werke zeitgenössischer Historiker hat Cicero diese Memoiren gekannt, sich aber nicht auf sie berufen, soweit ihm die dort geschilderten Ereignisse unmittelbar bekannt waren und die Berufung auf eine andere Autorität sich somit erübrigte.[739]

L. Licinius Lucullus wird anders als Sulla im Brutus wenigstens kurz als Redner genannt. Seine Redekunst war allerdings nach

---

[737] Sulla wird daher im Brutus überhaupt nicht als Redner besprochen, obwohl er mehrfach erwähnt wird: Brut. 179 (eine Anklage gegen ihn), 227 (die Rechtlosigkeit nach seiner Rückkehr aus dem Osten), 306, 312, 328 (jeweils zur Datierung von Angaben aus Ciceros Lebenslauf).

[738] De divinat. 1. 72: (Quintus Cicero:) ... et ut in Sullae scriptum historia videmus, quod te (i. e. Marco Cicerone) inspectante factum est, ut, cum ille in agro Nolano immolaret ante praetorium, ab infima ara subito anguis emergeret, cum quidem C. Postumius haruspex oraret illum, ut in expeditionem exercitum educeret; id cum Sulla fecisset, tum ante oppidum Nolam florentissuma Samnitium castra cepit.
Die Erwähnung der Memoiren Sulla in De divinatione aus dem Jahre 44 v. Chr. beweist zwar nicht, daß Cicero dessen Werk schon kannte, als er 46 v. Chr. den Brutus schrieb; unabhängig davon ist es wahrscheinlich, daß die Erinnerungen eines so prominenten Politikers wie Sulla Cicero schon vor 46 v. Chr. bekannt waren.

[739] Zu den zeitgenössischen Historikern, die Cicero gekannt hat, aber kaum oder nie nachweislich benutzt hat: s. o. Kapitel 2. j) über Sisenna und Macer, Kapitel 2. o) über L. Lucceius und Kapitel 2. p) über die übrigen zeitgenössischen Historiker.

Ciceros Urteil nicht ausreichend, um vor Gericht bestehen zu können.[740] Die in griechischer Sprache verfaßte Geschichte des Bundesgenossenkrieges, die Lucullus aufgrund einer Wette mit Q. Hortensius Hortalus und L. Cornelius Sisenna verfaßt hatte, wird allerdings in diesem Zusammenhang von Cicero nicht erwähnt.[741]

Während in Ciceros längeren Ausführungen über P. Rutilius Rufus das Fehlen eines Hinweises auf dessen Memoiren auffällt, ist die Bemerkung im Brutus über L. Lucullus, der als Redner nicht sonderlich bedeutend war, so knapp, daß umgekehrt eine Erwähnung seiner Erinnerungen an dieser Stelle sehr bemerkenswert wäre. Cicero unterläßt nämlich sogar die Erwähnung einzelner ihm bekannter Reden des Lucullus,[742] die sich im Brutus weit mehr als die Erwähnung eines Memoirenwerkes aufgedrängt hätte.

Obwohl Cicero die Memoiren des L. Lucullus im Brutus nicht erwähnt hat, steht außer Frage, daß er sie bereits Jahre, bevor er den Brutus verfaßte, gekannt hat. Schon im Jahre 60 v. Chr. erwähnt er sie nämlich in dem Brief an Atticus, mit dem er diesem seinen in griechischer Sprache verfaßten commentarius über sein Konsulatsjahr zusendet. Dabei distanziert sich Cicero von einer Bemerkung des Lucullus, der gegenüber Atticus geäußert hatte, er habe einige Barbarismen in sein Werk eingestreut, damit die Leser auch glaubten, daß es von einem Römer verfaßt sei. Cicero hatte dage-

[740] Brut. 222: ... L. autem Lucullum ..., M. Lucullum, M. Octavium, ... abducamus ex acie, id est a iudiciis, et in praesidiis rei publicae, cui satis facere possint, collocemus.

[741] Plutarch, Lucullus 1. 5. S. o. Kapitel 2. 1) über Hortensius.

[742] Mindestens eine derartige Rede war Cicero mindestens bekannt, nämlich die Rede der L. und M. Luculli gegen einen Feind ihres Vaters: Acad. prior. 2. 1; vgl. De prov. cons. 22, De offic. 2. 50; Plutarch, Lucullus 1. 2, Diodor 36. 9. 1.

gen ganz offensichtlich genügend Vertrauen zu seinem Griechisch, um auf einen derartigen Vorwand verzichten zu können.[743]
Keines der genannten Memoirenwerke wird von Cicero in De legibus in der Übersicht über die römische Geschichtsschreibung erwähnt;[744] auch wenn Cicero dort offenkundig nach dem Prinzip vorgegangen ist, nur bereits verstorbene Autoren anzuführen,[745] hätte ihn dieses nicht hindern können, Gaius Gracchus, M. Aemilius Scaurus, Q. Lutatius Catulus, P. Rutilius Rufus, L. Cornelius Sulla und L. Licinius Lucullus zu nennen, die alle bereits verstorben waren, als er De legibus verfaßte.[746] Die Ursache dafür, daß dort dennoch keiner dieser Autoren erwähnt wird, und zwar auch nicht die, von denen feststeht, daß Cicero ihre Memoiren kannte, liegt also darin, daß er Memoiren nicht zur Gattung der Geschichtsschreibung rechnete, vielleicht weil er nicht recht glaubte, daß ein Verfasser bei der Schilderung eigener Großtaten das in De oratore für die Historiker formulierte Gebot, sich nicht von politischen Sympathien und Antipathien leiten zu lassen, wirklich strikt befolgen werde.

---

[743] Ad Attic. 1. 19. 10: Commentarium consulatus mei Graece compositum misi ad te. In quo si quid insit, quod homini Attico minus Graecum eruditumque videatur, non dicam, quod tibi, ut opinor Panhormi, Lucullus de suis historiis dixerat, se, quo facilius illas probaret Romani hominis esse, idcirco barbara quaedam et soloeca dispersisse. Apud me si quid erit eius modi, me imprudente erit et invito.
Zu einer anderen Entschuldigung eines Römers für sein vielleicht ungenügendes Griechisch: s. o. Kapitel 2. c) mit Anm. 342 zu A. Postumius Albinus.

[744] De legib. 1. 6f.

[745] Vgl. oben Kapitel 2. k) über Atticus mit Anm. 528.

[746] Als jüngster dieser Autoren war L. Lucullus im Jahre 56 v. Chr. verstorben; De prov. cons. 22 (Juni 56 v. Chr.: Gelzer, Cicero 169 mit Anm. 21) nennt Cicero ihn als bereits verstorben.

b) Reden

1. Griechische Reden

Aus den Anfangszeiten der griechischen Beredsamkeit lagen Cicero keine authentischen Reden vor.[747] So konnte er für seine Darstellung dieser Frühzeit nur Rückschlüsse aus der allgemeinen historischen Überlieferung ziehen. Aus dieser war ihm bekannt, daß außerhalb Athens bedeutende Redner selten waren und daß in Athen selbst vor dem Zeitalter des Solon und des Peisistratos kein Redner mit Namen bezeugt war, obwohl die Redekunst schon damals in Griechenland geschätzt wurde.[748] Über Solon und Peisistratos sowie über Kleisthenes bestand nach Ciceros Ausführungen die Meinung, sie hätten durch ihre Reden gewirkt.[749] Aus der athenischen Überlieferung wisse man ferner, daß Themisto-

---

[747] Brut. 26f.: In quam (i. e. Graeciam) cum intueor, maxime mihi occurrunt ... Athenae ..., qua in urbe primum se orator extulit primumque etiam monumentis et litteris oratio est coepta mandari. (27) Tamen ante Periclem, cuius scripta quaedam feruntur, et Thucydidem ... littera nulla est, quae quidem ornatum aliquem habeat et oratoris esse videatur.
Die epochale Bedeutung des Perikles und des Thukydides für die griechische Redekunst und Literatur schon De orat. 2. 93: Antiquissimi fere sunt, quorum quidem scripta constent, Pericles atque Alcibiades et eadem aetate Thucydides. Zu den Unterschieden zwischen beiden Stellen: s. u. Anm. 753 und 754.

[748] Brut. 39: Ante Solonis aetatem et Pisistrati de nullo ut diserto memoriae proditum est. Über die nicht athenischen Redner: Brut. 49f.

[749] Brut. 27: Opinio est et eum, qui multis annis ante hos (i. e. Periclem Thucydidemque) fuerit, Pisistratum et paulo seniorem etiam Solonem posteaque Clisthenem multum ut temporibus illis valuisse dicendo.

kles, Perikles und Kleon als Redner tätig gewesen seien,[750] und aus dem Werk des Thukydides lasse sich erschließen, wie in der Zeit des Alkibiades, Kritias und Theramenes gesprochen worden sei.[751] Von diesen Autoren lagen Cicero also offenbar keine Reden vor, auf die er hätte verweisen können, um ihren Stil zu erläutern und seine Ausführungen zu belegen.[752]
Cicero hat sich angesichts dieser Quellenlage auch die Frage gestellt, welches die älteste erhaltene griechische Rede sei. Dies zeigt sich, wenn er zu Perikles anmerkt, unter dessen Namen kursierten gewisse Reden, von deren Echtheit er aber nicht überzeugt zu sein scheint.[753] In De oratore hatte Cicero außerdem noch geäußert,

---

[750] Brut. 28: Post hanc aetatem aliquot annis, ut ex Attici<s> monumentis potest perspici, Themistocles fuit, quem constat cum prudentia tum etiam eloquentia praestitisse; post Pericles, qui cum floreret omni genere virtutis, hac tamen fuit laude clarissimus. Cleonem etiam temporibus illis turbulentem illum quidem civem, sed tamen eloquentem constat fuisse.
Für die Lesart "ex Attici<s> monumentis" gegen das falsche "ex Attici monumentis" der meisten Codices: s. o. Kapitel 2. k) über Atticus mit Anm. 543-547.

[751] Brut. 29: Huic aetati suppares Alcibiades, Critias, Theramenes, quibus temporibus quod dicendi genus viguerit ex Thucydidi scriptis, qui ipse tum fuit, intellegi maxime potest. Grandes erant verbis, crebri sententiis, compressione rerum breves et ob eam ipsam causam interdum subobscuri.

[752] Vgl. die Formulierungen Brut. 27: opinio est (über Solon, Peisistratos und Kleisthenes); 28: ex Attici<s> monumentis perspici potest (über Themistokles und vielleicht Perikles); 29: ex Thucydidi scriptis ... intellegi maxime potest (über Alkibiades, Kritias und Theramenes).

[753] Brut. 27: Pericles, cuius scripta quaedam feruntur, ...
Das "feruntur" deutet wohl gewisse Zweifel Ciceros an der Echtheit dieser angeblichen Perikles-Reden an: Douglas ad locum.

es existierten Reden des Alkibiades;[754] im Brutus hat er diese Auffassung aber nicht wiederholt, wahrscheinlich weil er sie inzwischen aufgegeben hatte.[755]
Nach den zweifelhaften Fällen des Perikles und des Alkibiades wird die Sachlage erst mit Isokrates eindeutig, über den es im Brutus erstmals heißt: "scripsit multa praeclare;"[756] Isokrates ist somit der erste Autor aus dem Bereich der Rhetorik, von dem Cicero erwähnt, daß ihm noch Geschriebenes vorlag. Das Verbum "scribere" beherrscht dann ganz den folgenden Abschnitt im Bru-

---

[754] De orat. 2. 93: Antiquissimi fere sunt, quorum quidem scripta constent, Pericles atque Alcibiades.
Hier scheint Cicero die unter dem Namen des Perikles überlieferten Reden noch - anders als später im Brutus 27 (s. o. Anm. 753) - ohne weiteres als echt anzusehen und außerdem echte Reden des Alkibiades anzunehmen, von denen Brut. 29 keine Rede mehr sein wird (s. o. Anm. 751).
Haltlos ist der Versuch Münzers, Atticus 78-80 (dem ohne weitere Begründung Douglas (comment.) ad loc. folgt) diese Unterschiede zwischen De orat. 2. 93 und Brut. 27-29 mit dem Einfluß des Liber annalis des Atticus zu erklären; zur Begründung läßt sich kaum mehr anführen, als daß der Liber annalis zwischen De oratore und dem Brutus erschienen ist; daraus folgt aber nicht, daß der Liber annalis die einzige Quelle war, aus der Cicero zusätzliche Kenntnisse über griechische Beredsamkeit gewonnen haben kann. Außerdem ist es äußerst zweifelhaft, ob Atticus im Liber annalis überhaupt auf die griechische Geschichte im allgemeinen und auf Fragen der Überlieferung und Echtheit griechischer Reden im besonderen eingegangen ist; pace Münzer, Atticus 84; s. o. Kapitel 2. k) über Atticus mit Anm. 530 und 544-548.

[755] Brut. 29; s. o. Anm. 751. Wenn die Schlüsse über den Stil der Reden des Alkibiades aus dem Werk des Thukydides gezogen werden mußten, dann haben diese Reden selbst offenbar nicht mehr vorgelegen.

[756] Brut. 32: Exstitit igitur iam senibus illis (i. e. sophistis Socrateque), quos paulo ante diximus, Isocrates, ... magnus orator et perfectus magister, quamquam forensi luce caruit. ... Is et ipse scripsit multa praeclare et docuit alios.

tus: Lysias wird als "subtilis scriptor" bezeichnet,[757] Demosthenes hat seine Reden geschrieben,[758] während von Demades keine "scripta" erhalten sind,[759] was ihn offenbar von den unmittelbar zuvor genannten Autoren Hypereides, Aischines, Lykurgos und Deinarchos unterscheidet. Die Werke dieser Redner, von denen Cicero weiß und erwähnt, daß sie auch schriftlich veröffentlicht worden waren, dürften ihm selbst vorgelegen haben.[760]
Wohl am intensivsten hat Cicero sich mit den Reden des Aischines gegen Ktesiphon und des Demosthenes für Ktesiphon beschäftigt, die er übersetzte und denen er eine Einleitung mit einigen Angaben zur historischen Einordnung der Reden vorausschickte, die unter dem Titel "De optimo genere oratorum" erhalten ist.[761]
Als Hauptvertreter der Redekunst in der Epoche nach Demosthenes

---

[757] Nach den Ausführungen über Isokrates Brut. 32-34 fährt Cicero Brut. 35 fort: Tum fuit Lysias, ipse quidem in causis forensibus non versatus, sed egregie subtilis scriptor atque elegans, quem iam prope audeas oratorem perfectum dicere.

[758] Brut. 35: Nam plane quidem perfectum et quoi nihil admodum desit Demosthenem facile dixeris. Nihil acute inveniri potuit in eis causis, quas scripsit, nihil, ut ita dicam, subdole, nihil versute, quod ille non viderit.

[759] Brut. 36: Huic (i. e. Demostheni) Hyperides proximus et Aeschines fuit et Lycurgus et Dinarchus et is, cuius nulla exstant scripta, Demades aliique plures.

[760] Von diesen vier Autoren sind übrigens bis heute Reden erhalten. Vgl. Douglas (comment.) ad Brut. 36.

[761] De opt. gen. orat. 14: Converti enim ex Atticis duorum eloquentissimorum nobilissimas orationes inter seque contrarias, Aeschini et Demostheni; nec converti ut interpres, sed ut orator, sententiis isdem et earum formis tamquam figuris, verbis ad nostram consuetudinem aptis.
Das "tamquam figuris" ist vielleicht als Glosse zu "formis" zu tilgen. Die historische Einordnung der Reden: De opt. gen. orat. 19-22.

gilt Cicero der Redner, Politiker und Philosoph Demetrios von Phaleron, mit dessen Werken er selbstverständlich vertraut war und für den er aufgrund einiger Parallelen in der Biographie des Demetrios zu seinem eigenen Lebenslauf offensichtlich eine gewisse Sympathie hegte.[762]

---

[762] Demetrios als Redner: Brut. 37: Phalereus enim successit eis senibus (i. e. Hyperidi, Aeschini, Lycurgo, Dinarcho Demadique) adulescens, eruditissimus ille quidem horum omnium. Vgl. Brut. 285. Bereits De orat. 2. 95: Tum Phalereus ille Demetrius omnium istorum mea sententia politissimus, aliique horum similes exstiterunt.
Als hervorragenden Vertreter des genus medium nennt Cicero Demetrios von Phaleron Orat. 92: In qua (i. e. forma orationis) multi floruerunt apud Graecos, sed Phalereus Demetrius meo iudicio praestitit ceteris. Vgl. Orat. 94; Quintil., Instit. orat. 10. 1. 80.
Demetrios von Phaleron als maßgeblicher athenischer Politiker: De re pub. 2. 2: Rem publicam ... Atheniensium, quae persaepe commutata esset, tum Theseus, tum Draco, tum Solo, tum Clisthenes, tum multi alii, postremo exsanguem iam et iacentem doctus vir Phalereus sustentasset Demetrius.
Sein Exil (eine der Parallelen zu Ciceros Vita!) De finib. 5. 54: (M. Pupius Piso:) Princeps huius civitatis (i. e. Athenarum) Phalereus Demetrius, cum patria pulsus esset iniuria, ad Ptolemaeum se regem Alexandream contulit. Qui cum in hac ipsa philosophia (i. e. Academicorum Peripateticorumque), ad quam te (i. e. L. Tullium Ciceronem, M. et Q. Tulliorum fratrem patruelem) hortamur, excelleret Theophrastique esset auditor, multa praeclara in illo calamitoso otio scripsit.
Sein Tod: Pro Rab. Post. 23: (Sc. Accepimus) Demetrium, qui Phalereus vocitatus est, et ex re publica Atheniensi, quam optime gesserat, et ex doctrina nobilem et clarum, in eodem isto Aegyptio regno aspide ad corpus admota vita esse privatum.
Demetrios von Phaleron als Philosoph und Schüler Theophrasts: De legib. 3. 14; Brut. 37; De finib. 5. 54.
Demetrios hatte übrigens wie Cicero ein Werk über das Greisenalter verfaßt; ein Einfluß dieser Schrift auf Ciceros Werk De senectute ist zwar möglich, aber nicht nachweisbar, da von ihr nur ein Fragment erhalten ist: Powell (edit., comment.), De senect. 25f., 265.
Auf Demetrios beruft sich Cicero für die Nachricht, daß es Demosthenes erst nach intensiven Übungen gelang, das Rho zu artikulieren: De divinat. 2. 96;

Zitiert hat Cicero Demetrios von Phaleron in seinen Ausführungen über die athenischen Grabsitten im zweiten Buch De legibus, die wahrscheinlich insgesamt auf Demetrios zurückgehen.[763] Geradezu als athenischer Cicero erscheint Demetrios von Phaleron im Prooemium des ersten Buches De officiis, wo er als derjenige Grieche gewürdigt wird, der der von Cicero geforderten Einheit von Redner und Philosoph am nächsten gekommen sei.[764]

---

vgl. Q. Cicero, Comment. petit. 2. Vermutlich hatte Demetrios von Phaleron eine Monographie über Demosthenes verfaßt, in der diese Angabe enthalten war: Pease (edit., comment.) ad De divinat. 2. 96.

[763] De legib. 2. 64: Postea, quom, ut scribit Phalereus, sumptuosa fieri funera et lamentabilia coepissent, Solonis lege sublata sunt. (Hinter "Phalereus" mit Ziegler (edit.) "Demetrius" zu ergänzen, ist nicht notwendig: Görler bei Ziegler (edit.) ad loc. unter Hinweis auf De divinat. 2.96, wo Demetrios von Phaleron ebenfalls nur "Phalereus" heißt.)
Erneut De legib. 2. 66: Sed ait rursus idem Demetrius increbruisse eam funerum sepulcrorumque magnificentiam, quae nunc fere Romae est. Quam consuetudinem lege minuit ipse. Fuit enim hic vir, ut scitis, non solum eruditissimus, sed etiam civis e re publica maxime tuendaeque civitatis paratissimus. (Es folgen die Details der betreffenden Regelungen des Demetrios von Phaleron.)
Auch die Kritik des Demetrios an kostspieligen öffentlichen Bauten gibt Cicero De offic. 2. 60 wieder: Theatra, porticus, nova templa verecundius reprehendo propter Pompeium, sed doctisssimi non probant, ut et ... Panaetius ... et Phalereus Demetrius, qui Periclem, principem Graeciae, vituperat, quod tantam pecuniam in praeclara illa propylaea coniecerit.

[764] De offic. 1. 3: Quam ob rem magnopere te hortor, mi Cicero, ut non solum orationes meas, sed hos etiam de philosophia libros ... studiose legas. ... Et id quidem nemini video Graecorum adhuc contigisse, ut idem utroque in genere elaboraret sequereturque et illud forense dicendi et hoc quietum disputandi genus, nisi forte Demetrius Phalereus in hoc numero haberi potest, disputator subtilis, orator parum vehemens, dulcis tamen, ut Theophrasti discipulum possis agnoscere.
Daß Demetrius das ciceronische Ideal nicht wirklich erreicht hatte, zeigt das

Insgesamt verfügte Cicero also über Kenntnisse von der griechischen Redekunst seit ihren Anfängen bei Solon bis in das ausgehende vierte Jahrhundert v. Chr. mit Demetrios von Phaleron.[765] Die Grundlagen seiner Kenntnisse sind für die früheste Zeit eine communis opinio und logische Schlußfolgerungen, für die Zeit von Themistokles bis Kleon die attische Überlieferung, bis dann seit Isokrates die publizierten Werke der griechischen Redner vorliegen. Parallel zu dieser Verfestigung der Quellengrundlage werden auch Ciceros Angaben über die einzelnen Redner präziser: für die Zeit vor Solon ist nur zu erschließen, daß die Redekunst bereits geschätzt wurde; Solon selbst ist die erste namentlich bekannte Persönlichkeit, von der anzunehmen ist, daß sie als Redner wirkte; bei Alkibiades, Kritias und Theramenes sind darüberhinaus aufgrund der Reden im Werk des Thukydides Vermutungen über ihren Stil möglich; erst die publizierten Reden aus der Zeit seit Isokrates lassen dann genauere Bewertungen der einzelnen Redner zu, und erst diese publizierten Reden seit Isokrates können Cicero als historische Quellen gedient haben. In der vorhergehenden Zeit waren die griechischen Reden selbst mehr ein Gegenstand historischer Untersuchung, als daß sie ihrerseits Aufschluß über das historische Geschehen hätten geben können.

2. Römische Reden

Wie in seinen Ausführungen über die griechische Beredsamkeit[766] konnte Cicero sich auch in seinen Darlegungen über die römische Redekunst erst für eine relativ späte Phase auf erhal-

---

häufig ironisch verwendete "nisi forte."

[765] Zu Ciceros Kenntnis der griechischen Redner von etwa 300 v. Chr. bis in seine eigene Zeit: Douglas XLVII.

[766] S. o. Kapitel 3. b) l. über griechische Reden.

tene Reden stützen. Seine Aussagen über die früheren Stadien ihrer Entwicklung gründen sich daher zunächst auf seine eigenen Schlußfolgerungen, dann auf die communis opinio und literarische Zeugnisse, bis schließlich originale Reden erhalten sind.
Da aus der Frühzeit der römischen Redekunst keine Reden vorlagen und es auch keine einschlägigen Zeugnisse in der Überlieferung gab, war Cicero für die fast dreihundert Jahre von L. Brutus, cos. 509 v. Chr., bis zu C. Flaminius, trib. pl. 232 v. Chr., auf Vermutungen angewiesen, wer als Redner gewirkt haben könnte. Cicero weist selber auf das Fehlen klarer Zeugnisse zu diesem Thema in der Überlieferung hin und hebt den dadurch verursachten hypothetischen Charakter seiner Ausführungen über diese Frühzeit mehrfach hervor.[767]
Über einige Persönlichkeiten aus der Zeit des Zweiten Punischen Krieges bestand offenbar - anders als über die Redner der früheren Zeit - eine communis opinio, auf die sich Cicero berufen konnte, wenn er konstatierte, über C. Flaminius, trib. pl. 232 v. Chr., "werde gesagt", dieser habe als Redner gewirkt, und wenn er formulierte, Q. Fabius Maximus Cunctator sowie Q. Metellus, cos. 206 v. Chr., seien "als Redner angesehen worden".[768]

---

[767] Brut. 52 stellt Cicero einleitend fest: Sed veniamus ad nostros, de quibus difficile est plus intellegere, quam quantum ex monumentis suspicari licet.
Vgl. die Formulierungen Ciceros Brut. 53-56: "quis enim putet", "arbitror", "possumus suspicari", und nochmals am Ende dieses Abschnittes, bevor er zu C. Flaminius übergeht, Brut. 56: Sed eos oratores habitos esse aut omnino tum ullum eloquentiae praemium fuisse nihil sane mihi legisse videor: tantum modo coniectura ducor ad suspicandum.

[768] Brut. 57: Dicitur etiam C. Flaminius, is qui tribunus plebis legem de agro Gallico et Piceno viritim dividundo tulerit, qui consul apud Trasumenum sit interfectus, ad populum valuisse dicendo. Q. etiam Maximus Verrucosus orator habitus est temporibus illis, et Q. Metellus is, qui bello Punico secundo cum L. Veturio Philone consul fuit.
Zum Tribunat des C. Flaminius: Broughton MRR I 225; zum Konsulat des

Durch literarische Quellen war nach Ciceros Angaben aber erst die Tätigkeit des M. Cornelius Cethegus, cos. 204 v. Chr., als Redner bezeugt, und zwar durch einige Bemerkungen in den Annalen des Ennius, die Cicero erst nach einer kurzen Untersuchung ihrer historischen Aussagefähigkeit als zuverlässige Zeugnisse wertet und daher als Quelle akzeptiert.[769]
Aus der Zeit vor dem alten Cato, dem ersten Autor, dessen Reden ihm noch in nennenswerter Zahl vorlagen, existierten nach Ciceros Aussage im Brutus neben der rhetorisch wenig befriedigenden Rede des Appius Claudius Caecus gegen den Frieden mit Pyrrhos nur einige mortuorum laudationes.[770] Diese Leichenreden werden von Cicero einer vernichtenden Kritik unterzogen, und zwar nicht wegen ihrer stilistischen Schwächen, die nach Ciceros Meinung sicher erheblich waren, sondern wegen ihrer historischen Unzuver-

---

Q. Metellus: ibid. I 298.

[769] Brut. 57: Quem vero exstet et de quo sit memoriae proditum eloquentem fuisse et ita esse habitum, primus est M. Cornelius Cethegus, cuius eloquentiae est auctor et idoneus quidem mea sententia Q. Ennius, praesertim cum et ipse eum audiverit et scribat de mortuo: ex quo nulla suspicio est amicitiae causa esse mentitum.
Zu der Stelle vgl. Rawson, Cicero the Historian 41 und unten Kapitel 3. g).
Brut. 58f. behandelt Cicero dann im einzelnen die Äußerungen des Ennius über Cethegus. Brut. 60: ... et, id ipsum nisi unius esset Enni testimonio cognitum, hunc (i. e. Cethegum oratorem) vetustas, ut alios fortasse multos, oblivione obruisset.

[770] Brut. 61: Hunc igitur Cethegum consecutus est aetate Cato ... Nec vero habeo quemquam antiquiorem, cuius quidem scripta proferenda putem; nisi quem Appi Claudi oratio haec ipsa de Pyrrho et non nullae mortuorum laudationes forte delectant.
Die Rede des Appius Claudius Caecus gegen den Frieden mit Pyrrhos hatte Cicero bereits Brut. 55 erwähnt: Possumus Appium Claudium suspicari disertum, quia senatum iamiam inclinatum a Pyrrhi pace revocaverit.

lässigkeit.[771] In diesen mortuorum laudationes finde sich viel frei Erfundenes, von erdichteten Triumphen über fiktive Konsulate bis hin zu konstruierten Übertritten in die Plebs. Cicero erklärt viele dieser Erfindungen für ebenso absurd, wie wenn er selbst seine Herkunft auf M'. Tullius, cos. 500 v. Chr.,[772] zurückführen wollte. Die gesamte historische Überlieferung ist seiner Meinung nach durch die mortuorum laudationes beeinflußt und durch ihre Fälschungen entstellt worden; als brauchbare historische Quellen für die Geschichte der Römischen Republik scheiden die mortuorum laudationes daher für Cicero natürlich aus.[773]

Die Reden des alten Cato hingegen, die nach der von Cicero nicht weiter besprochenen Rede des Appius Claudius Caecus die ältesten erhaltenen römischen Reden waren, finden Ciceros höchstes Lob.[774] Er selber hatte mehr als einhundertfünfzig Reden Catos

---

[771] Brut. 62: Et hercules, eae (i. e. mortuorum laudationes) quidem exstant; ipsae enim familiae sua quasi ornamenta ac monumenta servabant et ad usum, si quis eiusdem generis occidisset, et ad memoriam laudum domesticarum et ad inlustrandam nobilitatem suam. Quamquam his laudationibus historia rerum nostrarum est facta mendosior; multa enim scripta sunt in eis, quae facta non sunt: falsi triumphi, plures consulatus, genera etiam falsa et ad plebem transitiones, cum homines humiliores in alienum eiusdem nominis infunderentur genus, ut si ego me a M'. Tullio esse dicerem, qui patricius cum Servio Sulpicio consul anno X post exactos reges fuit.

[772] Broughton MRR I 10.

[773] Vgl. Brut. 61 (s. o. Anm. 770) und zu Ciceros Kenntnis von den mortuorum laudationes De finib. 2. 116f.

[774] Brut. 63-68, bes. 65f.; vgl. 297f., wo Cicero in eigener Person die Brut. 292-294 von Atticus vorgetragenen Einwände gegen seine eigene, zuvor geäußerte hohe Meinung von Cato abweist.

ausfindig gemacht und gelesen.[775] Nach dem vielfach haltlosen Gerede der mortuorum laudationes und der vereinzelten, nicht weiter beachtenswerten Rede des Appius Claudius Caecus bildeten die hinterlassenen Reden Catos den eigentlichen Anfang dieser Quellengattung in Rom. Aus der Zeit seit Cato kann Cicero im Brutus in ununterbrochener Reihenfolge Redner bis in seine eigene Zeit anführen, deren Werke ihm noch vorliegen. Diese Reden waren für den Redner Cicero selbstverständlich von ganz außerordentlichem, gewissermaßen professionellen Interesse; darüberhinaus waren sie aber auch geeignet, seine Kenntnisse von der Epoche seit Cato zu vergrößern, da sie Informationen über einzelne Prozesse, über die umstrittenen politischen Fragen und über das gesamte öffentliche Leben ihrer Zeit vermittelten.
Ciceros Kenntnisse von den römischen Rednern und ihren Werken erweisen sich als bemerkenswert vollständig; es würde zu weit führen und auf eine Nacherzählung von Ciceros Brutus hinauslaufen, sie alle aufzuzählen. Es genügt wohl, darauf hinzuweisen, daß kein einigermaßen bedeutender römischer Redner bekannt ist, den Cicero im Brutus nicht erwähnt hätte.[776]

---

[775] Brut. 65: Refertae sunt orationes amplius centum quinquaginta, quas quidem adhuc invenerim et legerim, et verbis et rebus inlustribus.

[776] Douglas LIII erwähnt als fehlend:
1. M. Claudius Marcellus, cos. V; aber die angeführte Livius-Stelle 27. 27. 13 beweist nicht, daß Marcellus als Redner bedeutend war, sondern nur das für die Qualitäten des Marcellus als Redner wenig relevante Faktum, daß sein Sohn ihm die laudatio funebris hielt. (Auch der Sohn des Marcellus ist aufgrund von Livius 27. 27. 13 selbstverständlich nicht als bedeutender Redner anzusehen, nur weil er seinem Vater die laudatio funebris hielt.)
2. M. Sergius Silus, praet. 197 v. Chr.; die Tatsache, daß er nach Plinius, Natur. hist. 7. 104f. seinem von seinen Kollegen beabsichtigten Ausschluß von Opferhandlungen widersprach, erweist ihn nicht als bedeutenden Redner. Ob Plinius die aus diesem Anlaß gehaltene Rede des Silus noch vorlag, ist nicht ersichtlich; seine Formulierung loc. cit.: "quae omnia ex oratione eius apparent

Dieser intensiven Kenntnis Ciceros von der römischen Beredsam-

---

habita, cum in praetura sacris arceretur a collegis ut debilis," ergibt zwingend nur, daß Plinius von einer solchen Rede und deren Inhalt wußte.
3. M. Porcius Cato, cos. 118 v. Chr., den Enkel des Cato Censorius, über den Gellius 13. 20. 10 sagt: Is sane vehemens orator fuit multasque orationes ad exemplum avi scriptas reliquit et consul cum Q. Marcio Rege fuit.
Sollten die Gellius vorliegenden Reden authentisch gewesen sein und wirklich von diesem Cato stammen, dann wäre M. Cato, cos. 118 v. Chr., tatsächlich ein "missing orator" in Ciceros Brutus. C. Cato, cos. 114 v. Chr. und Bruder des M. Cato, cos. 118 v. Chr., wird von Cicero Brut. 108 als "mediocris orator" und ibid. 128 als Opfer der quaestio Mamilia erwähnt. Sollte Cicero dennoch dessen Bruder M. Cato übersehen haben? Die beiden Fragmente der Reden eines Enkels des Censorius werden im allgemeinen M. Cato, cos. 118 v. Chr., zugewiesen (Malcovati ORF^3 160f.), obwohl die Quellen den Vornamen des Autoren nicht nennen, sondern von "Cato nepos" oder "nepos eius" sprechen. Diese Bezeichnungen treffen aber auch auf den von Cicero als mittelmäßigen Redner erwähnten C. Cato, cos. 114 v. Chr., zu, so daß die Autorschaft des M. Cato, cos. 118 v. Chr., trotz Gellius loc. cit. unsicher bleiben muß.
4. M. Duronius und Helvius Mancia, die möglicherweise noch lebten, als Cicero den Brutus verfaßte, und daher nicht von ihm erwähnt wurden: Douglas 242 Anm. 1 und LIII unter Hinweis auf De orat. 2. 274, wo Helvius Mancia und M. Duronius als unter der Censur des M. Antonius im Jahre 97 v. Chr. öffentlich tätig genannt werden; 46 v. Chr., als der Brutus erschien, könnten sie also noch gelebt haben;
5. M. Aemilius Lepidus, cos. 78 v. Chr.; über seine Rede gegen die Wiederherstellung der tribunizischen Gewalt sagt Granius Licinianus 36. 33f.: "et exstat oratio"; Malcovati ORF^3 332; da Lepidus praktisch ein Zeitgenosse Ciceros war, ist kaum anzunehmen, daß dieser ihn übersehen hat; eher dürfte er ihm als Redner zu unbedeutend erschienen sein oder als Unruhestifter wie Catilina und P. Clodius nicht genannt worden sein.
6. Catilina und P. Clodius, die als notorische Aufrührer in Ciceros Augen natürlich keine Redner sein konnten und denen er unmöglich die Ehre einer Erwähnung im Brutus erweisen konnte; dieses Kriterium gilt vielleicht auch für M. Aemilius Lepidus, cos. 78 v. Chr.
Als fehlender Redner bleibt demnach nur M. Cato, cos. 118 v. Chr., wenn dieser von Gellius nicht mit dessen von Cicero als Redner erwähntem Bruder, C. Cato, cos. 114 v. Chr., verwechselt worden ist.

keit seit dem alten Cato entspricht die Intensität seiner Kenntnisse von der Geschichte dieser Zeit im allgemeinen.[777] Wenn Cicero die Zeit seit Cato so auffallend gründlich kannte, dann dürften diese Kenntnisse nicht nur aus den zahlreichen historiographischen Werken stammen, die ihm aus dieser Zeit bekannt waren,[778] sondern auch aus den Werken der zahllosen, im Brutus angeführten römischen Redner.

c) Briefe

Briefe waren und sind im Gegensatz zu Reden in der Regel nicht für die Publikation, also die Verbreitung in einem weiteren Publikum, sondern für einen einzelnen Adressaten bestimmt. Sie werden zumeist auch nicht nach bestimmten Regeln wie denen der Rhetorik gestaltet und gelten deshalb nicht als literarische Kunstwerke.[779] Daher sind Briefe von Cicero niemals wie die Reden im Brutus in monographischer Form behandelt worden; während historiographische Werke oder Memoiren im Brutus gelegentlich als Zeugnisse für die sprachlichen Fähigkeiten ihrer Verfasser

---

[777] Zu Ciceros umfangreichen Kenntnissen von der römischen Geschichte seit 149 v. Chr. vgl. die Liste bei Schütz 86-113 und die Bemerkungen von Rawson, Cicero the Historian 41.

[778] Zu den Cicero bekannten Historikern seit L. Calpurnius Piso Frugi, cos. 133 v. Chr., s. o. Kapitel 2. f) - p).

[779] Ausnahmen sind Schreiben wie Ciceros Brief Ad familiar. 1. 9 aus dem Jahre 54 v. Chr. an den Statthalter Kilikiens, P. Cornelius Lentulus Spinther, cos. 57 v. Chr., oder sein Brief an L. Lucceius, Ad familiar. 5. 12, den Cicero Ad Attic. 4. 6. 4 selbst als lesenswert empfiehlt: Epistulam, Lucceio quam misi, qua, meas res ut scribat, rogo, fac, ut ab eo sumas (valde bella est).

erwähnt werden,[780] kommen Briefe hierfür nur ausnahmsweise in Betracht.

Namentlich die Briefe der berühmten Cornelia, der Tochter des älteren Scipio Africanus und Mutter der Gracchen, waren in Ciceros Zeit noch erhalten und wurden gelesen.[781] Sie galten Cicero als beispielhafte Belege dafür, wie stark Söhne von der Sprache ihrer Mütter beeinflußt werden konnten.[782]

Die ältesten Briefe, die bei Cicero erwähnt werden, sind die Schreiben zweier makedonischer Herrscher an ihre Söhne und späteren Nachfolger. Im einzelnen handelt es sich um Briefe König Philipp II. an Alexander den Großen sowie des Antipater an Kassander; ferner wird an derselben Stelle der Brief eines Antigonos an seinen Sohn Philipp erwähnt. In seinen Ausführungen im zweiten Buch De officiis über die verschiedenen Methoden, Ansehen zu gewinnen, zitiert Cicero diese Briefe als Autoritäten für seine Auffassung, ein Herrscher solle sich gegenüber seinen Untertanen im allgemeinen und dem Heer im besonderen eines freundlichen

---

[780] S. o. Kapitel 3. a) über Memoiren sowie Kapitel 2. c) über die griechisch schreibenden römischen Historiker, 2. d) über Cato und 2. g) über C. Fannius M. f.

[781] Cornelius Nepos frag. 59 Marshall zitiert zwei längere Passagen aus ihren Briefen, deren Authentizität gelegentlich ohne hinreichenden Grund bestritten worden ist (neuerdings Rieger 42-48); Cicero lagen jedenfalls Briefe der Cornelia vor (s. u. Anm. 782), die er für echt hielt; ob wir über die Echtheitsfrage von heute aus besser urteilen können als Cicero, erscheint fraglich. Nepos dürfte wohl aus denselben Briefen zitiert haben, die auch Cicero kannte.

[782] Brut. 211: Legimus epistulas Corneliae, matris Gracchorum. Apparet filios non tam in gremio educatos quam in sermone matris.
Vgl. Brut. 104 über Ti. Gracchus: Fuit Gracchus diligentia Corneliae matris a puero doctus et Graecis litteris eruditus.

Tones befleißigen, um sich so deren Wohlwollen zu sichern.[783] Neben einem freundlichen Umgangston galt Wohltätigkeit als probates Mittel, Freunde zu gewinnen. Aus einem Brief Philipps an Alexander den Großen übersetzt Cicero einen Passus, in dem davor gewarnt wird, diese Wohltätigkeit mit der Verteilung von Geldgeschenken zu verwechseln.[784]
Im Zusammenhang mit einer im engeren Sinne historischen Fragestellung benutzt Cicero - soweit wir wissen - nur einmal Briefe, als er nämlich im Jahre 45 v. Chr. untersucht, wer zu der Senatsgesandtschaft des Jahres 146 v. Chr. zu L. Mummius nach Korinth gehört hatte.[785] Da ihm Briefe bekannt waren, die Sp. Mummius, der Bruder des L. Mummius, aus Korinth geschrieben hatte, lag

---

[783] De offic. 2. 48: Exstant epistulae et Philippi ad Alexandrum et Antipatri ad Cassandrum et Antigoni ad Philippum filium, trium prudentissimorum - sic enim accepimus -, quibus praecipiunt, ut oratione benigna multitudinis animos ad benevolentiam alliciant militesque blande appellando deleniant.
Merkwürdig ist das letzte von Cicero genannte Paar von Vater und Sohn, Antigonos und Philipp. Nach Philipp II. und Alexander dem Großen sowie Antipater und Kassander würde man ein weiteres Paar makedonischer Könige erwarten und folglich an Antigonos Doson und seinen Nachfolger Philipp V. denken (so Schütz 49) - aber Philipp V. war nicht Dosons Sohn. Deshalb hat Holden ad loc. Ciceros Angabe auf den Diadochen Antigonos und dessen zweiten Sohn Philipp bezogen, von dem aber - außer Plutarch, Demetrios 2 - kaum etwas bekannt ist.
Ob diese von Cicero erwähnten Briefe authentisch sind, entzieht sich unserer Kenntnis.

[784] De offic. 2. 53: Praeclare in epistula quadam Alexandrum filium Philippus accusat, quod largitione benevolentiam Macedonum consectetur: 'Quae te, malum,' inquit, 'ratio in istam spem induxit, ut eos tibi fideles putares fore, quos pecunia corrupisses? An tu id agis, ut Macedones non te regem suum, sed ministrum et praebitorem sperent fore?'

[785] Zu dieser Korrespondenz (Ad Attic. 13. 30. 2, 32. 3, 33. 3, 5. 1, 6. 4, 4. 1) s. u. Teil III, Kapitel 1.

der Gedanke nahe, Sp. Mummius habe 146 v. Chr. dort als Senatsgesandter geweilt.[786] Als sich aber herausstellte, daß Sp. Mummius nicht zu der betreffenden Gesandtschaft gehört hatte, dienten diese Briefe Cicero immer noch als Beweise, daß Sp. Mummius sich in irgendeiner anderen Funktion beim Heer seines Bruders vor Korinth aufgehalten haben mußte.[787] Die Briefe des Sp. Mummius lagen übrigens anscheinend nicht publiziert vor. Cicero waren sie jedenfalls durch einen Nachkommen ihres Verfassers bekannt geworden.[788] Er hatte also auch zu Quellen Zugang, die der Allgemeinheit nicht zugänglich waren und die folglich nicht jeder Historiker hätte benutzen können.

d) Philologische Fachliteratur

Hauptsächlich für seine literaturgeschichtlichen Ausführungen im Brutus war Cicero neben der historiographischen Literatur auf weitere Fachliteratur angewiesen, um historische Einzelfragen, namentlich solche der Chronologie, zu klären.
Zu diesem Zweck hat Cicero für seinen Brutus unter anderem

[786] Diese Vermutung äußert Cicero Ad Attic. 13. 32. 2 am Beginn der Korrespondenz; aufgegeben wird sie Ad Attic. 13. 5. 1, 6. 4.

[787] Ad Attic. 13. 5. 1: Sp. Mummium putaram in decem legatis fuisse, sed videlicet ... fratri (sc. legatum) fuisse. Fuit enim ad Corinthum.
Der Hinweis auf die Briefe des Sp. Mummius Ad Attic. 13. 6. 4; s. u. Anm. 788.

[788] Ad Attic. 13. 6. 4: Sp. Mummium fuisse ad Corinthum pro certo habeo. Saepe enim hic Spurius, qui nuper est <mortuus>, epistulas mihi pronuntiabat versiculis facetis ad familiaris missas a Corintho.
Zu Ergänzung des "mortuus": s. u. Teil III, Kapitel 1, Anm. 870.

Schriften benutzt, die er "veteres commentarii" oder "antiqui commentarii" nennt.[789] Der Charakter dieser commentarii ist nicht genau zu bestimmen, da Cicero mit dem Begriff "commentarii" so verschiedene Schriften bezeichnen kann wie die hinterlassenen, unveröffentlichten Papiere Caesars,[790] dessen Schrift De bello Gallico und vielleicht auch De bello civili,[791] die sogenannten "commentarii regum",[792] eine eigene Schrift über sein Konsulat,[793] das kleine Werk des M. Antonius, cos. 99 v. Chr., über den Redner[794] und ein juristisches Werk des Sex. Aelius Catus, cos. 198 v. Chr.:[795] nahezu jede schriftliche Aufzeichnung von einigem Alter kann sich also hinter den im Brutus genannten

---

789 Brut. 60, 72; s. u. Anm. 798 und 801.

790 Ad Attic. 14. 13. 6; Phil. 1. 2; 2. 35, 43; 5. 11f.; Ad familiar. 12. 2. 2.

791 Brut. 262: (Brutus:) ... commentarios quosdam scripsit rerum suarum (sc. C. Iulius Caesar).
Diese dem Brutus in den Mund gelegte Formulierung läßt nicht erkennen, ob hier neben den Commentarii de bello Gallico (publiziert wohl 51 v. Chr.: Gelzer, Caesar 155) auch an die späteren Commentarii de bello civili (unsicher, ob bereits erschienen, als Cicero den Brutus schrieb) gedacht ist.

792 Pro Rab. perd. 15. Vgl. Livius 1. 31. 8, 32. 2 (commentarii des Numa über sakrale Handlungen) sowie 1. 60. 3 (commentarii des Servius Tullius im Zusammenhang mit den Prozeduren zur Bestimmung der ersten Konsuln nach dem Sturz des Tarquinius Superbus). Zu ihrem Charakter die lakonische Bemerkung Fuhrmanns, Erneuerung 132: "Über Herkunft und Inhalt ... herrscht keine Klarheit; man weiß lediglich ..., daß sie existiert haben."

793 Ad Attic. 1. 19. 10; vgl. Ad familiar. 5. 12. 10.

794 De orat. 1. 208 mit Bezug auf den ibid. 1. 94 und erneut 1. 206 erwähnten libellus des Antonius.

795 De orat. 1. 240; s. u. Anm. 798.

"veteres" oder "antiqui commentarii" verbergen;[796] sicher zu unterscheiden sind sie wohl nur von den commentarii pontificum und den Annales maximi;[797] mit ziemlicher Sicherheit handelt es sich bei ihnen auch nicht um "Kommentare" zu literarischen Werken in unserem Verständnis.[798]
Diesen alten Aufzeichnungen entnahm Cicero das im Brutus angegebene Todesdatum des Dichters Naevius[799] und das Datum der ersten Aufführung eines Dramas des Livius Andronicus in Rom.[800] Die betreffenden Angaben der alten commentarii werden von Cicero in beiden Fällen jeweils einer abweichenden Angabe anderer Quellen vorgezogen: Varro hatte nämlich das Todesdatum

---

[796] Vgl. TLL 3. 1, 1856-1861 passim, bes. 1858 Z. 45-56 mit weiteren Beispielen.

[797] Douglas LIII.

[798] In diesem Sinn ("interpretatio scriptorum") ist das Wort bei Cicero nicht nachzuweisen. Die erste eindeutig so aufzufassende Stelle ist (nach TLL 3. 1, 1860 Z. 62ff.) erst Sueton, De grammaticis 18. Irrig wird TLL 3. 1, 1860 Z. 29f. die zeitlich von den übrigen Zeugnissen völlig isolierte Stelle De orat. 1. 240, wo davon die Rede ist, daß eine bestimmte, jedoch nicht näher bezeichnete Rechtsmeinung in den "commentarii" des Sex. Aelius vertreten werde, als Beleg für "commentarius" im Sinne von "interpretatio scriptorum" angeführt; vielmehr gehört De orat. 1. 240 unter die allgemeinere Rubrik II A, ibid. 1858 Z. 45f.: "doctrinae vel artis expositio, fere i. q. opusculum, libellus".

[799] Brut. 60: At hic Cethegus consul cum P. Tuditano fuit bello Punico secundo ... His enim consulibus, ut in veteribus commentariis scriptum est, Naevius est mortuus.

[800] Brut. 72: Atqui hic Livius [qui] primus fabulam C. Claudio Caeci filio et M. Tuditano consulibus docuit anno ipso, antequam natus est Ennius, post Romam conditam autem quartodecimo et quingentesimo, ut hic ait, quem nos sequimur. Est enim inter scriptores de numero annorum controversia.

des Naevius anders als die commentarii veteres bestimmt,[801] und bei Accius fand sich ein anderes Datum für die Erstaufführung des Livius Andronicus als in den commentarii antiqui.[802] Wenn Cicero die Angabe des Varro, den er an der betreffenden Stelle als besonders gründlichen Erforscher der Vergangenheit rühmt, und das Zeugnis des Accius, auf den er sich an anderer Stelle im Brutus beruft,[803] aufgrund der entgegenstehenden Zeugnisse der commentarii zurückweist, muß er in diesen eine sehr zuverlässige Quelle gesehen haben. Dieses günstige Urteil teilte offenbar auch

---

[801] Nach dem oben Anm. 799 zitierten Text fährt Cicero Brut. 60 fort: Quamquam Varro noster diligentissimus investigator antiquitatis putat in hoc erratum vitamque Naevi producit longius.

[802] Nach dem oben Anm. 800 zitierten Text fährt Cicero Brut. 72f. fort: Accius autem a Q. Maximo quintum consule capto Tarento scripsit Livium * * * annis XXX, postquam eum fabulam docuisse et Atticus scribit et nos in antiquis commentariis invenimus, (73) docuisse autem fabulam annis post XI C. Cornelio Q. Minucio consulibus ludis Iuventatis, quos Salinator Senensi proelio voverat. In quo tantus error Acci fuit, ut his consulibus XL annos natus Ennius fuerit: quoi si aequalis fuerit Livius, minor fuit aliquanto is, qui primus fabulam dedit, quam ei, qui multos docuerant ante hos consules, et Plautus et Naevius.
Zu den inhaltlichen, besonders chronologischen Schwierigkeiten der Stelle und zum Text: Douglas ad loc., der jedoch 64 und 255 die hier zwischen "Livium" und "annis" gekennzeichnete Lücke nach "invenimus" vermutet; zu ergänzen ist sinngemäß "Romam venisse"; da Ciceros Einwand darin besteht, daß Livius Andronicus kaum erst dreißig Jahre, nachdem er sein erstes Stück in Rom zur Aufführung gebracht hatte, nach Rom gekommen sein kann, sollten das "Romam venisse" und das "annis XXX, postquam ... invenimus" zur Verdeutlichung des Widerspruches möglichst nahe zusammen stehen (vgl. im zweiten Teil des Satzes "docuisse autem fabulam" unmittelbar vor "annis post XI"); dadurch ergibt sich nebenbei ein das Verständnis des Satzes erleichternder paralleler Aufbau der beiden von "scripsit" abhängigen A. c. i. - Konstruktionen.

[803] Brut. 107, 229; s. u. Anm. 808 und 809.

Atticus, der in seinem Liber annalis anscheinend wie Cicero später im Brutus den Angaben der Commentarii über Livius Andronicus und nicht den abweichenden des Accius gefolgt war.[804]
Während der Charakter der commentarii veteres und antiqui etwas unklar bleibt, gehören die erwähnten, von Cicero benutzten Werke des Accius und des Varro sicher in die Rubrik der literaturgeschichtlichen Fachliteratur. Obwohl Cicero die Titel dieser Schriften nicht nennt, kann aufgrund der behandelten Thematik als wahrscheinlich gelten, daß er hier Varros Werk De poetis[805] und

---

[804] Brut. 72; s. o. Anm. 800.

[805] Einen Teil der offenbar recht ausführlichen Darlegungen Varros in De poetis über Naevius zitiert Gellius 17. 21. 44f. Das Todesdatum des Dichters kann in diesem Zusammenhang bei Varro nicht gefehlt haben, auch wenn Gellius es nicht erwähnt.
Es besteht daher kein Grund mit Douglas ad Brut. 60 anzunehmen, Ciceros Ausführungen liege hier Varros De scaenicis originibus oder - wie Douglas wohl aufgrund des letzten Satzes von Brut. 60 meint - De comoediis Plautinis zugrunde.
Über den Inhalt von De scaenicis originibus einerseits wissen wir - im Gegensatz zu De poetis - nichts, das auf eine Erwähnung des Todesdatums des Naevius in diesem Werk hinweisen würde: vgl. Dahlmann, RE Suppl. 6 (1935) 1223f.
Mit Plautus andererseits haben Ciceros Ausführungen über Naevius nichts zu tun, auch wenn Cicero Brut. 60 nach dem Anm. 799 zitierten Text fortfährt: "Nam Plautus P. Claudio L. Porcio viginti annis post illos, quos ante dixi, consulibus mortuus est, Catone censore." Dieses "nam" ist nämlich nicht begründend für das Vorhergehende ("Denn Plautus ist zwanzig Jahre später gestorben."), wie Douglas loc. cit. meint, obwohl er die Probleme, die sich bei dem Versuch, einen Kausalzusammenhang mit dem vorangehenden Satz herzustellen, ergeben, durchaus sieht, sondern es ist als Praeteritio aufzufassen ("Ich spreche in diesem Zusammenhang nur von Naevius und nicht von Plautus, denn dieser ist erst zwanzig Jahre nach der zur Diskussion stehenden Epoche gestorben."). Im übrigen sprechen auch unsere Kenntnisse des Inhalts von De comoediis Plautinis nicht für die Annahme, daß der Tod des Naevius in diesem Werk erwähnt wurde; vgl. Dahlmann, RE Suppl. 6 (1935) 1225.

die Didaskalien des Accius[806] benutzt hat.
Wie mit seinem Zeitgenosssen Varro[807] war Cicero auch mit dem etwa sechzig Jahre älteren Accius persönlich bekannt. Dessen Äußerungen über die beiden Konsuln des Jahres 138 v. Chr., D. Brutus M. f. und P. Cornelius Scipio Nasica, der Ti. Gracchus getötet hatte, sowie über Q. Fabius Maximus Allobrogicus, cos. 121 v. Chr., den Enkel des L. Aemilius Paullus, führt Cicero im Brutus an.[808]
Ferner erwähnt Cicero dort eine Bemerkung des Accius, wonach dieser selbst und Plautus einmal im selben Jahr ein Stück zur Aufführung gebracht hatten, obwohl sie ein Altersunterschied von fünfzig Jahren trennte.[809] Ob Cicero, als er Accius für diese Information im Brutus zitierte, sich auf dessen Didaskalien bezogen hat oder ob auch hier mündliche Äußerungen des Accius seine Quelle waren, läßt sich wohl nicht entscheiden.[810]

---

[806] Zu diesem Lehrgedicht des Tragikers: Marx, RE 1. 1 (1893) 145-147, der Ciceros Angaben Brut. 60 und 72 auf die Didaskalien zurückführt. Dafür, daß Cicero die Didaskalien des Accius indirekt durch Varro benutzt hat, scheint mir - pace Marx 146 - nichts zu sprechen.

[807] S. o. Teil II, Kapitel 2. n) über Varro.

[808] Brut. 107: Vester etiam D. Brutus M. filius, ut ex familiari eius L. Accio poeta sum audire solitus, et dicere non inculte solebat et erat cum litteris Latinis tum etiam Graecis ut temporibus illis eruditus. Quae tribuebat idem Accius etiam Q. Maximo, L. Paulli nepoti; et vero ante Maximum illum Scipionem, quo duce privato Ti. Gracchus occisus esset, cum omnibus in rebus vehementem tum acrem aiebat in dicendo fuisse.

[809] Brut. 229: Ut Accius isdem aedilibus ait se et Pacuvium docuisse fabulam, cum ille octoginta, ipse triginta annos natus esset.

[810] Brut. 107 ist die Formulierung eindeutig: ex ... L. Accio poeta sum <u>audire</u> solitus. Das praesentische "ait" Brut. 229 deutet hingegen eher auf ein vorliegendes, literarisches Werk des Accius, wahrscheinlich - mit Marx, RE 1. 1

Beeindruckt und zweifellos auch beeinflußt war Cicero vom Werk des L. Aelius Stilo, des Begründers der Philologie in Rom.[811] Zwar zitiert er Stilo nicht für historische Angaben, aber er selbst war - wie übrigens auch M. Terentius Varro - ein Schüler des Stilo[812] und hat dessen Bildung, besonders seine Kenntnis der Vergangenheit, im Brutus lobend erwähnt[813] sowie eine Worterklärung des Stilo zu den Zwölf-Tafel-Gesetzen, die er selbst auch als historische Quelle durchaus zu würdigen wußte, in De legibus zitiert.[814]

e) Rechtsquellen und juristische Literatur

Die Rechtskunde war nach Ciceros Auffassung nach der Philosophie und neben der Geschichte eine der drei Säulen der Rede-

(1893) 146 - die Didaskalien.

811 Über Stilo s. Sueton, De grammaticis 2f.

812 Brut. 207: (Cicero:) ..., cum essem apud Aelium adulescens eumque audire perstudiose solerem.
Varro als Schüler des Stilo: Gellius l. 18 capitulum; Dahlmann, RE Suppl. 6 (1935) 1173f.; Goetz, RE l. 1 (1893) 532f.

813 Brut. 205: Fuit is (i. e. L. Aelius Stilo) ... eruditissimus et Graecis litteris et Latinis, antiquitatisque nostrae et in inventis rebus et in actis scriptorumque veterum litterate peritus.
Ähnlich Varros Urteil über Stilo bei Gellius l. 18. 2.

814 De legib. 3. 59: ... L. Aelius (sc. dixit) lessum quasi lugubrem eiulationem, ut vox ipsa significat.

kunst.[815] Die Kenntnis der Rechtsquellen und der einschlägigen Literatur erschien ihm daher unverzichtbar für den Redner. Die Beschäftigung mit dem Recht bedeutete für Cicero aber mehr als nur eine Voraussetzung für die vollendete Redekunst; denn das Recht konnte auch Geschichtskenntnisse vermitteln, ja Cicero läßt in De oratore das Zivilrecht, das Pontifikalrecht sowie die Zwölf-Tafel-Gesetze von L. Licinius Crassus als ein hervorragendes Abbild der Vergangenheit bezeichnen, aus dem der historisch und antiquarisch Interessierte Aufschluß über die alte lateinische Sprache und über das Leben der Vorfahren im allgemeinen gewinnen könne.[816] Obwohl die Rechtsquellen und die juristische Literatur bei Cicero selbstverständlich meistens in juristischen und nicht in

---

[815] S. o. Teil I passim.

[816] De orat. 1. 193: (Crassus:) Accedit vero ... mira quaedam in cognoscendo (sc. iure civili) suavitas et delectatio; nam sive quem haec Aeliana studia delectant, plurima est et in omni iure civili et in pontificum libris et in XII tabulis antiquitatis effigies, quod et verborum vetustas prisca cognoscitur et actionum genera quaedam maiorum consuetudinem vitamque declarant.
Die Bedeutung von "studia Aeliana" ergibt sich erst aus dem Zusammenhang: Die Bemerkungen des L. Licinius Crassus De orat. 1. 193 sind nämlich der erste Teil eines drei Gesichtspunkte umfassenden Vortrages De orat. 1. 193-195, der
1. den Nutzen der Rechtskenntnis für die an den "studia Aeliana" Interessierten,
2. ihren Nutzen für die Politiker und
3. ihren Nutzen für die Philosophen darlegt.
Daher kann "Aeliana studia" hier nicht auf den Juristen Sex. Aelius Catus, cos. 198 v. Chr., bezogen werden (so aber irrtümlich Fuhrmann, Erneuerung 142f.), weil der Ausdruck dann soviel wie "Rechtskenntnis" hieße und Crassus folglich den überflüssigen Beweis antreten würde, daß die Rechtskenntnis dem Rechtskundigen nützt; vielmehr ist der Ausdruck auf den Grammatiker und Antiquar L. Aelius Stilo zu beziehen (wie bereits Wilkens (comment.) ad loc. bemerkt; ebenso Rambaud 27 und anscheinend Rawson, Cicero the Historian 34 mit Anm. 20), wozu auch Ciceros Formulierugen "verborum prisca vetustas" (Grammatik) und "maiorum consuetudo vitaque" (antiquarische Forschung) ausgezeichnet passen.

historischen Zusammenhängen erwähnt werden, kommen sie also auch als historische Quellen für ihn Betracht.
Bereits in De re publica hat Cicero die Zwölf Tafeln als Quelle für seine römische Verfassungsgeschichte benutzt und im einzelnen das in ihnen festgelegte Provokationsrecht, das Verbot des Konubiums zwischen Patriziern und Plebejern und die Bestimmung, daß, "si quis occentavisset", dieser mit dem Tode zu bestrafen sei, erwähnt.[817]
Erneut verwendet Cicero die Zwölf-Tafel-Gesetze als historische Quelle, als er im zweiten Buch De legibus die Geschichte der römischen Begräbnissitten darstellt.[818] Dabei werden mehrere einschlägige Bestimmungen der Zwölf Tafeln erwähnt, so etwa die Regelung, niemand dürfe innerhalb der Stadt beigesetzt werden,[819] ferner die Beschränkungen des Aufwandes beim Begräbnis[820] und die Bestimmungen über die Grabanlagen.[821]
Wie gut Cicero mit den Zwölf-Tafel-Gesetzen vertraut war, läßt die Bemerkung in diesen Ausführungen über die Grabsitten erahnen, wonach man in seiner Jugend den Text der Zwölf Tafeln noch auswendig lernte, was in der Zwischenzeit allerdings - wie er bedauernd anmerkt - aus der Übung gekommen sei.[822]
Die alten Gesetzestexte wurden, wie Ciceros Ausführungen über

---

817 De re pub. 2. 54, 61-63; 4. 12.

818 De legib. 2. 55-68.

819 De legib. 2. 58: 'Hominem mortuum,' inquit lex in XII, 'in urbe ne sepelito neve urito.'

820 De legib. 2. 59f.

821 De legib. 2. 61.

822 De legib. 2. 59: Discebamus enim pueri XII ut carmen necessarium, quas iam nemo discit.

die römischen Grabsitten in De legibus zeigen, schon Anfang des zweiten vorchristlichen Jahrhunderts nicht mehr ohne weiteres verstanden und bedurften der Kommentierung. Die Kommentare des Juristen Sex. Aelius Catus, cos. 198 v. Chr., und des L. Acilius, eines weiteren Zeitgenossen des alten Cato, zitiert Cicero in De legibus und bemerkt, sie hätten die Bedeutung des Wortes "lessum" in den Zwölf Tafeln nicht befriedigend erklären können; er selbst verstehe es mit L. Aelius Stilo als "Wehklagen".[823]
Wofür Cicero möglicherweise die Werke späterer Juristen benutzt hat, ist nur schwer zu erkennen. Es liegt auf der Hand, daß er etwa für Fragen des Staatsrechtes, wie sie sich in den Reden Pro Cornelio stellten,[824] auf juristische Werke zurückgegriffen hat, aber ob er hierzu die Libri magistratuum des C. Sempronius Tuditanus[825] oder das Werk De potestatibus des M. Iunius Congus Gracchanus[826] oder beide Werke oder keines von beiden, sondern andere, uns nicht bekannte Schriften konsultiert hat, läßt sich wohl kaum mehr ermitteln.
M. Iunius Congus Gracchanus wird jedenfalls von Cicero als Gelehrter in De oratore, De re publica sowie De legibus erwähnt, und in der Rede Pro Plancio spielt Cicero auf ihn als den Kenner des römischen Altertums an.[827] So spricht manches dafür, daß er

---

[823] De legib. 2. 59.

[824] Cornel. 1 frag. 25 = Asconius 76 Clark. Vgl. Fuhrmann, Erneuerung 143.

[825] Asconius erwähnt Tuditanus in diesem Zusammenhang: s. o. Anm. 824.

[826] Über ihn vgl. Wissowa, RE 10. 1 (1918) 1031-1033.

[827] De orat. 1. 256. De re pub. 1. 1 c = Plinius, Natur. hist. praef. 7. De legib. 3. 49: (Atticus:) Quam ob rem ... faciendum tibi est, ut ... de potestatum iure disputes. (M. Cicero:) Faciam breviter ... Nam pluribus verbis scripsit ad patrem tuum M. Iunius sodalis, perite meo quidem iudicio et diligenter.

dessen Werke, die anscheinend einem weiteren Publikum ein Begriff waren, wie die Erwähnung in der Rede Pro Plancio zeigt, und die er selbst nicht nur dem Titel nach kannte, wie aus seiner diesbezüglichen Bemerkung in De legibus zu ersehen ist, benutzt hat, auch wenn nicht sicher zu bestimmen ist, für welche Fragen.[828]

Den Liber magistratuum (oder Commentarius) des C. Sempronius Tuditanus hingegen hat Cicero ebensowenig erwähnt wie das angebliche, vermutlich aber inexistente, historische Werk dieses Autors;[829] Vermutungen über die Benutzung der juristischen Schrift des Tuditanus durch Cicero entbehren daher jeder sicheren Grundlage.[830]

Neben den Zwölf-Tafel-Gesetzen und Regelungen aus dem Bereich des Staatsrechtes[831] hat Cicero auch die Sammlungen der Senatsbeschlüsse zur Klärung historischer Fragen herangezogen, als er ermitteln wollte, wer 146 v. Chr. an der Senatsgesandtschaft zu L. Mummius nach Korinth teilgenommen hatte.[832] Nachdem Cicero hatte feststellen müssen, daß sich diese Frage allein mit Hilfe der Historien des Polybios nicht klären ließ, bat er seinen Freund Atticus, dieser möge den "liber, in quo sunt senatus consulta Cn. Cornelio L. Mummio consulibus" einsehen oder einsehen lassen; dort werde sicher Aufschluß über die Zusammensetzung

---

Pro Planc. 48.

[828] Rawson, Cicero the Historian 34 nimmt mit Recht lediglich allgemein "knowledge of the man as well as of his work" an.

[829] S. o. Kapitel 2. i) mit Anm. 482-488 über Tuditanus.

[830] Pace Fuhrmann, Erneuerung 143.

[831] S. o. den Text mit Anm. 817-824.

[832] Dazu s. u. Teil III, Kapitel 1.

der Senatsgesandtschaft gegeben.[833]
Cicero hat auch für seine sehr detaillierten Ausführungen über die letzten Tage des L. Licinius Crassus, cos. 95 v. Chr., im Prooemium des dritten Buches De oratore auf die Sammlungen von Senatsbeschlüssen zurückgegriffen und erwähnt, Crassus werde in diesen als Zeuge ihrer Niederschrift genannt.[834] Auch ein Teil der genauen chronologischen Angaben in diesem Abschnitt dürfte auf dieselbe Quelle zurückgehen.[835]

f) Inschriften

Den alten Cato läßt Cicero in De senectute sagen, er befürchte nicht, man könne, wie manche glaubten, das Gedächtnis verlieren, indem man Grabinschriften lese. Er selbst werde vielmehr durch das Lesen dieser Inschriften an die Verstorbenen erinnert.[836]
In eigener Person zitiert Cicero in De finibus aus der Grabinschrift des A. Atilius Calatinus, cos. 258 v. Chr., cos. II 254 v. Chr., in

---

[833] Ad Attic. 13. 33. 3.

[834] De orat. 3. 5.

[835] Daneben kann auch mündliche Überlieferung hier einen gewissen Einfluß gehabt haben, wie Rawson, Cicero the Historian 44 meint.

[836] De senect. 21 sagt Cato über sein Gedächtnis: Equidem non modo eos novi, qui sunt, sed eorum patres etiam et avos; nec sepulcra legens vereor, quod aiunt, ne memoriam perdam: eis ipsis enim legendis in memoriam redeo mortuorum.
Vgl. Rambaud 64 und Powell (edit., comment.) ad loc. zu dem wahrscheinlichen Zusammenhang zwischen Catos Beschäftigung mit Inschriften und seiner Arbeit an den Origines.

der es heißt, dieser sei von vielen als hervorragender Mann anerkannt worden.[837]

In diesen beiden Fällen hat Cicero die Inschriften jedoch weniger unter historischen, als vielmehr unter philosophischen Gesichtspunkten behandelt.

Eine zeitgenössische Inschrift hingegen ist von Cicero, wie wir aus einem Brief an Atticus wissen, mit durchaus negativem Ergebnis auf ihre historische Zuverlässigkeit untersucht worden. Diese Inschrift bezog sich auf P. Cornelius Scipio Nasica, cos. 138 v. Chr., dem sein Nachfahre Q. Metellus Scipio ein Reiterstandbild mit einer Laufbahninschrift gesetzt hatte, in der Scipio Nasica als Censor bezeichnet wurde, obwohl er, wie Cicero wußte, niemals Censor gewesen war.[838] Die Fehlerhaftigkeit dieser Inschrift dürfte Cicero auch zur Warnung gereicht haben, leichtfertig die Angaben von Inschriften für bare Münze zu nehmen, wenn sie sich nicht kontrollieren ließen. Im vorliegenden Fall stellte sich nämlich sogar heraus, daß der Fehler nicht auf ein Versehen des Steinmetzen zurückging, sondern daß der Auftraggeber selbst die Laufbahn seines Vorfahren nicht richtig kannte und aus Unkenntnis die flagrant falsche Beschriftung veranlaßt hatte. Dieser Fehler des Metellus Scipio veranlaßt Cicero zu einer kurzen Invektive gegen historische Unkenntnis im allgemeinen ("O *ἀνιστορησίαν* turpem!") und gegen falsche Inschriften im besonderen ("Odi falsas inscriptiones!").[839] Ciceros prononcierter Abscheu gegen "falsche Inschriften" läßt sich wohl nur unter der Voraussetzung verstehen, daß Fehler in Inschriften nicht ganz selten waren und daß Cicero solche Fehler selbst schon mehr als einmal bemerkt hatte.

---

[837] De finib. 2. 116f.

[838] Ad Attic. 6. 1. 17f.

[839] Ad Attic. 6. 1. 17 und 26.

g) Dichter als historische Quellen

In De legibus hatte Cicero Dichtung und Geschichtsschreibung nach ihrem unterschiedlichen Wahrheitsanspruch streng voneinander geschieden.[840] Die Einsicht, daß Dichter nicht gehalten waren, die reine Wahrheit und nichts als die Wahrheit zu schreiben, verleitete Cicero jedoch nicht dazu, ihre Werke, zumal wenn sie sich wie die Annalen des Ennius auf historische Ereignisse bezogen, als reine Phantasieprodukte anzusehen.
So konnte er für die Geschichte der römischen Redekunst im Brutus eine Angabe des Ennius heranziehen, der den einen Konsul des Jahres 204 v. Chr., M. Cornelius Cethegus, als "suadae medulla", also als einen besonders überzeugenden Redner, bezeichnet hatte.[841] Bevor Cicero die Ausführungen des Dichters über M. Cethegus zitiert, rechtfertigt er seine Auffassung, Ennius sei in dieser Sache ein glaubwürdiger Zeuge, obwohl er als Dichter ja nach Ciceros eigener in De legibus formulierten Einsicht nicht unbedingt an die Wahrheit gebunden war. Die Glaubwürdigkeit des Ennius hält Cicero dennoch für gesichert, da er als Zeitgenosse des M. Cornelius Cethegus ein Urteil über dessen Fähigkeiten als Redner haben konnte und da er keinen ersichtlichen Grund hatte, dem Cethegus noch nach dessen Tode zu schmeicheln.[842] Abschließend hebt Cicero hervor, daß, wenn nicht das Zeugnis des Ennius vorläge, überhaupt nichts über M. Cethegus als Redner bekannt wäre,[843] womit, wenn auch unausgesprochen, nochmals

---

[840] De legib. l. 5. S. o. Teil I mit Anm. 59.

[841] Brut. 59.

[842] Brut. 57.

[843] Brut. 59.

die Verwendung des Ennius als einer historischen Quelle in diesem Einzelfall gerechtfertigt wird.

Während Ciceros grundsätzliche Unterscheidung zwischen dem Wahrheitsanspruch der Dichtung und demjenigen der Geschichtsschreibung im Prooemium des ersten Buches De legibus zeigt, eine wie beschränkte Gültigkeit die Behauptung beanspruchen kann, die Werke gewisser Dichter hätten einen großen Einfluß auf Ciceros Vorstellung von der römischen Geschichte ausgeübt,[844] so zeigen

---

[844] Pace Laurand 321: "Certains poètes, comme Naevius, mais beaucoup plus Ennius, ont exercé une grande influence sur l' idée qu' il (i. e. Cicéron) s' est faite du passé de sa patrie."

Gegen Kierdorf, Catos 'Origines' und die Anfänge der römischen Geschichtsschreibung 222 Anm. 65, wonach Duckett, Studies in Ennius 36ff. (non vidi) gezeigt habe, "daß auch Cicero die Annalen des Ennius als historische Darstellung ernst nimmt." Die drei angeführten Belege (De invent. l. 27, De offic. l. 38 und Brut. 57ff.) zeigen dies nicht:

1. De invent. l. 27 nennt Cicero drei Formen einer narratio, "quae in negotiorum expositione maxime versatur", nämlich fabula, historia und argumentum; anschließend definiert er: "Historia est gesta res, ab aetatis nostrae memoria remota; quod genus: 'Appius indixit Carthaginiensibus bellum'." Selbst wenn der Satz "Appius indixit Carthaginiensibus bellum" ein Vers des Ennius ist, beweist dies nicht, daß Cicero die Annalen des Ennius insgesamt "als historische Darstellung ernst nimmt", sondern lediglich, daß ihm bewußt war, daß diese Angabe den historischen Tatsachen entsprach.

2. Die Auffassung, Cicero habe die De offic. l. 38 als Antwort des Pyrrhos auf den Vorschlag, römische Gefangene gegen ein Lösegeld freizulassen, zitierten acht Hexameter "wie ein authentisches Wort des Pyrrhus" angeführt, kann nur bestehen, wenn man zugleich annimmt, Cicero habe geglaubt, daß Pyrrhos in lateinischen Versen zu sprechen pflegte. Vgl. unten Anm. 845 zum Kriterium der Sprache für die Beurteilung der Authentizität zweifelhafter Aussprüche.

3. Brut. 57ff. würdigt nicht "allein auf Grund des Ennius-Zeugnisses M. Cornelius Cethegus als Redner", sondern Cicero rechtfertigt dort die Verwendung dieser Quelle in einem Sonderfall mit durchaus angemessenen Argumenten: dazu s. o. den Text. Diese Erörterungen Brut. 57ff. beweisen im übrigen, daß Cicero das Werk des Ennius insgesamt eben nicht als historische Darstellung angesehen hat - dann wären sie für ihn nämlich überflüssig gewesen. Vgl. unten Anm. 845

seine quellenkritischen Erwägungen über die Annalen des Ennius im Brutus, daß er, ohne die damit unvermeidlich verbundenen Probleme zu verkennen, auch poetische Werke als historische Zeugnisse auswerten konnte.

Wie differenziert Ciceros Urteil in solchen Fragen war, zeigt sich auch daran, daß er zwar das Zeugnis des Ennius über Cethegus mit einer ausführlichen Begründung als glaubhaft akzeptiert, daß er aber die Angabe desselben Ennius über das Apollon-Orakel für Pyrrhos an anderer Stelle als unwahr zurückweist.[845] Eine voreilige Verallgemeinerung solcher Kritik lag Cicero also im Fall des Dichters Ennius ebenso fern wie bei Herodot, dem Vater der Geschichtsschreibung: Weder durfte man diesen Autoren alles glauben, noch war es berechtigt, alles, was sie berichteten, als nicht zuverlässig bezeugt anzuzweifeln.[846]

---

zur Möglichkeit der Fiktion bei Ennius. Zur grundsätzlichen Scheidung zwischen Dichtung und Geschichtsschreibung: s. o. Teil I passim.

[845] De divinat. 2. 116: Num minus ille (i. e. Herodotus) potuit de Croeso quam de Pyrrho fingere Ennius? Quis enim est, qui credat Apollinis ex oraclo Pyrrho esse responsum: 'Aio te, Aeacida, Romanos vincere posse'? Primum Latine Apollo numquam locutus est ...

[846] S. o. Kapitel 1. a) mit Anm. 131 über Herodot.

TEIL III

Cicero als Forscher

Ciceros Werke enthalten neben vielen vereinzelten historischen Angaben auch einige zusammenhängende historische Darstellungen wie die römische Verfassungsgeschichte im zweiten Buch De re publica oder die Darstellung der letzten Tage des L. Licinius Crassus, cos. 95 v. Chr., im dritten Buch De oratore.[847] Für die Abfassung dieser Kapitel waren entsprechende historische Untersuchungen erforderlich, die jedoch nicht mehr im einzelnen rekonstruierbar sind, da auf etwaige Kontroversen in der historiographischen Literatur oder auf die benutzten Quellen in Ciceros für die Veröffentlichung vorgesehenen Schriften wie De oratore und De re publica nur selten hingewiesen wird.

Zwar hat sich Cicero zum Beispiel in der Verfassungsgeschichte in De re publica auf Cato und Polybios berufen, wie weit aber deren Einfluß auf seine Darstellung reicht, bleibt, da genauere Hinweise fehlen, unklar.[848] Im dritten Buch De oratore wird als Quelle für die letzten Tage des L. Licinius Crassus lediglich eine senatus auctoritas genannt, die aber kaum das einzige hier von Cicero

---

[847] De orat. 3. 1-8. De re pub. 2. 4-64.

[848] Cato: De re pub. 1. 27 und 2. 2; s. o. Teil II, Kapitel 2. d).
Polybios: S. o. Teil II, Kapitel 1. i) mit Anm. 227 und passim.
Gegen die nicht zuletzt durch die Seltenheit seiner Hinweise auf die Quellen veranlaßten Spekulationen über weitere Quellen Ciceros in De re publica s. o. Teil II, Kapitel 2. f) mit Anm. 406-412 über L. Calpurnius Piso Frugi.

benutzte Zeugnis gewesen sein kann.[849]
Da Cicero in den philosophischen Schriften in der Regel nur seine Ergebnisse, nicht aber den Weg zur Lösung historischer Probleme darstellt, ist aus diesen Werken, von den Reden ganz zu schweigen, sein Vorgehen bei der Klärung solcher Probleme nicht wirklich zu erkennen. Ausnahmsweise erlauben hingegen die Briefe an Atticus einen Einblick in Ciceros Tätigkeit als Forscher, da er in ihnen einige der historischen Probleme erwähnt, mit denen er sich er sich bei der Abfassung oder der Vorbereitung eigener Werke konfrontiert sah. Besondere Beachtung verdienen hier Ciceros Briefwechsel mit Atticus über die zehn im Jahre 146 v. Chr. zu L. Mummius nach Korinth geschickten Senatsgesandten[850] und ein Brief Ciceros über die Identität der beiden Gai Fannii, Marci et Gai filii.[851] In beiden Fällen sind - im Unterschied zu den meisten anderen - die von Cicero benutzten Quellen und die bei der Untersuchung entstandenen Schwierigkeiten sowie deren Lösung wenigstens teilweise mit einiger Sicherheit zu ermitteln.

1. Decem legati Mummio

Einen ganz einzigartigen Einblick in Ciceros Arbeit an einer historischen Frage gewährt uns sein Briefwechsel mit Atticus aus der

---

[849] De orat. 3. 5: ... constabat ... eundem (i. e. L. Licinium Crassum), id quod in auctoritatibus perscriptis exstat, scribendo adfuisse.
Vgl. oben Teil II, Kapitel 3. e) zu den Rechtsquellen mit Anm. 835.

[850] S. u. Kapitel 1.

[851] S. u. Kapitel 2.

Zeit von Ende Mai bis Anfang Juni 45 v. Chr.[852] Cicero hegte damals den Plan, einen Dialog nach dem Vorbilde Dikaiarchs zu verfassen, in dem die Mitglieder der Senatskommission, die im Jahre 146 v. Chr. zu L. Mummius nach Korinth gesandt worden war, über ein politisch-philosophisches Thema, das vielleicht mit den sich aus der Eroberung und Zerstörung Korinths ergebenden Fragen zusammenhing, diskutieren sollten.[853]

Cicero mußte zu diesem Zweck zunächst ermitteln, wer die Mitglieder dieser Kommission waren. Ihm selbst waren zwar drei der zehn Gesandten bekannt, aber da er sich auf dem Lande in seinem Tusculanum befand, wo die Voraussetzungen für detaillierte historische Untersuchungen recht ungünstig waren, wandte er sich an

---

[852] Ad Attic. 13. 30. 2, 32. 3, 33. 3, 5. 1, 6. 4, 4. 1.
Diese Reihenfolge der Briefe Ad Attic. 13. 30, 32, 33, 5, 6, 4 hat Badian, Cicero and the Commission of 146 B.C. gegen O. E. Schmidt, Der Briefwechsel des M. Tullius Cicero 308f. und Shackleton Bailey, Ad Attic. 5, 355 festgestellt. Unsicher bleibt jedoch, ob nicht, wie Sumner, Orators in Cicero' s Brutus 167f. will, Ad Attic. 13. 4 vor 13. 5 und 13. 6 zu setzen ist, womit die überlieferte Reihenfolge dieser drei Briefe erhalten bliebe.
Dieser Briefwechsel gehört in einen Zusammenhang mit zahlreichen anderen Briefen Ciceros an Atticus über historische Fragen. Er findet einige Wochen nach der oben Teil II, Kapitel 2. k) behandelten Korrespondenz Ciceros mit Atticus über die Beispiele für seine Consolatio statt. Wenig später sind die Briefe Ad Attic. 13. 8, 12. 5 b und 13. 44 zu datieren, in denen ebenfalls historische Themen zur Sprache kommen: s. o. Teil II, Kapitel 2. k) über Atticus. Vielleicht Ende Mai 45 v. Chr. (also in dieselbe Zeit wie die hier zu behandelnden Briefe) ist Ad Attic. 12. 3 zu setzen (zum Datum: Shackleton Bailey, Ad Attic. 5, 300f., 399), wo Cicero bedauert, das Werk des Historikers Vennonius nicht zur Hand zu haben: s. o. Teil II, Kapitel 2. i).
Zu der historischen Korrespondenz Ciceros vgl. Sumner, op. cit. 161-176.

[853] Ad Attic. 13. 30. 2: Volo aliquem Olympiae aut ubivis πολιτικὸν σύλλογον more Dicaearchi, familiaris tui.
Die Zerstörung Korinths 146 v. Chr. hat Cicero übrigens nicht vorbehaltlos gebilligt: De offic. 1. 35f.

Atticus mit der Bitte, die Namen der übrigen Gesandten zu eruieren.[854]
Cicero selbst hatte bereits das Werk des Polybios, das anscheinend auch in seinem Tusculanum greifbar war, konsultiert, jedoch feststellen müssen, daß dieser die Namen der "decem legati" nicht nannte.[855]
Aus anderen Quellen war Cicero bekannt, daß ein Konsular Postumius Albinus und Sp. Mummius, der Bruder des L. Mummius, des Eroberers von Korinth, zu den zehn Legaten gehört hatten, und er meinte, von dem im Jahre 50 v. Chr. verstorbenen Hortensius gehört zu haben, ein C. Sempronius Tuditanus habe an der Gesandtschaft teilgenommen.[856]
Von den zehn Mitgliedern der Senatsgesandtschaft des Jahres 146 v. Chr. glaubte Cicero also zu Beginn des Briefwechsels mit Atticus nur drei zu kennen, nämlich den Konsular Postumius Albinus, Sp. Mummius und C. Sempronius Tuditanus. Neben den sieben Namen, die ihm noch fehlten, wollte Cicero von Atticus seine bereits vorhandenen Informationen überprüfen lassen und insbesondere Auskunft über eine Frage erhalten, die sich ihm stellte, seit er im Liber annalis des Scribonius Libo gefunden hatte, daß C. Sempronius Tuditanus, cos. 129 v. Chr., erst im Jahre 132 v. Chr. Praetor gewesen war.[857] Vorausgesetzt, Tuditanus

---

[854] Ibid.: Mi sicunde potes, erues, qui decem legati Mummio fuerint.

[855] Ibid.: Polybius non nominat.

[856] Ibid.: Ego memini Albinum consularem et Sp. Mummium; videor audisse ex Hortensio Tuditanus.

[857] Ibid.: Sed in Libonis annali XIIII annis post praetor est factus Tuditanus quam consul Mummius. Non sane quadrat.
Ausführlicher wiederholt Cicero die Anfrage im folgenden Brief Ad Attic. 13. 32. 3: De Tuditano enim quaerebam, quem ex Hortensio audieram fuisse in decem. Eum video in Libonis praetorem P. Popilio P. Rupilio. Annis XIIII

hätte die Praetur im gesetzlich vorgeschriebenen Mindestalter von vierzig Jahren erreicht, wäre er, wie Cicero sofort sah, im Jahre 146 v. Chr. mit noch nicht dreißig Jahren zu jung gewesen, um überhaupt Mitglied des Senats sein zu können, was aber die Voraussetzung war, um mit einer Senatsgesandtschaft betraut werden zu können; andererseites bemerkt Cicero, es sei auch unwahrscheinlich, daß Tuditanus, der nach seinen Feststellungen in seinem cursus honorum keinerlei Rückschläge erlitten hatte und zu sämtlichen kurulischen Magistraten völlig mühelos nach den jeweils vorgeschriebenen Mindestabständen gelangt war, nach einer Quaestur spätestens im Jahre 147 v. Chr. (als Voraussetzung für eine Teilnahme an der Senatsgesandtschaft im folgenden Jahr) erst fünfzehn Jahre später die Praetur erreicht hätte, obwohl ihm

---

antequam praetor factus est, legatus esse potuisset? - nisi admodum sero praetor est factus, quod non arbitror. Video enim curulis magistratus eum legitimis annis perfacile cepisse.

Mit Sumner, Orators in Cicero' s Brutus 166 ist es gegen Shackleton Bailey (edit.) überflüssig, nach "P. Popilio P. Rupilio" "consulibus" zu ergänzen; Atticus hätte sicher auch die überlieferte, verkürzte Ausdrucksweise verstanden; vgl. den in gleicher Weise verkürzten Ausdruck "qui cum Lucullo fuit" im selben Paragraphen des Briefes Ad Attic. 13. 32. 3 (s. u. Anm. 860) und Ad Attic. 16. 13 a. 2 (s. u. Anm. 899).

Wohl unnötig und jedenfalls höchst zweifelhaft ist ferner die übliche Ergänzung von "qui" vor "potuisset", um den Satz deutlicher als Frage zu kennzeichnen ("Wie hätte er schon vierzehn Jahre vor seiner Praetur Legat sein können?).

Außer Frage steht hingegen die Korrektur des nach "sero" überlieferten, aber sinnwidrigen "quaestor" zu "praetor", denn wäre Tuditanus erst spät quaestor geworden, hätte er keinesfalls an der Senatsgesandtschaft teilnehmen können, da er in diesem Falle 146 v. Chr. noch nicht Senator gewesen wäre; um angesichts des Konsulats 129 v. Chr. und der Praetur 132 v. Chr. die Vermutung aufrecht zu erhalten, Tuditanus sei bereits 146 v. Chr. Senatsgesandter gewesen, muß er eine im Verhältnis zu diesen Ämtern sehr frühe Quaestur bekleidet haben, und das heißt umgekehrt: eine im Verhältnis zu dieser Quaestur sehr späte Praetur: also muß der Text lauten: "nisi admodum sero praetor est factus".

dies gesetzlich bereits früher möglich gewesen wäre.[858]
Eine erste zusätzliche Information konnte Atticus postwendend an Cicero weiterleiten.[859] Er erinnerte sich nämlich, am Isthmos von Korinth eine Statue des Aulus Postumius Albinus gesehen zu haben. Damit war für ihn und für Cicero klar, daß dieser, der Konsul des Jahres 151 v. Chr. und Historiker, der Konsular Postumius Albinus sein mußte, von dessen Teilnahme an der Senatsgesandtschaft von 146 v. Chr. Cicero von Anfang an gewußt hatte, und er war erfreut, diesen gebildeten Mann in seiner geplanten Schrift auftreten lassen zu können.[860]

---

[858] Ad Attic. 13. 32. 3; s. o. Anm. 858. Zu den aus Ciceros Anfrage über Tuditanus zu erschließenden Regelungen der leges Annales: Astin, The Lex Annalis before Sulla 7-9.

[859] Bereits Ad Attic. 13. 32. 3 kann Cicero auf diese erste Mitteilung des Atticus reagieren: s. u. Anm. 860.

[860] Ad Attic. 13. 32. 3: Postumium autem, cuius statuam in Isthmo meminisse te dicis, Aulum nesciebam fuisse. Is autem est, qui cum Lucullo fuit. Shackleton Bailey (edit.) liest: "qui <consul> cum <L.> Lucullo fuit"; diese Ergänzungen sind für das Verständnis der Stelle wohl nicht notwendig: Sumner, Orators in Cicero' s Brutus 166; vgl. oben Anm. 857 und unten Anm. 899 zu in ähnlicher Weise verkürzten Audrücken Ciceros Ad Attic. 13. 32. 3 und 16. 13 a. 2.
Trotz des Ausfalls des Vornamens "Aulus" in einem Teil der Überlieferung von Ad Attic. 13. 32. 3 und seiner Verschreibung zu sinnlosem "annis" in einem anderen Teil, ist die Herstellung als "Aulus" durch Shackleton Bailey (edit.) sicher; unabhängig von der Konstituierung des Textes kann durch die Erwähnung seines Kollegen im Konsulat, Lucullus (Ad Attic. 13. 32. 3), an der Identität des Senatsgesandten mit A. Postumius Albinus, cos. 151 v. Chr., jedenfalls keinerlei Zweifel bestehen.
Der andere Konsular Postumius Albinus, der neben Aulus Postumius Albinus als einer der zehn Legaten des Jahres 146 v. Chr. in Betracht gekommen wäre, war Sp. Postumius Albinus, cos. 148 v. Chr.: Broughton MRR I 461. Douglas (edit., comment.) ad Brut. 94 sieht ihn irrtümlich unter Verweis auf Ad Attic. 13. 30. 2 (nach der von Douglas verwendeten älteren Numerierung 13. 30. 3) als den

Nachdem die Identität des Postumius Albinus, von dem Cicero von Anfang an geglaubt hatte, er sei einer der zehn Legaten gewesen, nunmehr geklärt war, blieben noch die Frage nach den sieben fehlenden Legaten zu lösen und Ciceros Informationen über Sp. Mummius und C. Sempronius Tuditanus zu überprüfen. Da Atticus das Thema aber offenbar mit seiner Auskunft über A. Postumius Albinus für erledigt hielt und außer dessen Identifizierung mit dem Konsul von 151 v. Chr. Cicero nichts weiter mitgeteilt hatte, wiederholte dieser in einem weiteren Brief seine Anfrage über C. Sempronius Tuditanus,[861] und als er auf diese Rückfrage offenbar nicht sofort die gewünschte Auskunft erhält, schickt er Atticus einen dritten Brief und gibt darin einen Hinweis auf die zur Klärung der gesamten Frage nach den zehn Mitgliedern der Senatsgesandtschaft von 146 v. Chr. geeignete Quelle, indem er rät, die Sammlung der Senatsbeschlüsse des betreffenden Jahres einzusehen;[862] in dieser Sammlung mußte auch das senatus consultum enthalten sein, durch das die zehn Gesandten zu L. Mummius bestimmt worden waren. Im selben Schreiben bezeichnet Cicero die von Atticus geäußerte Vermutung als plausibel, C. Sempronius Tuditanus, cos. 129 v. Chr., habe sich im Jahre 146 v. Chr. nicht als Senatsgesandter - wofür er ja, wie Cicero gleich erkannt hatte, wahrscheinlich zu jung gewesen war -, sondern als quaestor oder tribunus militum vor Korinth beim Heer

---

Senatsgesandten an; dort ist zwar von Sp. Mummius die Rede, aber für den dort ebenfalls genannten Albinus wird kein Praenomen angegeben: s. o. Anm. 856.

861 Ad Attic. 13. 32. 3; s. o. Anm. 857.

862 Ad Attic. 13. 33. 3: * negotium dederis, reperiet ex eo libro, in quo sunt senatus consulta Cn. Cornelio L. Mummio consulibus.
Vor "negotium" is offensichtlich der Name der Person ausgefallen, die Atticus mit der Untersuchung beauftragen sollte, wahrscheinlich der des ibid. erwähnten Antiochos (s. u. Anm. 863); vermutlich ist ein Konditionalsatz zu ergänzen: "Si Antiocho negotium dederis, ..."; vgl. Shackleton Bailey, ad loc.

des L. Mummius aufgehalten.[863] Aber er bittet Atticus doch, diese Frage genau zu überprüfen und festzustellen, in welchen Jahren C. Sempronius Tuditanus, cos. 129 v. Chr., tatsächlich quaestor und tribunus militum war;[864] für den Fall, daß er keines dieser beiden Ämter im Jahre 146 v. Chr. bekleidet haben sollte, sei zu erwägen, ob er vielleicht als praefectus oder contubernalis des L. Mummius an dem Feldzug gegen Korinth teilgenommen habe.[865] Aufgrund seiner Information von Hortensius, ein C. Sempronius Tuditanus habe zu den zehn Legaten gehört, hält Cicero jedenfalls daran fest, daß der Konsul von 129 v. Chr. sich im Jahre 146 v. Chr. vor Korinth aufgehalten haben müsse, wenn auch vielleicht nicht als Senatsgesandter.[866]

---

[863] Ibid.: De Tuditano autem quod putas, *εὔλογον* est, tum illum, quoniam fuit ad Corinthum (non enim temere dixit Hortensius), aut quaestorem aut tribunum mil. fuisse, idque potius credo; sed tu de Antiocho scire poteris.

[864] Ibid.: Vide etiam, quo anno quaestor aut tribunus mil. fuerit.
Die Konjektur Shackleton Baileys (edit.) sowie eiusd. (edit., comment.), Ad Attic. 5, 357, der zwischen "vide etiam" und "quo anno" eine Lücke annimmt und in diese den Namen des Sp. Mummius einsetzen will, ist nicht nur offenbar unnötig (vgl. den Text), sondern sogar, wie Badian, Cicero and the Commission of 146 B.C. 56-58 gezeigt hat, vollkommen unmöglich.

[865] Im Anschluß an den Anm. 13 zitierten Text fährt Cicero ibid. fort: Si neutrum † cadet †, in praefectis an in contubernalis fuerit, modo fuerit in eo bello.
Der Sinn des Nebensatzes mit dem wohl korrupten "cadet" ist in jedem Fall: "Wenn nichts davon paßt, ...". Eine Form des Verbums "quadrare", das Cicero Ad Attic. 13. 30. 2 (s. o. Anm. 857) im Sinne von "passen" benutzt, würde sich anstelle des "cadet" anbieten, so daß sich ergeben würde "Si neutrum quadrat, ...".

[866] Diese Information von Hortensius war einer der Ausgangspunkte der Korrespondenz über die Senatsgesandtschaft von 146 v. Chr.: Ad Attic. 13. 30. 2; s. o. Anm. 856 und 857.

Was Sp. Mummius betraf, so zog Cicero nach der Mitteilung des Atticus, daß dieser nicht zu den zehn Senatsgesandten gehört hatte,[867] die Schlußfolgerung, daß er Legat im Heer seines Bruders gewesen war, und teilte Atticus diese Einsicht kurz und ohne weitere Erklärungen mit.[868] In einem weiteren Schreiben[869] erläutert er, es könne keinen Zweifel geben, daß Sp. Mummius vor Korinth gewesen sei, denn es gebe noch Briefe, die Sp. Mummius von Korinth aus an seine familiares gesandt habe und von denen er selbst durch einen jüngst verstorbenen Nachkommen des Sp. Mummius wisse.[870] Da es aber ausgeschlossen sei, daß Sp. Mummius zu den zehn Senatsgesandten gehört habe, zumal der Senat seinerzeit grundsätzlich keine Verwandten der jeweiligen Feldherren in eine solche Gesandtschaft aufgenom-

---

[867] Ad Attic. 13. 5. 1 (s. u. Anm. 868) weiß Cicero bereits, daß Sp. Mummius nicht Mitglied der Senatskommission war. Atticus hatte ihm dies offensichtlich nach Einsicht in die senatus consulta von 146 v. Chr. mitgeteilt.

[868] Ad Attic. 13. 5. 1: Sp. Mummium putaram in decem legatis fuisse, sed videlicet (etenim εὔλογον) fratri fuisse. Fuit enim ad Corinthum.

[869] Ad Attic. 13. 6. 4 (s. u. Anm. 870). Mit Badian, Cicero and the Commission of 146 B.C. 60-62 ist gegen Shackleton Bailey, dem Sumner, Orators in Cicero' s Brutus 167f. folgt, an der bereits von O. E. Schmidt 308f. gewonnenen Erkenntnis festzuhalten, daß Ad Attic. 13. 6 auf 13. 5 folgt und nicht umgekehrt. (Bei O. E. Schmidt 311f. wird Ad Attic. 13. 6. 4 von Ad Attic. 13. 6. 1-3 abgetrennt und als selbständiger Brief 13. 6 a numeriert; dagegen mit Recht Taylor, On the Chronology of Cicero' s Letters to Atticus, Book XIII, 228 Anm. 2 und Shackleton Bailey, Ad Attic. 5, 358; in seiner Oxford-Ausgabe war Shackleton Bailey noch O. E. Schmidt gefolgt.)

[870] Ibid.: Sp. Mummium fuisse ad Corinthum pro certo habeo. Saepe enim hic Spurius, qui nuper est <mortuus>, epistulas mihi pronuntiabat versiculis facetis missas a Corintho.
Das "mortuus" ist eine allgemein akzeptierte Ergänzung von Manutius, die nach dessen Angabe auf einen "antiquus liber" zurückgeht.

men habe, sei es am wahrscheinlichsten, daß er sich als Legat im Heer seines Bruders vor Korinth aufgehalten habe.[871] Nach der schnellen Identifizierung des A. Postumius Albinus als eines der Legaten war jetzt auch die Funktion des Sp. Mummius im Jahre 146 v. Chr. für Cicero abschließend geklärt.[872]
Auch die Unklarheiten über C. Sempronius Tuditanus, von dem Cicero ja durch Hortensius wußte, daß er zu den zehn Senatsgesandten gehört hatte,[873] waren inzwischen von Atticus beseitigt worden.[874] Er bestätigte Ciceros Annahme, daß der Praetor des Jahres 132 v. Chr. und Konsul des Jahres 129 v. Chr. nicht mit dem Senatsgesandten des Jahres 146 v. Chr. identisch war. Vielmehr sei es der gleichnamige Vater dieses C. Sempronius Tuditanus gewesen, den der Senat 146 v. Chr. nach Korinth zu L. Mummius entsandt hatte, und auf ihn sei die Information des

---

[871] Ibid.: Sed non dubito, quin fratri fuerit legatus, non in decem. Atque hoc accepi, non solitos maiores nostros eos legare in decem, qui essent imperatorum necessarii ... Illudque *εὐλογώτατον* illum fratri in primis eius legatis fuisse.

[872] In der neueren Literatur bleiben hingegen Unklarheiten. Eine ungenaue Zusammenfassung der von ihm unvollständig und fehlerhaft zitierten einschlägigen Cicero-Stellen gibt Broughton MRR I 468; ferner bringt er Brut. 94 mit den Briefen des Sp. Mummius aus Korinth in Verbindung, obwohl Cicero dort nur dessen Reden erwähnt.
Unzutreffend auch Rambaud 57: "Il (i. e. Cicéron) acquiert enfin la conviction qu' il (i. e. Sp. Mummius) était à Corinthe, grâce à des lettres conservées chez un ami." Zweifellos hat Cicero diese Überzeugung aber nicht "schließlich gewonnen", sondern sie stand für ihn von Anfang an fest, da er die Briefe des Sp. Mummius durch dessen bereits verstorbenen Nachkommen doch offensichtlich schon vor Beginn der Korrespondenz mit Atticus über die Senatsgesandtschaft von 146 v. Chr. kannte.

[873] S. o. Anm. 856, 857 und 863.

[874] Ad Attic. 13. 6. 4: Tuditanum istum, proavum Hortensi, plane non noram et filium, qui tum non potuerat esse legatus, fuisse putaram.

Hortensius offenbar zu beziehen.[875] Die von Cicero zunächst für plausibel gehaltene Vermutung des Atticus, C. Sempronius Tuditanus, cos. 129 v. Chr., sei im Jahre 146 v. Chr. zwar vor Korinth gewesen, aber nicht als Senatsgesandter, sondern als quaestor oder tribunus militum, hatte sich also durch die von Cicero angeregte Überprüfung erledigt.[876] Der Identifizierung des Senatsgesandten von 146 v. Chr. mit dem Vater des Konsuls von 129 v. Chr. stimmt Cicero im sechsten und letzten Brief dieser Korrespondenz ausdrücklich zu.[877] Der Praetor von 132 v. Chr., so ergänzt er, sei erst 145 v. Chr. zur Quaestur gelangt, also erst im Jahr nach dem Konsulat des L. Mummius 146 v. Chr., womit er als Senatsgesandter in diesem früheren Jahr definitiv ausschied.[878]
Außerdem hatte Atticus inzwischen eine Liste mit den wichtigsten prosopograhischen Angaben über die zehn Legaten des Jahres 146 v. Chr. zusammengestellt und Cicero übersandt, so daß diesem jetzt auch die Gesandten bekannt waren, von denen er eine Woche zuvor beim Beginn des Briefwechsels mit Atticus noch nichts

---

[875] S. o. Anm. 856 und 857. Die Frage nach Tuditanus hatte am Anfang des Briefwechsels gestanden.

[876] Ad Attic. 13. 33. 3; s. o. Anm. 863-865.

[877] Ad Attic. 13. 4. 1: Habeo munus a te elaboratum decem legatorum; et quidem <de Tuditano idem> puto. Nam filius anno post quaestor fuit quam consul Mummius.
Das überlieferte "et quidem puto" ist aufgrund von Ad Attic. 13. 6. 4 (s. o. Anm. 874) entweder mit C. A. Lehmann und Shackleton Bailey (edit.) zu "et quidem <de Tuditano> idem puto" zu ergänzen oder mit Badian, Cicero and the Commission of 146 B.C. 62 zu "et quidem <de Tuditanis> idem puto".

[878] Die Zweifel Ciceros an seiner Teilnahme bereits Ad Attic. 13. 30. 2, 32. 3 (s. o. Anm. 857) am Beginn der Korrespondenz.

gewußt hatte.[879]

Bemerkenswert an dieser Korrespondenz über die zehn Senatsgesandten des Jahres 146 v. Chr. ist zunächst die Akribie, mit der Cicero darangeht, die prosopograhischen Angaben über Personen zu ermitteln, die er ja nicht in einem historischen Werk behandeln, sondern als Gesprächsteilnehmer in einem philosophischen Dialog auftreten lassen will. Trotzdem möchte Cicero sich nicht auf ungeprüfte Vermutungen und seine Erinnerung verlassen.

Aus diesem Grund hat er eine sehr konsequente Kritik seiner Quellen betrieben. Seine ursprüngliche Auffassung von der Teilnahme des C. Sempronius Tuditanus, cos. 129 v. Chr., und des Sp. Mummius an der Senatsgesandtschaft beruhte auf Informationen, die er von Nachkommen dieser beiden Personen erhalten hatte, nämlich von Hortensius, der mütterlicherseits von den Sempronii Tuditani abstammte, und von einem jüngst verstorbenen Sp. Mummius.[880] Da sowohl Hortensius als auch Sp. Mummius zum Zeitpunkt seines Briefwechsels mit Atticus bereits verstorben

---

[879] Von Ciceros drei ursprünglichen Kandidaten für die Gesandtschaft war Sp. Mummius ja durch den "liber, in quo sunt senatus consulta Cn. Cornelio L. Mummio consulibus" ausgeschlossen worden (s. o. den Text mit Anm. 862, 867 und 868), so daß zusätzlich zu den beiden bereits ermittelten Gesandten C. Sempronius Tuditanus, dem Vater des Konsuls von 129 v. Chr., und A. Postumius Albinus, cos. 151 v. Chr., noch acht weitere Gesandte zu ermitteln waren.

[880] Nach Ad Attic. 13. 6. 4 (s. o. Anm. 874) war C. Sempronius Tuditanus, der Vater des Konsuls von 129 v. Chr., ein Urgroßvater des Hortensius. Zur wievielten Generation nach Sp. Mummius, dem Bruder des Eroberers von Korinth, der gleichnamige Zeitgenosse Ciceros gehörte, ist nicht klar; nach Münzer, RE 16 (1933) 527 war er vermutlich sein Enkel.

waren,[881] zog Cicero zur Verifizierung und Ergänzung der auf sie zurückgehenden Informationen das für die betreffende Zeit maßgebliche historische Werk, nämlich die Historien des Polybios, heran.[882] Da Polybios die Legaten jedoch nicht nannte, schlug Cicero im Liber annalis des Libo nach, der allem Anschein nach die Praetur des C. Sempronius Tuditanus, cos. 129 v. Chr., im Jahre 132 v. Chr. verzeichnete, wodurch dessen Teilnahme an der Senatsgesandtschaft von 146 v. Chr. schon so gut wie ausgeschlossen war; da der Liber annalis des Libo aber die Laufbahn des Tuditanus erst von der Aedilität an darstellte und ganz offenkundig gar nichts über die Senatsgesandten von 146 v. Chr. enthielt, konnte Cicero mit der Hilfe allein dieses Werkes die aufgekommenen Fragen nicht endgültig klären.[883]

Die einschlägige Sekundärliteratur hatte also die mündlichen Informationen Ciceros nicht bestätigt, die Angaben im Liber annalis des Libo über die Laufbahn des C. Sempronius Tuditanus, cos. 129 v. Chr., sprachen sogar gegen deren Richtigkeit. Der Hinweis des Hortensius, C. Sempronius Tuditanus habe an der Senatsgesandtschaft von 146 v. Chr. teilgenommen, erschien Cicero dennoch so gewichtig, daß er ihn trotz der vom Liber annalis des Libo ge-

---

[881] Hortensius war 50 v. Chr. gestorben: Ad familiar. 8. 13. 2, Ad Attic. 6. 6. 2, Brut. 1.
Sp. Mummius war kurz vor dem Briefwechsel von Mai/Juni 45 v. Chr. gestorben: Ad Attic. 13. 6. 4; s. o. Anm. 870.

[882] Ad Attic. 13. 30. 2; s. o. Anm. 855. Zu Ciceros hoher Meinung von Polybios: s. o. Teil II, Kapitel 1. i).

[883] Ad Attic. 13. 30. 2, 32. 3; s. o. Anm. 857. Wie aus Ciceros weiteren Fragen (Ad Attic. 13. 33. 3; s. o. Anm. 867 und 868) hervorgeht, war die Quaestur des Tuditanus, cos. 129 v. Chr., bei Libo nicht verzeichnet; hätte Libo ein Verzeichnis der Gesandten von 146 v. Chr. geboten, wäre eine weitere Korrespondez über dieses Thema hinfällig geworden.

weckten Zweifel nicht einfach verwerfen wollte.[884]
Nach einer genaueren Untersuchung der Laufbahn des Tuditanus erkannte Cicero auch die einzig mögliche Erklärung, durch die sich die auf den ersten Blick widersprüchlichen Angaben des Hortensius und des Libo vielleicht doch hätten vereinbaren lassen, als so unwahrscheinlich, daß er Atticus ersuchte, das Problem anhand der offiziellen Dokumente zu klären und zu diesem Zweck die Sammlung der Senatsbeschlüsse des Jahres 146 v. Chr. einzusehen.[885] Ergänzend war nach Ciceros Auffassung die Laufbahn des C. Sempronius Tuditanus, cos. 129 v. Chr., vollständig zu untersuchen und zu ermitteln, ob er 146 v. Chr. quaestor oder tribunus militum gewesen war; falls beides nicht zutreffe, müsse geprüft werden, ob er damals praefectus oder contubernalis des L. Mummius gewesen sei.[886] In allen diesen Fällen hätte sich die von Cicero auf den Konsul von 129 v. Chr. bezogene Aussage des Hortensius, daß C. Sempronius Tuditanus sich vor Korinth aufgehalten habe, mit der Tatsache vereinbaren lassen, daß er 146 v. Chr. noch nicht Senatsgesandter gewesen sein konnte. Die von Cicero angeregte Überprüfung ergab schließlich, daß nicht der Konsul von 129 v. Chr., sondern dessen gleichnamiger Vater der Senatsgesandte von 146 v. Chr. war.[887]
Ebenfalls aus dem senatus consultum von 146 v. Chr. hatte Atticus ermittelt, daß Sp. Mummius nicht zu den zehn Senatsgesandten

---

[884] Ad Attic. 13. 33. 3: Non enim temere dixit Hortensius.

[885] Ibid.: * negotium dederis, reperiet ex eo libro, in quo sunt senatus consulta Cn. Cornelio L. Mummio consulibus. Zum Text s. o. Anm. 862.

[886] Ibid.: Vide etiam, quo anno quaestor aut tribunus mil. fuerit; si neutrum † cadet †, in praefectis an in contubernalis fuerit; modo fuerit in eo bello. Zum Text s. o. Anm. 864.

[887] Ad Attic. 13. 6. 4; s. o. Anm. 874.

gehört hatte.[888] Da Cicero aber sicher wußte, daß Sp. Mummius an dem Feldzug gegen Korinth teilgenommen hatte, und offenbar kein Zweifel an seiner Funktion als Legat bestand,[889] vereinbarte er seine Vorkenntnisse und die Ergebnisse der Untersuchung der Primärquellen auf die einzig mögliche Weise, indem er nämlich schloß, Sp. Mummius sei nicht legatus senatus, sondern Legat seines Bruders gewesen.[890]

Nachdem sich die Identität des Konsulars Postumius Albinus, von dessen Teilnahme an der Senatsgesandtschaft des Jahres 146 v. Chr. Cicero wußte, durch den Hinweis des Atticus auf A. Postumius Albinus, cos. 151 v. Chr., zügig hatte klären lassen, führte in den Fällen des C. Sempronius Tuditanus und des Sp. Mummius erst die Kombination von mündlichen Informationen, Benutzung einschlägiger historiographischer Literatur sowie offizieller Quellen mit prosopographischen Überlegungen, Kenntnissen der staatsrechtlichen Grundsätze der Vergangenheit und Zeugnissen aus Privatbesitz zur Lösung der von Cicero gestellten Frage.

Dabei war Cicero sofort in der Lage, die wesentlichen Probleme zu erkennen, die sich aus den Widersprüchen der ihm vorliegenden Quellen ergaben; Hypothesen, die diese Widersprüche überbrücken sollten, wurden von vorherein nur als Möglichkeiten angesehen, sie wurden daher weiteren Überprüfungen unterzogen und aufgegeben, wenn ihre Tragfähigkeit erschüttert war, bis schließlich der Einblick in die einschlägigen Originaldokumente die Probleme löste.

---

[888] Ad Attic. 13. 5. 1 (s. o. Anm. 868) ist die Vorstellung, Sp. Mummius sei einer der zehn Senatsgesandten gewesen, durch das Plusquamperfekt "putaram" als bereits überholte Hypothese gekennzeichnet.

[889] Ad Attic. 13. 6. 4.

[890] Dieser Gedanke bereits Ad Attic. 13. 5. 1 (s. o. Anm. 868), erneut 13. 6. 4 (s. o. Anm. 870 und 871).

Dieser Briefwechsel von Ende Mai bis Juni 45 v. Chr. zeigt in einen Einzelfall, wie ernst Cicero selbst seine grundsätzliche Forderung nach Kenntnis der Geschichte und den mit dieser Forderung verbundenen Wahrheitsanspruch nahm. Ferner belegt er, daß Cicero durchaus in der Lage war, historische Details zu eruieren, die sich nicht einfach durch die Konsultation eines oder mehrerer einschlägiger historiographischer Werke ermitteln ließen.
Die Schwierigkeiten, die sich bei den Untersuchungen über die Senatsgesandtschaft von 146 v. Chr. ergaben, werden unterschiedlich eingeschätzt;[891] sie waren - wie sich zeigte - nicht unüberwindlich, aber deswegen noch nicht unerheblich: Die Namen der Legaten in den senatus consulta von 146 v. Chr. nachzuschlagen, war offenbar kein großes Problem. Mit den Werken des Polybios und des Libo allein ließen sich die aufgekommenen Fragen aber auch nicht lösen. Außerdem waren Unklarheiten über die Funktion des Sp. Mummius und die Identität des C. Sempronius Tuditanus zu beseitigen. Für eine Korrespondenz von sechs Briefen, die sich über etwa eine Woche erstreckte, reichten die Probleme allemal.
Generell lassen seine Untersuchungen über die Senatsgesandtschaft von 146 v. Chr. den Schluß zu, daß Cicero sich auch bei der Abfassung seiner uns erhaltenen Schriften nicht einfach über die historischen Probleme - geschweige denn über die sicheren Fakten - hinweggesetzt oder sie verkannt hat, sondern sie wie bei den Vorbereitungen für den geplanten, aber nicht realisierten Dialog der zehn Senatsgesandten des Jahres 146 v. Chr. einer Lösung zuzuführen versucht hat.

---

[891] Vgl. die Kontroverse zwischen Badian, Cicero and the Commission of 146 B.C. 63 ("it was a great deal of trouble") und Sumner, Orators in Cicero' s Brutus 169f. ("id had not been much trouble at all").

2. Gai Fannii, C. et M. filii

Ein weiteres Beispiel für Ciceros Auseinandersetzung mit historischen Fragen bieten seine Äußerungen über zwei Zeitgenossen der Gracchen, die beiden Gai Fannii, Gai et Marci filii. Über beide hat Cicero sich zunächst im Jahre 46 v. Chr. ausführlich im Brutus geäußert.[892] Nur auf C. Fannius M. f. kommt er danach mehrfach zurück, erstmals im folgenden Jahr 45 v. Chr. in einer Antwort auf eine Anfrage des Atticus[893] und erneut im Jahre 44 v. Chr. in seiner Schrift De amicitia[894] sowie in einem weiteren Brief an Atticus.[895]
Als Cicero die beiden Gai Fannii im Jahre 46 v. Chr. zusammen im Brutus bespricht, gibt er an, C. Fannius C. f. sei Konsul im Jahre 122 v. Chr. gewesen und habe die berühmte Rede "De sociis et nomine Latino" gegen das von Gaius Gracchus beantragte Bundesgenossengesetz hinterlassen; schon als Volkstribun habe dieser C. Fannius C. f. sich hervorgetan und in diesem Amt die Politik des Scipio Aemilianus vertreten.
Sein Namensvetter C. Fannius M. f. hingegen habe keine Reden hinterlassen, wohl aber ein historisches Werk und er sei einer der beiden Schwiegersöhne des C. Laelius gewesen.[896] Kurzgefaßt

---

[892] Brut. 99-101; s. u. Anm. 896.

[893] Ad Attic. 12. 5 b; s. u. Anm. 897.

[894] De amicit. 3; s. u. Anm. 898.

[895] Ad Attic. 16. 13 a. 2; s. u. Anm. 899.

[896] Brut. 99: Horum (i. e. Ti. et C. Gracchorum aliorumque) aetatibus adiuncti duo C. Fannii, C. et M. filii, fuerunt; quorum Gai filius, qui consul cum Domitio fuit, unam orationem de sociis et nomine Latino contra C. Gracchum reliquit, sane et bonam et nobilem.

lautet Ciceros im Brutus vertretene, aber in der Folgezeit nicht unumstrittene These also: C. Fannius C. f. war Konsul 122 v. Chr. und zuvor Volkstribun; C. Fannius M. f. war Historiker und Schwiegersohn des C. Laelius.
Der Streit um diese Darstellung Ciceros begann sehr bald nach ihrer Publikation, denn wie aus einem Brief Ciceros an Atticus aus dem folgenden Jahr 45 v. Chr. hervorgeht, hatte Atticus kurz zuvor einen Teil dieser These, nämlich die von Cicero behauptete Identität des Historikers C. Fannius mit dem Schwiegersohn des C. Laelius, bestritten. Cicero antwortete ihm darauf, er finde seine

---

Nachdem er Einwände gegen die Authentizität dieser Rede zurückgewiesen hat, fährt Cicero Brut. 100f. fort: Nam et causas defensitavit (sc. C. Fannius C. f.) et tribunatus eius arbitrio et auctoritate P. Africani gestus non obscurus fuit. Alter autem C. Fannius, M. filius, C. Laeli gener, et moribus et genere dicendi durior. (101) Is soceri instituto, quem, quia cooptatus in augurum conlegium non erat, non admodum diligebat, ... - is tamen instituto Laeli Panaetium audiverat. Eius omnis in dicendo facultas historia ipsius non ineleganter scripta perspici potest.
Schon durch diese ausdrückliche Unterscheidung von zwei Gai Fannii entbehren die Ausführungen Mommsens, CIL I 560 = I[2] 658, denen Peter HRR I CXCIII-CXCV, Henze 63 und andere (vgl. CIL I[2] 658) folgen, jeder Grundlage, wonach sämtliche Angaben Ciceros im Brutus über die beiden Gai Fannii auf eine Person, nämlich C. Fannius M. f., zu beziehen seien und ein weiterer C. Fannius C. f. nicht existiert habe; dagegen bereits Münzer, RE 6. 1 (1907) 1988 und id., Fanniusfrage, passim, der - zu Recht - die Existenz zweier C. Fannii konstatiert, aber dennoch ohne hinreichenden Grund alle Angaben Ciceros im Brutus auf eine Person bezieht.
Während es vorstellbar und auch nicht beispiellos wäre, wenn Cicero zwei gleichnamige Personen miteinander identifiziert hätte, also aus zwei C. Fannii, die sich lediglich durch die Filiation unterschieden, einen C. Fannius gemacht hätte (klassisch vorgeführt bei Valerius Maximus 7. 5. 2, der sämtliche P. Cornelii Scipiones Nasicae vom cos. 191 v. Chr. bis zum cos. 111 v. Chr. für ein und dieselbe Person hält), erscheint es a priori völlig ausgeschlossen, daß Cicero - oder seine Quelle - grundlos aus einem Fannius zwei Fannii gemacht haben könnte, wobei er - oder wiederum seine Quelle - die verschiedenen Filiationen frei erfunden haben müßte.

im Brutus formulierte Auffassung in der von M. Brutus verfaßten Epitome vom Geschichtswerk eben dieses C. Fannius bestätigt und außerdem könne er sich an eine Äußerung des Hortensius erinnern, die ebenfalls für seine Auffassung spreche, daß der Historiker C. Fannius der Schwiegersohn des C. Laelius gewesen sei.
Da Atticus aber offenbar trotz der Angaben in der Fannius-Epitome des M. Brutus und trotz der Bemerkung des Hortensius einen Anlaß gesehen hatte, Ciceros Darstellung im Brutus zu bezweifeln, bat dieser ihn in seinem erwähnten Brief aus dem Jahre 45 v. Chr., die Widersprüche zu lösen und die mit der Identität der beiden Gai Fannii, C. et M. filii, verbundenen Fragen zu klären.[897]
Da uns die Antwortbriefe des Atticus nicht erhalten sind und da Cicero - anders als in der Angelegenheit der Senatsgesandtschaft zu L. Mummius von 146 v. Chr. - nicht in weiteren Briefen auf die Frage nach den beiden Fannii zurückkommt, ist uns das Ergebnis der Nachforschungen des Atticus nicht bekannt.
Allerdings ist Cicero in seiner späteren Schrift De amicitia aus dem Jahre 44 v. Chr. nochmals auf C. Fannius M. f. zu sprechen gekommen und bezeichnet diesen dort wie schon zwei Jahre vorher im Brutus als den Schwiegersohn des C. Laelius.[898] Ganz offensichtlich hatten also die Untersuchungen des Jahres 45 v. Chr. diese Angabe aus dem Brutus bestätigt. Die Richtigkeit dieses

---

[897] Ad Attic. 12. 5 b: Conturbat enim me † epitome Bruti Fanniana. In Bruti epitoma Fannianorum scripsi † quod erat in extremo, idque ego secutus hunc Fannium, qui scripsit historiam, generum esse scripseram Laeli. Sed tu me *γεωμετρικῶς* refelleras, te autem nunc Brutus et Fannius. Ego tamen de bono auctore Hortensio sic acceperam, ut apud Brutum est. Hunc igitur locum expedies.

[898] De amicit. 3: Itaque tum Scaevola ... exposuit nobis sermonem Laeli de amicitia habitum ab illo secum et cum altero genero, C. Fannio Marci filio, paucis diebus post mortem Africani.

Teiles der These Ciceros aus dem Brutus kann damit als gesichert gelten: C. Fannius M. f. war Schiegersohn des C. Laelius.
Seine Behauptung aus dem Brutus, dieser C. Fannius M. f. sei mit dem Verfasser des unter dem Namen eines C. Fannius überlieferten Geschichtswerkes identisch, wiederholt Cicero allerdings in De amicitia nicht, zieht sie aber auch nicht zurück. Warum er auf diesen Punkt in De amicitia nicht zurückkommt, ist nicht ganz klar. Vielleicht hatten die von ihm angeregten Nachforschungen des Atticus inzwischen ergeben, daß, anders als er im Brutus behauptet und unter Berufung auf die Epitome des Brutus vom Geschichtswerk des C. Fannius, auf dessen Werk selbst und auf Hortensius im Brief an Atticus wiederholt hatte, nicht C. Fannius M. f. der Historiker war, sondern dessen in Namensvetter C. Fannius C. f. Aber vielleicht erschien es Cicero für den Zusammenhang seiner Schrift De amicitia auch unwesentlich, auf dieses Hobby des Schwiegersohnes des C. Laelius hinzuweisen; so läßt sich aus Ciceros ausdrücklicher, in De amicitia wiederholter Angabe zwar sicher schließen, daß C. Fannius M. f. der Schwiegersohn des C. Laelius war, aber aus seinem Schweigen über dessen Tätigkeit als Historiker folgt selbstverständlich keineswegs, daß entgegen seiner Angabe im Brutus nicht C. Fannius M. f., sondern tatsächlich dessen Namensvetter C. Fannius C. f., cos. 122 v. Chr., der Historiker gewesen wäre.
Im Brutus hatte Cicero erwähnt, daß der Konsul von 122 v. Chr., C. Fannius <u>C. f.</u>, sein Volkstribunat im Sinne des Scipio Aemilianus geführt hatte. Über irgendwelche von C. Fannius <u>M. f.</u> bekleideten Magistraturen hatte er hingegen kein Wort verloren. Erst im November des Jahres 44 v. Chr. erkundigt er sich bei Atticus, unter welchen Konsuln C. Fannius M. f. Volkstribun gewesen sei, und er fügt hinzu, seiner Meinung nach habe C. Fannius M. f. dieses Amt unter der Censur des Scipio Aemi-

lianus ausgeübt.[899] Da Cicero im Brutus bereits das Tribunat des späteren Konsuls C. Fannius C. f. in Zusammenhang mit Scipio Aemilianus gebracht hatte,[900] hat diese Anfrage Ciceros über das Tribunatsjahr des C. Fannius M. f. und die Verbindung auch dieses Tribunates mit Scipio Aemilianus durch die Datierung in dessen Censur zu dem Mißverständnis Anlaß gegeben, Cicero habe jetzt, im November 44 v. Chr., nicht mehr wie noch im Brutus C. Fannius C. f., sondern dessen Namensvetter C. Fannius M. f. für den Volkstribunen gehalten, der sein Tribunat im Sinne des Scipio Aemilianus geführt hatte. Da dieser Volkstribun im Brutus mit dem Konsul von 122 v. Chr. identifiziert wird, sei folglich C. Fannius M. f. auch der Konsul dieses Jahres gewesen, und

[899] Ad Attic. 16. 13 a. 2: Ardeo studio historiae, ... quae quidem nec institui nec effici potest sine tua ope. Coram igitur hoc quidem conferemus. In praesentia mihi velim scribas, quibus consulibus C. Fannius M. f. tribunus pl. fuerit. Videor mihi audisse P. Africano L. Mummio. Id igitur quaero.
Nach "P. Africano L. Mummio" hat man "censoribus" ergänzen wollen, da Scipio Aemilianus und L. Mummius nicht zusammen das Konsulat bekleideten, wohl aber die Censur 142/1 v. Chr. Bezweifelt wird die Notwendigkeit der Ergänzung von Fraccaro, Ancora sulla questione dei Fannii 121, der ein Versehen Ciceros annimmt. Allerdings wissen wir aus Ad Attic. 13. 33. 3 (s. o. Anm. 862), daß Cicero den Kollegen des L. Mummius im Konsulat, Cn. Cornelius, durchaus kannte, ein Versehen also unwahrscheinlich ist. Vermutlich ist die Ergänzung aber tatsächlich überflüssig, denn Cicero konnte natürlich voraussetzen, daß Atticus als Verfasser eines "Liber annalis" wußte, in welchem Amt Scipio Aemilianus und L. Mummius Kollegen gewesen waren. Außerdem scheint er nicht selten die Antsbezeichnungen bei Datierungen weggelassen zu haben, wenn sie sich von selbst verstanden: s. o. Anm. 857 und 860 zu Ad Attic. 13. 32. 3.

[900] Brut. 100: Nam et causas defensitavit (sc. C. Fannius C. f.) et tribunatus eius arbitrio et auctoritate P. Africani gestus non obscurus fuit.

nicht, wie es im Brutus ausdrücklich heißt, C. Fannius C. f.[901] Tatsächlich ist aber schwer ersichtlich, inwiefern die im November 44 v. Chr. geäußerte Vermutung Ciceros, C. Fannius M. f. sei unter der Censur des Scipio Aemilianus Volkstribun gewesen, seine Darstellung im Brutus widerlegen oder auch nur in Frage stellen könnte, wonach dessen Namensvetter, C. Fannius C. f., der spätere Konsul, sein Tribunat im Sinne des Scipio Aemilianus geführt habe. Die Bemerkung Ciceros aus dem November 44 v. Chr. widerspricht nämlich in keiner Weise seinen früheren Ausführungen im Brutus, sondern ergänzt unsere Kenntnisse um das Detail, daß nicht nur C. Fannius C. f. Volkstribun in einem unbekannten Jahr vor dem Tode des Scipio Aemilianus 129 v. Chr. war, sondern daß auch C. Fannius M. f. das Volkstribunat bekleidet hat, und zwar wahrscheinlich 142/141 v. Chr. unter der Censur des Scipio Aemilianus.[902]

Die von Cicero im Brutus gegebene Darstellung, daß es zwei etwa gleichaltrige Gai Fannii, M. f. und C. f., gab und daß C. Fannius C. f. im Jahre 122 v. Chr. das Konsulat bekleidete, während C. Fannius M. f. Schwiegersohn des Laelius und Historiker war, ist also durch seine Angaben an anderen Stellen nicht erschüttert, die Filiation "M. f." für den Schwiegersohn des Laelius sogar bestätigt.

Verworren wird diese bemerkenswert eindeutige Sachlage erst

---

[901] Mommsen CIL I^2 658; Münzer, RE 6. 1 (1907) 1987f.; id., Fanniusfrage 438; Fraccaro, Sui Fannii dell' età Graccana 109; id., Ancora sulla questione dei Fannii 121; Shackleton Bailey (edit., comment.), Ad Attic. 5, 400f. Sumner, Orators in Cicero' s Brutus 53-55 konstatiert dagegen das Evidente: Beide Gai Fannii, sowohl C. f. als auch M. f., waren Volkstribunen.

[902] Anders Sumner, Orators in Cicero' s Brutus 55, der das Tribunat des C. Fannius M. f. 139 v. Chr. oder später ansetzt, um den auffallend großen Abstand zwischen Tribunat und dem - angeblichen - Konsulat des C. Fannius M. f. im Jahre 122 v. Chr. wenigstens zu verringern; dagegen s. u. den Text.

durch eine undatierte Weiheinschrift, in der - in scheinbarem Gegensatz zu Ciceros Angabe im Brutus, daß C. Fannius C. f. Konsul im Jahre 122 v. Chr. war - ein C. Fannius M. f. als Konsul bezeichnet wird.[903] Da der Kollege dieses Konsuls C. Fannius M. f. in der Inschrift nicht erwähnt wird, fehlt es an einem sicheren Anhaltspunkt für dessen Identifizierung und Datierung. Da aber außer dem Konsul des Jahres 122 v. Chr. nur ein einziger C. Fannius bekannt ist, der das Konsulat erreicht hat (nämlich im Jahre 161 v. Chr.), der jedoch in den Fasten inschriftlich als C. Fannius C. f. bezeugt ist, hat man die Inschrift des Konsuls C. Fannius M. f. auf den Konsul von 122 v. Chr. bezogen, dessen Filiation inschriftlich nicht überliefert ist.[904]

Diese Lösung, die Inschrift des Konsuls C. Fannius M. f. dem Konsul von 122 v. Chr. zuzuweisen, erweist sich jedoch schnell als zweifelhaft, wenn man berücksichtigt, daß sie in direktem Gegensatz zu Ciceros mehrfach erwähntem Zeugnis im Brutus steht, wonach der Konsul des Jahres 122 v. Chr. eben nicht C. Fannius M. f., sondern C. Fannius C. f. geheißen hat.

Damit ist das zentrale Problem der "Fanniusfrage" formuliert: Wenn man die Inschrift des Konsuls C. Fannius M. f. auf einen

---

[903] CIL I^2 658: C(aius) Fanni(us) M(arci) f(ilius)
co(n)s(ul) de
sena(tus) sen(tentia)
dedit.

[904] C. Fannius C. f. C. n. als cos. 161 v. Chr.: Fasti Cons. Capit. 50f., 123, 462f. ed. Degrassi; Fasti Ant. 160f. ed. Degrassi; Broughton MRR I 443. Sämtliche oben in Anm. 901 zitierten Autoren halten C. Fannius M. f. - gegen das Zeugnis Ciceros - für den Konsul von 122 v. Chr.: Mommsen CIL^2 658; Münzer, RE 6. 1 (1907) 1987f.; id., Fanniusfrage 439 und passim; Fraccaro, Sui Fanni dell' età Graccana 113; id., Ancora sulla questione dei Fannii 120f.; Sumner, Orators in Cicero' s Brutus 53-55. Ferner Kornemann, E., Zur Geschichte der Gracchenzeit 22; Broughton MRR I 516 sowie 519 Anm. 2; Badian, The Consuls, 179-48 BC, 383.

der beiden bezeugten Konsuln des Namens C. Fannius bezieht, ist ein Widerspruch zu anderen Quellen unvermeidlich: entweder widerspricht diese Inschrift dann einem anderen epigraphischen Zeugnis, wenn man sie nämlich auf den in den Fasten als C. Fannius C. f. bezeugten Konsul von 161 v. Chr. beziehen wollte, oder sie widerspricht dem expliziten Zeugnis Ciceros, wenn man sie dem von ihm ebenfalls als C. Fannius C. f. bezeichneten Konsul von 122 v. Chr. zuweist.
Über diese problematische Inschrift des Konsuls C. Fannius M. f. wissen wir übrgens nicht, ob sie zeitgenössisch ist, ob sie also zu Lebzeiten des genannten C. Fannius M. f. gesetzt wurde oder nicht. Die Unzuverlässigkeit von Inschriften, die nachträglich gesetzt wurden, ist notorisch: Es war tatsächlich möglich, daß eine derart prominente Persönlichkeit wie Scipio Nasica, cos. 138 v. Chr., der Ti. Gracchus getötet hatte, in einer Inschrift, die ihm noch dazu von einem seiner eigenen Nachkommen gesetzt wurde, als Censor bezeichnet wurde, obwohl er dieses Amt nachweislich niemals bekleidet hatte.[905] Die Annahme, die Inschrift des Konsuls C. Fannius M. f. widerlege Ciceros Angabe der Filiation des Konsuls von 122 v. Chr. als "C. f.", ist folglich schon aus diesem Grund, obwohl weit verbreitet,[906] nicht ohne weiteres zulässig.
Wichtiger als der grundsätzliche Einwand gegen die Glaubwürdigkeit von Inschriften im allgemeinen und als das Fehlen positiver Anhaltspunkte in der Inschrift des Konsuls C. Fannius M. f. für eine Datierung von dessen Konsulat auf 122 v. Chr. ist im vorliegenden Fall ein anderer Gesichtspunkt. Hätte Atticus im Jahre 45 v. Chr., als er Cicero seine Einwände gegen dessen Darlegungen im Brutus über C. Fannius M. f., den Historiker und Schwiegersohn des C. Laelius, mitteilte, ihn nicht darauf hingewiesen,

---

[905] Diese Inschrift ist zwar verloren, wird aber von Cicero Ad Attic. 6. 1. 17f. besprochen. Vgl. oben Teil II, Kapitel 3. f).

[906] S. o. Anm. 904.

daß dieser - und nicht C. Fannius C. f., wie Cicero ja an derselben Stelle im Brutus geschrieben hatte - der Konsul von 122 v. Chr. war? Von einem solchen Hinweis des Atticus, wie man ihn von dem Verfasser des Liber annalis wohl hätte erwarten dürfen, findet sich aber in Ciceros Antwortbrief auf die Kritik des Atticus keine Spur. Atticus scheint demnach an Ciceros Angabe der Filiation des Konsuls von 122 v. Chr. als "C. f." keinen Anstoß genommen zu haben.
Schließlich kommt noch hinzu, daß Cicero den Liber annalis des Atticus im Brutus nicht nur lobend erwähnt, sondern gerade für diese Schrift auch nachweislich benutzt hat.[907] Da nun der Liber annalis mit an Sicherheit grenzender Wahrscheinlichkeit die Filiationen der Konsuln enthielt,[908] war es für Cicero ein leichtes, aus diesem Werk die korrekte Filiation des C. Fannius, cos. 122 v. Chr., selbst zu ermitteln, als er im Brutus die beiden Gai Fannii, M. f. und C. f., besprach. Den Kollegen des C. Fannius C. f., cos. 122 v. Chr., gibt Cicero übrigens richtig an; sollte er dessen Namen nicht auswendig gewußt haben und ihn - etwa, wie es im Brutus naheliegt, im Liber annalis des Atticus - nachgeschlagen haben, dann hätte er am selben Ort auch die richtige Filiation des C. Fannius, cos. 122 v. Chr., vorgefunden.
Angesichts dessen, daß a priori nichts dafür spricht, die Angabe einer Inschrift einem literarischen Zeugnis vorzuziehen, daß ferner Atticus keinen Anstoß an Ciceros Angabe der Filiation "C. f." für den Konsul von 122 v. Chr. genommen zu haben scheint, daß weiterhin Cicero ohne Schwierigkeiten in dem ihm vorliegenden Liber annalis des Atticus die richtige Filiation dieses Konsuls ermitteln konnte und daß er schließlich niemals den Konsul von 122 v. Chr. als "M. f." betrachtet hat, ist mit Cicero an der Filia-

---

[907] S. o. Teil II, Kapitel 2. k) mit Anm. 530-542 und passim über Atticus.

[908] So Münzer, Atticus 59 besonders aufgrund von Cornelius Nepos, Atticus 18. 2.

tion "C. f." für C. Fannius, cos. 122 v. Chr., festzuhalten. Die Inschrift des Konsuls C. Fannius M. f. darf jedenfalls nicht auf den Konsul von 122 v. Chr. bezogen werden. Sie ist entweder als fehlerhaft - sei es durch einen Fehler des Steinmetzen, sei es durch die Ignoranz des Auftraggebers - anzusehen, oder C. Fannius M. f. war tatsächlich Konsul, wie die Inschrift angibt, aber natürlich nicht im Jahre 122 v. Chr., für das uns C. Fannius C. f. durch Cicero bezeugt ist, sondern in einem Jahr wie 118 v. Chr. oder 111 v. Chr., als jeweils einer der Konsuln in seinem Amtsjahr verstarb, so daß C. Fannius M. f. ein guter Kandidat für ein mögliches Suffektkonsulat in einem solchen Jahr wäre.[909]

[909] Den Tod des einen Konsuls im Jahre 118 v. Chr. berichtet Gellius 13. 20. 9f.: Ex maiore autem Catonis filio ... nascitur hic M. Cato M. filius M. nepos. (10) Is ... consul cum Q. Marcio Rege fuit inque eo consulatu in Africam profectus in ea provincia mortem obit.
Über die Konsuln von 111 v. Chr. heißt es bei Cicero selbst Brut. 128: P. Scipio, qui est in consulatu mortuus, non multum ille quidem nec saepe dicebat ... Eius conlega L. Bestia ... tristis exitus habuit consulatus. Nam invidiosa lege ... Gracchani iudices sustulerunt.
Vgl. Broughton MRR I 527, 540.

Zusammenfassung

Cicero erhob für die Geschichtsschreibung einen absoluten Wahrheitsanspruch, der durch seine Forderung, Geschichte sei in literarisch ansprechender Form zu schreiben, in keiner Weise eingeschränkt wird.[910]
Obwohl er selbst kein historiographisches Werk verfaßt hat, ist in seinen Schriften eine umfassende Kenntnis der historischen Quellen nachweisbar. Von den griechischen Historikern hat Cicero nicht nur die gewissermaßen kanonischen Autoren Herodot, Thukydides, Xenophon, Ephoros und Theopomp[911] gekannt, sondern auch einige weitere mehr oder weniger bedeutsame Autoren von Polybios, dessen Werk Cicero hoch schätzte, obwohl es nicht nur ihn unter literarischen Gesichtspunkten wenig ansprach,[912] über Kallisthenes, Kleitarch, Duris von Samos und Timaios[913] bis hin zu dem uns praktisch unbekannten Stratokles.[914]
Nahezu vollständig waren Cicero die Werke der römischen Historiker bekannt. So waren ihm selbst die frühen, noch griechisch schreibenden römischen Historiker mit der einzigen Ausnahme des L. Cincius Alimentus sämtlich nachweislich vertraut;[915] von den lateinischen Annalisten in der unmittelbaren Nachfolge des Cato Censorius fehlen bei Cicero nur Autoren, deren Werke erst lange

---

[910] S. o. Teil I passim.

[911] S. o. Teil II, Kapitel 1. a) - c) und e) sowie die Einleitung zu Kapitel 1. über die griechischen Historiker.

[912] S. o. Teil II, Kapitel 1. i).

[913] S. o. Teil II, Kapitel 1. f), g), j) und h).

[914] S. o. Teil II, Kapitel 1. j).

[915] S. o. Teil II, Kapitel 2. b) und c).

nach ihrer Entstehungszeit und sogar erst nach Ciceros Tod in den uns erhaltenen Quellen erwähnt werden.[916] Es läßt sich allerdings nicht nachweisen, daß die wenigen römischen Historiker, die Cicero niemals erwähnt hat, ihm tatsächlich unbekannt waren. Dies gilt auch und besonders für das historische Werk des P. Rutilius Rufus, das Cicero, obwohl er den Autor persönlich kannte, nie genannt hat, was um so mehr auffällt, als er buchstäblich alle historischen Werke, darunter auch recht obskure, seit der Zeit der Gracchen, von denen wir wissen, gekannt und in seinen Werken erwähnt hat.[917]

Was die zeitgenössische Historiographie betrifft, so hält sich deren nachweisbare Benutzung bei Cicero zwar in Grenzen,[918] er hat aber seine als Historiker tätigen Zeitgenossen alle gekannt, und von manchem unter ihnen wissen wir überhaupt nur durch das Zeugnis Ciceros.[919] Zwei - vielleicht nur scheinbare - Ausnahmen bilden hier die beiden späten, nicht genau datierbaren Annalisten Q. Claudius Quadrigarius und Valerius Antias. Weder von ihrem Werken noch von ihren Personen hatte Cicero irgendeine nachweisbare Kenntnis.[920]

Neben den Werken der Historiker hat Cicero auch andere historische Zeugnisse ausgewertet. Er selbst hat Memoiren, Reden, Briefe, philosophische und poetische Werke verfaßt und wußte solche Schriften anderer Verfasser auch als historische Quellen zu würdigen. Philologische Fachliteratur, Rechtsquellen und Inschrif-

---

[916] S. o. Teil II, Kapitel 2. e).

[917] S. o. Teil II, Kapitel 2. f) über Calpurnius Piso mit Anm. 420 und 421.

[918] S. o. S. 119f.

[919] S. o. Teil II, Kapitel 2. k) - p).

[920] S. o. Teil II, Kapitel 2. q).

ten hat Cicero ebenfalls als historische Zeugnisse betrachtet und Möglichkeiten sowie Grenzen ihrer Aussagefähigkeit gesehen.[921] Ciceros Untersuchung über die Senatsgesandtschaft von 146 v. Chr. zu L. Mummius nach Korinth ist eines der wenigen Beispiele, die sein Vorgehen zur Lösung historischer Probleme und nicht nur das Resultat erkennen lassen. Atticus hat die ihm von Cicero gestellte Aufgabe im wesentlichen nach dessen brieflichen Anweisungen gelöst.[922] Aufgrund der Vorgehensweise Ciceros zur Lösung der Gesandtschafts-Frage und besonders aufgrund seiner Kenntnis der einschlägigen Quellen darf auch in dem diffizilen Fall der beiden Gai Fannii, Gai et Marci filii, angenommen werden, daß nicht nur Ciceros Angaben über den Historiker C. Fannius (M. f.), sondern auch seine von einer Inschrift scheinbar in Frage gestellten Ausführungen über den Konsul C. Fannius (C. f.) zutreffen, zumal ihnen keinerlei eindeutiges Zeugnis entgegensteht.[923]
Der hohe Wahrheitsanspruch an die Geschichtsschreibung verbunden mit der großen Kenntnis von Historiographie und Quellen sowie seiner Fähigkeit, historische Fragen umsichtig und methodisch zuverlässig zu behandeln, muß als Warnung dienen, historische Angaben Ciceros, auch wenn ihnen andere Zeugnisse zu widersprechen scheinen, leichtfertig zu verwerfen.[924]

---

[921] S. o. Teil II, Kapitel 3. passim. Zu den Grenzen der Aussagefähigkeit besonders Kapitel 3. f) und g) über Inschriften und Dichter.

[922] S. o. Teil III, Kapitel 1.

[923] S. o. Teil III, Kapitel 2.

[924] So aber neuerdings wieder Rieger 165 mit Anm. 1 und Alexander 7, die bei der Datierung des Prozesses des L. Aurelius Cotta gegen das ausdrückliche Zeugnis Ciceros, der ihn gleich zweimal - Divinat. in Caecil. 69 und Pro Murena 58 - in die Zeit zwischen 133 v. Chr. und 129 v. Chr. setzt, der Livius-Perioche von Oxyrrhynchos folgen, die den Prozeß im Zusammenhang mit

Ereignissen des Jahres 138 v. Chr. erwähnt. Ähnlich schon Kornemann, Die neue Livius-Epitome 104-106; Badian, Mam. Scaurus Cites Precedent 105f. mit Anm. 4; Gruen, Roman Politics and the Criminal Courts 37 mit Anm. 66. Mit Recht vorsichtig Richardson 12: "The date of L. Aurelius Cotta' s trial is uncertain." Aus welchem Grund man die Livius-Perioche von Oxyrrhynchos hier der Angabe Ciceros vorziehen sollte, ist jedenfalls unklar.

Literaturverzeichnis

Alexander, Michael Charles, Trials in the late Roman Republic, 149 BC to 50 BC (= Phoenix Suppl. 26), Toronto, Buffalo, London 1990.

Alfonsi, Luigi, Nepote fonte di Cicerone? in: RhM 93, 1950, 59-65.

Astin, A. E., The Lex Annalis before Sulla (= Collection Latomus 32), Brüssel 1958.

Avenarius, Gert, Lukians Schrift zur Geschichtsschreibung, Meisenheim 1956.

Ax, W., M. Tulli Ciceronis scripta quae manserunt omnia, fasc. 46: De divinatione, De fato, Timaeus. Leipzig 1938, ND Stuttgart 1977.

Ax, Wolfram, Die Geschichtsschreibung bei Quintilian in: id. (Hrsg.), Memoria rerum veterum. FS Carl Joachim Classen (= Palingenesia 32), Stuttgart 1990, 133-168.

Badian, Ernest, Rezension zu: Malcovati, Enrica (edit.), Cicero, Brutus, Leipzig 1965, und zu: Douglas, A. E. (edit., comment.), Cicero, Brutus, Oxford 1966 in: JRS 57, 1967, 223-230.

Badian, Ernest, Cicero and the Commission of 146 B.C. in: Hommages à Marcel Renard, éd. Jacqueline Bibaun (= Collection Latomus 101), Brüssel 1969, 54-65.

Badian, Ernest, The Consuls, 179-49 BC in: Chiron 20, 1990, 371-413.

Badian, Ernest, The Early Historians in: Dorey, T. A. (edit.), Latin Historians, London 1966, 1-38.

Badian, Ernest, Mam. Scaurus Cites Precedent in: id., Studies in Greek and Roman History, Oxford 1964, 105-111.

Badian, Ernest, Where was Sisenna? in: Athenaeum 42, 1964, 422-431.

Boyancé, Pierre, Sur Cicéron et l' histoire (Brutus, 41-43) in: Mélanges Radet (= REA 42, 1940), Paris 1940, 388-392.

Boyancé, Pierre, Les preuves stoiciennes de l' existence de dieux d' après Cicéron (De natura deorum, livre II) in: Hermes 90, 1962, 45-71.

Bréguet, Esther, A propos de quelques exemples historiques dans le "De re publica" de Cicéron in: REL 44, 1966, 61-63.

Bréguet, Esther, A propos de quelques exemples historiques dans le "De re publica" de Cicéron. I, 3, 5-6. in: Latomus 26, 1967, 597-608.

Broughton, T. Robert S., The Magistrates of the Roman Republic. 3 Bde., Atlanta 1951 (ND 1986), 1952 (ND 1984), 1986.

Brunt, Peter, Cicero and Historiography in: *φιλίας χάριν*. FS Manni, Bd. 1, Rom 1980, 309-340.

Cichorius, Conrad, Das Geschichtswerk des Sempronius Tuditanus in: WSt 24, 1902, 588-595.

Cizek, Alexandru, Antike Rhetoren als Theoretiker der Historiographie und dichtende Historiker in: H.-J. Drexhage; J. Sünskes (Hrsg.), Migratio und commutatio. FS Th. Pekáry, St. Katharinen 1989, 286-298.

Cloud, J. D., The date of Valerius Antias in: LCM 2, 1977, 225-227.

Dahlmann, Hellfried, Zur Überlieferung der altrömischen Tafellieder. SB Mainz 1950, Wiesbaden 1951, 1191-1202.

Douglas, A. E. (edit., comment.), M. Tulli Ciceronis Brutus. Oxford 1966.

Duckett, E. Sh., Studies in Ennius, Diss. Bryn Mawr 1915. (Non vidi)

Ellendt, Fridericus, M. Tulli Ciceronis Brutus sive de claris oratoribus liber, Königsberg, London, Paris 1844.

Flach, Dieter, Einführung in die römische Geschichtsschreibung, Darmstadt 1985.

Forsythe, G., Some Notes on the History of Cassius Hemina in: Phoenix 44, 1990, 326-344.

Fraccaro, Plinio, Sui Fannii dell' età Graccana in: id., Opuscula 2, Pavia 1957, 103-117.

Fraccaro, Plinio, Ancora sulla questione dei Fannii in: id., Opuscula 2, Pavia 1957, 119-123.

Fraccaro, Plinio, Studi sull' età dei Gracchi. La tradizione storica sulla rivoluzione Graccana. Città di Castella 1914.

Freund, W., Cicero historicus, Leipzig 1881.

Frier, Bruce W., Libri Annales Pontificum Maximorum. The Origins of the Annalistic Tradition. Rom 1979.

Fuhrmann, Manfred, Erneuerung als Wiederherstellung des Alten. Zur Funktion antiquarischer Forschung im Spätrepublikanischen Rom.
in: Herzog, R.; Koselleck, R. (Hrsg.), Epochenschwelle und Epochenbewußtsein (= Hermeneutik 12), München 1987, 131-151.

Gelzer, Matthias, Nochmals über den Anfang der römischen Geschichtsschreibung
in: id., Kleine Schriften, Bd. 3, Wiesbaden 1964, 104-110.

Gelzer, Matthias, Cicero. Ein biographischer Versuch. Wiesbaden 1969.

Greenidge, A.; Clay, A.; Gray, E. (edit.), Sources for Roman History 133-70 B.C. Oxford ²1960, ND 1986.

Griffith, G. T.; Hammond, N. G. L., A History of Macedonia, vol. II, Oxford 1979.

Hallward, B. L., Cicero historicus in: CHJ 3, 1931, 221-237.

Hendrickson, G. L., Literary Sources in Cicero' s Brutus and the Technique of Citation in Dialogue
in: AJPh 27, 1906, 184-199.

Henze, Henricus, Quomodo Cicero de historia eiusque auctoribus iudicaverit quaeritur. Diss. Jena 1899.

Hölzl, M., Fasti praetorii ab A. U. DCLXXXVII usque ad A. U. DCCX. Diss. Leipzig 1876. (Non vidi)

Holden, Hubert Ashton (edit., comment.), M. Tulli Ciceronis De Officiis Libri Tres. Cambridge 1899, ND Amsterdam 1966.

Holzapfel, L., Sull' età di Valerio Antiate in: RSA 4, 1900, 51-60.

Jahn, Otto; Kroll, Wilhelm (edit., comment.), M. Tulli Ciceronis Orator. Zürich, Berlin 1913, ND 1964.

Jordan, H., Die Einleitung des ciceronischen Brutus in: Hermes 6, 1871, 196-213.

Kienast, Dietmar, Cato der Zensor, Heidelberg 1954.

Kierdorf, Wilhelm, Catos "Origines" und die Anfänge der römischen Geschichtsschreibung in: Chiron 10, 1980, 205-224.

Klotz, Alfred, Der Annalist Q. Claudius Quadrigarius (= Rezension zu: Zimmerer, Margarete, Der Annalist Qu. Claudius Quadrigarius. Diss. München 1936. München 1937) in: RhM 91, 1942, 268-285.

Klotz, Alfred, Livius und seine Vorgänger (= Neue Wege zur Antike, II. Reihe, Heft 9), Amsterdam 1964.

Kornemann, E., Zur Geschichte der Gracchenzeit. Quellenkritische und chronologische Untersuchungen (= Klio Beiheft 1), Leipzig 1903.

Kornemann, Die neue Livius-Epitome aus Oxyrrhynchus. Text und Untersuchungen (= Klio Beiheft 2), Leipzig 1904.

Kroll, Wilhelm (edit., comment.), M. Tulli Ciceronis Orator. Zürich, Berlin 1913, ND 1964.

Kurfess, A., Zu Cic. Ad Att. XII 5, 3. in: Hermes 57, 1922, 623-625.

Latte, Kurt, Der Historiker L. Calpurnius Piso. SB Berlin 1960. nachgedruckt in: id., Kleine Schriften, München 1968, 837-847.

Laurand, L., L' histoire dans les discours de Cicéron in: id., Cicéron. Volume complémentaire, Paris 1934, 312-351.

Leeman, Anton Daniel, Le genre et le style historique à Rome. Théorie et pratique. in: REL 33, 1955, 183-208.

Leeman, Anton Daniel, Orationis Ratio. 2 Bde. Amsterdam 1963.

Lehmann, C. A., Quaestiones Tullianae. Pars Prima. De Ciceronis Epistulis. Prag, Leipzig 1886.

Lehmann, Gustav Adolf, Politische Reformvorschläge in der Krise der späten römischen Republik, Meisenheim 1980.

Macan, Reginald Walter, Herodotus, Books IV - VI. Vol. II, London 1895, ND New York 1973.

Macan, Reginald Walter, Herodotus, Books VII - IX. Vol. II, London 1908, ND New York 1973.

Madvig, Io. Nicolaus (edit., comment.), M. Tulli Ciceronis De Finibus Bonorum Et Malorum Libri Quinque. Kopenhagen 1876, ND Hildesheim 1963.

Malcovati, Henrica (edit.), M. Tulli Ciceronis scripta quae manserunt omnia, fasc. 4: Brutus, Leipzig 1965.

Malcovati, Henrica (edit.), Oratorum Romanorum Fragmenta Liberae Rei Publicae. Turin ^{2}1955.

Marshall, P. K. (edit.), A. Gellii Noctes Atticae, 2 Bde., Oxford 1990.

Martha, Jules, Note sur la composition du ch. XIV du "Brutus" in: Révue de Philologie, Littérature et d' Histoire anciennes 15, 1891, 46-50.

Merguet, H., Handlexikon zu Cicero, Leipzig 1905/6, ND Hildesheim 1962.

Merguet, H., Lexikon zu den philosophischen Schriften Cicero' s, 3 Bde., Jena 1887, 1892, 1894.

Momigliano, Arnaldo, Linee per una valutazione di Fabio Pittore. in: id., Terzo Contributo alla Storia degli Studi Classici e del Mondo Antico, vol. I, Rom 1966, 55-68.

Mommsen, Theodor, Römische Forschungen, 2 Bde., Berlin ^{2}1864, 1879.

Mommsen, Theodor, Römische Geschichte, 4 Bde., Bd. 1 Berlin ^{9}1902, Bd. 2 Berlin ^{9}1903, Bd. 3 Berlin ^{9}1904, Bd. 5 Berlin ^{5}1904; ND Darmstadt ^{3}1984.

Müller, C. F. W. (edit.), M. Tulli Ciceronis scripta quae manserunt omnia, pars IV, vol. III (Fragmenta e. a.), Leipzig 1910.

Müller, Lucianus (edit.), Noni Marcelli compendiaria doctrina, 2 Bde., Leipzig 1888.

Münzer, Friedrich, Römische Adelsparteien und Adelsfamilien, Stuttgart 1920.

Münzer, Friedrich, Die geschichtlichen Beispiele in Ciceros Consolatio.
als Anhang in: id., Römische Adelsparteien und Adelsfamilien, Stuttgart 1920, 376-408.

Münzer, Friedrich, Atticus als Geschichtsschreiber
in: Hermes 40, 1905, 50-100.

Münzer, Friedrich, Die Fanniusfrage
in: Hermes 55, 1920, 427-442.

Münzer, Friedrich, Hortensius und Cicero bei historischen Studien
in: Hermes 49, 1914, 196-213.

Niebuhr, Barthold Georg, Quellen der römischen Geschichte
in: Historische und philologische Vorträge, 1. Abt., Bd. 1, Berlin 1846, 2-36.

Ogilvie, R. M. (comment.), A Commentary on Livy, Books 1-5. Oxford ^{2}1970.

Orelli, Io. Casp.; Baiter, Io. Georg. (editt.), M. Tullii Ciceronis scripta quae manserunt omnia, vol. 1: Brutus e. a., Zürich, London, Amsterdam ^{2}1845.

Pease, Arthur Stanley (edit., comment.), M. Tulli Ciceronis De Divinatione Libri Duo. ND Darmstadt 1963.

Pekáry, Thomas, Unkonventionelle Gedanken zur römischen Geschichtsschreibung
in: Leidinger, P.; Metzler, D. (Hrsg.), Geschichte und Geschichtsbewußtsein. FS Jeismann, Münster 1990, 61-74.

Peter, Hermannus (edit., comment.), Historicorum Romanorum Reliquiae. Bd. 1 Leipzig ²1914, Bd. 2 Leipzig 1906; ND Stuttgart 1967.

Petzold, Karl-Ernst, Cicero und Historie
in: Chiron 2, 1972, 253-276.

Powell, J. G. F. (edit., comment.), Cicero, Cato maior de senectute. Cambridge 1988.

Powell, J. G. F. (edit., comment.), Cicero, Laelius on Friendship (Laelius de Amicitia) & The Dream of Scipio (Somnium Scipionis). Warminster 1990.

Rambaud, Michel, Cicéron et l' histoire romaine (= Collection des Etudes Latines, sér. scient. 28), Paris 1953.

Rawson, Elizabeth, The First Latin Annalists
in: Latomus 35, 1976, 689-717.

Rawson, Elizabeth, Cicero the Historian and Cicero the Antiquarian
in: JRS 62, 1972, 33-45.

Rawson, Elizabeth, L. Cornelius Sisenna and the Early First Century B.C.
in: CQ 73, 1979, 327-346.

Richardson, J. S., The Purpose of the Lex Calpurnia de repetundis
in: JRS 77, 1987, 1-12.

Richter, Ernst, Xenophon in der römischen Literatur (= Wissenschaftliche Beilage zum Jahresbericht des Königl. Kaiserin-Augusta-Gymnasiums zu Charlottenburg. Ostern 1905), Berlin 1905.

Rieger, Hermann, Das Nachleben des Tiberius Gracchus in der lateinischen Literatur. Diss. Münster 1990. Bonn 1991.

Rohde, Erwin, Studien zur Chronologie der griechischen Litteraturgeschichte.
in: RhM 36, 1881, 380-434 und 524-575.

Sauer, F., Über die Verwendung der Geschichte und Altertumskunde in Ciceros Reden, Programm Ludwigshafen 1909/10. Ludwigshafen 1910.

Schanz, Martin; Hosius, Carl, Geschichte der römischen Literatur (= HdAW VIII. 1), München 1927, ND 1959.

Schmidt, O. E., Der Briefwechel des M. Tullius Cicero von seinem Proconsulat in Cilicien bis zu Caesars Ermordung. Leipzig 1893.

Schmidt, Peter L., Die Abfassungszeit von Ciceros Schrift über die Gesetze (= Collana di Studi Ciceroniani 4), Rom 1969.

Schoell, F., M. Tulli Ciceronis orationum deperditarum fragmenta. Leipzig 1917.

Schoenberger, Hans, Beispiele aus der Geschichte, ein rhetorisches Kunstmittel in Ciceros Reden. Diss. Erlangen 1910. Augsburg 1910.

Schoenberger, Hans, Über die Quellen und die Verwendung der geschichtlichen Beispiele in Ciceros Briefen. Programm Ingolstadt 1913/4, Ingolstadt 1914.

Schütz, Robert, Ciceros historische Kenntnisse. Diss. Gießen 1913. Berlin 1913.

Shackleton Bailey, D. R. (edit., comment.), Cicero, Epistulae ad familiares. 2. Bde., Cambridge 1977.

Shackleton Bailey, D. R. (edit., comment.), Cicero: Epistulae ad Quintum fratrem et M. Brutum. Cambridge 1980.

Shackleton Bailey, D. R. (edit., comment.), Cicero' s Letters to Atticus. 7 Bde. Cambridge, Vol. 1-2 1965, vol. 3-4 1968, vol. 5 1966, vol. 6 1967, vol. 7 1970.

Shackleton Bailey, D. R. (edit.), M. Tulli Ciceronis Epistulae, Tomus II, Epistulae Ad Atticum, Pars Posterior, Libri IX - XVI. Oxford 1961, ND 1978.

Soltau, W., Der Annalist Piso
in: Philologus 56, 1897, 118-129.
Soltau, W., Eine annalistische Quelle von Cicero, De officiis III
in: Wochenschrift für Klassische Philologie 1890, 1239-1245.
Stangl, Thomas (edit.), Ciceronis Orationum Scholiastae. Wien 1912, ND Hildesheim 1964.
Straume-Zimmermann, Laila (edit., comment.), Ciceros Hortensius. Bern, Frankfurt 1976.
Sumner, G. V., The Orators in Cicero' s Brutus: Prosopography and Chronology. Toronto 1973.
Taylor, Lily Ross, On the Chronology of Cicero' s Letters to Atticus, Book XIII
in: CPh 32, 1937, 228-240.
Taylor, Lily Ross, On the Chronology of Cicero' s Letters of 56-55 B.C.
in: CPh 44, 1949, 217-221.
Timpe, Dieter, Erwägungen zur jüngeren Annalistik
in: A&A 25, 1979, 97-119.
Timpe, Dieter, Fabius Pictor und die Anfänge der römischen Historiographie
in: ANRW I. 2 (1972) 928-969.
Ungern-Sternberg, Jürgen von, Die Einführung spezieller Sitze für die Senatoren bei den Spielen (194 v. Chr.)
in: Chiron 5, 1975, 157-163.
Verbrugghe, Gerald P., On the Meaning of Annales, on the Meaning of Annalist.
in: Philologus 133, 1989, 192-230.
Verbrugghe, Gerald P., L. Cincius Alimentus - His Place in Roman Historiography
in: Philologus 126, 1982, 316-323.
Verrall, A. W., The death of Cyrsilus, alias Lycides
in: CR 23, 1909, 36-40.

Walbank, F. W. (comment.), A Historical Commentary on Polybius. Vol. 1 Oxford ²1970, vol. 2 Oxford 1967, vol. 3 Oxford 1979.

Wilkins, Augustus S. (edit.), M. Tulli Ciceronis Rhetorica. Tomus II: Brutus, Orator, De optimo genere oratorum, Partitiones oratoriae, Topica. Oxford 1903.

Wilkins, Augustus S. (edit., comment.), M. Tulli Ciceronis De Oratore Libri Tres. Oxford 1892, ND Amsterdam 1962.

Zimmerer, Margarete, Der Annalist Qu. Claudius Quadrigarius. Diss. München 1936. München 1937.

Zingler, Johannes, De Cicerone historico quaestiones. Diss. Berlin 1900.

Zohren, Carl, Valerius Antias und Caesar. Diss. Münster 1910.